脉冲系统的 Melnikov方法和稳定性

牛玉俊 著

图书在版编目(CIP)数据

脉冲系统的 Melnikov 方法和稳定性/牛玉俊著.—武汉:武汉大学出版社,2019.10

ISBN 978-7-307-21112-4

Ⅰ.脉… Ⅱ.牛… Ⅲ.脉冲系统—研究 Ⅳ.O231

中国版本图书馆 CIP 数据核字(2019)第 181340 号

责任编辑:任仕元　　责任校对:汪欣怡　　版式设计:马　佳

出版发行:**武汉大学出版社**　(430072　武昌　珞珈山)

(电子邮箱:cbs22@ whu.edu.cn 网址:www.wdp.com.cn)

印刷:湖北金海印务有限公司

开本:787×1092　1/16　印张:12.75　字数:230 千字　插页:1

版次:2019 年 10 月第 1 版　　2019 年 10 月第 1 次印刷

ISBN 978-7-307-21112-4　　定价:38.00 元

序　言

脉冲现象广泛存在于现代科技领域的各种实际问题中，例如存在于生物、医药、经济、航空航天、机械、电信等各个方面。它往往是在系统的发展过程中，突然给系统以外部信号，使得系统的发展过程出现跃迁现象。为便于研究，往往假设这些变化是在瞬间完成的。脉冲现象导致系统变为不连续系统，成熟的光滑系统研究方法不能直接应用到脉冲系统中去，必须对脉冲系统加以特别的研究。

混沌控制与混沌同步的首要问题是控制系统或同步误差系统的稳定性。如果控制系统或者同步误差系统在某种稳定准则下是渐近稳定的，则可断定，该系统是可以在该稳定意义下实现控制目的或者能够被同步的。我们知道，稳定性理论在微分方程的定性研究中处于十分重要的地位。特别是由于电子计算机的出现，给稳定性理论的研究提供了有力的仿真试验工具，而稳定性理论分析往往给数值研究提供了理论基础。但是，目前混沌系统脉冲控制与脉冲同步研究多集中于确定性的动力系统，而对于随机动力系统脉冲控制与脉冲同步的研究则相对少见。本书就参激白噪声作用下混沌动力系统的脉冲控制与脉冲同步问题展开研究，通过建立 Itô 微分算子，考察了随机脉冲微分系统的 p 阶矩稳定性、渐近 p 阶矩稳定性、随机渐近稳定性等几种随机意义下的稳定性。作为这些稳定性的应用，作者还考察了参激白噪声作用下一些典型混沌系统的脉冲控制与脉冲同步问题，并用数值方法加以了验证。

本书的主要内容和结论如下：

(1)研究了定点脉冲信号作用下非线性动力系统的 Melnikov 函数的构造方法，并将该方法应用到定点脉冲信号作用下典型动力系统的混沌预测中去，来验证所得到方法的正确性与方便实用性。在此基础上，将该方法推广到一般脉冲系统的 Melnikov 函数构造上去，同样通过一般脉冲信号作用下典型动力系统的混沌预测来验证理论结果的正确性。数值模拟显示，理论结果与数值实验结果吻合得较好，说明了本书方法的正确性及方便实用性。

(2)关于随机脉冲微分方程的 p 阶矩稳定性，现在已经有一些研究成果。但在这些文献中，要么对于微分方程解的假设不符合脉冲方程解的一般假设条件，要么判断 p 阶矩稳定性的条件过于严格，不利于在实际混沌系统中应用，所以有必要进行更进一步的研究。本书研究了参激白噪声作用下的随机脉冲微分系统，在更符合脉冲微分系统一般假设条件和更简单易行的定理条件下考察了它的 p 阶矩稳定性，建立了判断 p 阶矩稳定性的判定定理。作为该定理的应用，作者还考察了参激白噪声作用下 Lorenz 系统以及 Chen 系统的 p 阶矩稳定性问题。

(3)在(2)的基础上，考察了参激白噪声作用下脉冲微分系统的渐近 p 阶矩稳定性问题，建立了判断随机脉冲微分系统渐近 p 阶矩稳定性的比较定理。由该比较定理，我们可由一个确定性比较系统的稳定性得到原随机脉冲系统相应的 p 阶矩稳定性，从而为 p 阶矩意义下随机系统的脉冲控制与脉冲同步奠定了理论基础。为验证该比较定理的效果，我们考察了参激白噪声作用下 Lorenz 系统、Chen 系统以及 Lü 系统的脉冲控制问题，得到随机脉冲控制系统的稳定区域，即在稳定区域取值的参数，可以对原随机系统在 p 阶矩的意义下实现脉冲控制，而在稳定区域之外的则不一定。之后数值仿真试验的结果印证了我们的判断。

(4)在(2)和(3)的基础上，考察了参激白噪声作用下脉冲微分系统的随机渐近稳定性问题，建立了判断随机脉冲微分系统随机渐近稳定性的比较定理。根据该定理，我们可以通过确定性比较系统的稳定性来判断随机脉冲微分系统的随机稳定性与随机渐近稳定性，使用起来很方便。作为该定理的应用，书中考察了参激白噪声作用下 Lorenz 系统、Chen 系统以及 Lü 系统混沌的脉冲同步问题，并得到同步误差系统的稳定区域。即从稳定区域取值的参数组合，按照我们的稳定性比较定理，应该可以使两个系统达到同步状态，数值模拟结果也显示了理论判断的准确性。

本书的主要结构如下：

第 1 章　绪论。主要概述了非线性系统的一些基本知识，特别是混沌研究的历史、主要的文献以及混沌研究的主要方法。讲述了随机动力系统，混沌控制与混沌同步研究的历史与现状，非光滑动力系统以及脉冲微分方程的定义、分类、研究方法和现状，主要文献成果等内容，并在文中给出了后文需要用到的一些基本定义、重要定理以及基本的理论方法。

第 2 章　随机模拟方法。主要对随机系统的一般数值研究方法及解析研究方法做了介绍，有随机数学研究基础的读者可以跳过此章。

第 3 章　一类非光滑系统的 Melnikov 方法。主要讲述了一类特殊非光滑周期扰动作用下动力系统的混沌预测问题。对于这类周期性非光滑项，尝试采用一种常用的数学工具——Fourier 级数来处理这一种非光滑系统，据作者所知，这是 Fourier 级数第一次被用来处理非光滑动力系统。作为示例，我们取这类非光滑扰动项为 $|\sin x|$。我们可根据实际中的精度要求，用有限项的 Fourier 级数去近似 $|\sin x|$，这样就得到了与原非光滑动力系统近似的光滑动力系统，于是我们就可以利用已有的光滑系统的各种方法来研究这一类非光滑系统。为考察用 Fourier 级数处理这一类非光滑项对系统动力学行为的影响，我们分别研究了确定性 Duffing 系统及受参激白噪声作用 Duffing 系统的混沌预测的问题，并用非光滑系统和近似光滑系统的时间历程图之间的对照来说明他们之间的近似程度。结合光滑系统的 Melnikov 方法，可以得到近似光滑系统出现混沌的解析条件。然后利用非光滑系统的相图，庞加莱截面图，最大 Lyapunov 指数图，并将这些数值结果与光滑近似系统的理论结果比较，发现他们之间吻合得比较好。这说明在进行非光滑系统的混沌预测时，Fourier 级数是处理这一类非光滑项的有效方法。文中同时指出，利用 Fourier 级数来处理这一类非光滑项，会湮灭非光滑系统的一些独特的性质，故该法在研究这些独特性质时并不适用。

第 4 章　脉冲系统的 Melnikov 函数及其应用。对于定点脉冲信号作用下非线性动力系统，采用摄动法研究了其 Melnikov 函数的构造方法，并在定点脉冲信号作用下典型动力系统的混沌预测中加以验证。随后将该方法推广到一般脉冲信号动力系统的 Melnikov 函数的构造中去，数值模拟结果与理论结果吻合得较好。

第 5 章　随机脉冲系统的 p 阶矩稳定性。对于随机脉冲微分系统，作者在该章首先给出了它的一些基本概念、基本的研究方法，并在前人工作的基础上，详细考察了随机脉冲微分系统的 p 阶矩稳定性问题，简化了已有的判断随机脉冲微分方程 p 阶矩稳定性的条件，使其能够更加便利地被应用到实际的混沌动力系统中去。作为应用，作者考察了一些常见随机混沌系统在脉冲信号作用下的 p 阶矩稳定性问题。这些例子说明，简化后的判定定理能方便有效地应用到实际的随机脉冲微分系统的稳定性判断中去。

第 6 章　随机脉冲系统的渐近 p 阶矩稳定性及其在混沌控制中的应用。我们知道，要检验一个随机系统是否能够使用脉冲方法实现控制，就是考察这个受控系统是否在某种概率意义下是渐近稳定的。作者在本章更进一步考察了随机脉冲系统的渐近 p 阶矩稳定性问题，建立了随机脉冲微分系统渐近 p 阶矩稳定性比较定理。通过该定理，我们可以从一个确定性比较系统的稳定性与渐近稳定性来判断原随机脉冲微分系统的 p 阶矩稳定性与渐近 p 阶矩稳定性，从而为 p 阶矩意义下随机混沌系统的脉冲控制与脉冲同步奠定了理论基础。作为应用，我们将这一定理应用到一些常见的三维随机混沌系统的脉冲控制中去，通过随机脉冲微分系统渐近 p 阶矩稳定性比较定理，得到能使混沌系统稳定的参数区域，即在该区域取值的参数，都能够在 p 阶矩意义下用脉冲方法对这些随机混沌系统实现控制。书中的数值模拟结果显示了理论结果的正确有效性。

第 7 章　随机脉冲系统的随机渐进稳定性及其在混沌同步中的应用。本章研究了随机脉冲系统的另一种渐近稳定性——随机渐近稳定性。据作者所知，随机脉冲系统的这种渐近稳定性是第一次被研究。作者给出了随机脉冲微分系统随机渐近稳定性的比较定理，通过该比较定理，我们可以从一个确定性比较系统的稳定性与渐近稳定性得到原随机脉冲微分系统随机稳定性与随机渐近稳定性，从而为概率意义下随机混沌系统的脉冲控制与脉冲同步提供了理论保证。并且这个定理应用起来比较方便，条件容易实现。作为应用，考察了一些常见随机混沌系统在这种稳定性意义下的混沌同步问题，通过上面的比较定理，得到能使同步误差系统趋于稳定的参数范围，即参数的稳定区域。我们分别在稳定区域内和稳定区域外取参数值，进行数值仿真试验，从而验证了理论结果的正确性。

本书适合于具有一定数学基础的非线性动力学研究者参阅。

目　　录

第1章　绪　　论

在科学发展的初期，人们常利用线性近似方法解决非线性问题。这种线性处理方法简单明了，在局部问题研究中是有效的，在原来生产实验设备与科技水平都比较落后以及对实验与计算结果要求不高的情况下，可以满足人们的要求。然而，随着科技的发展及人们对自然界认识的深入，人们发现世界的本质是非线性的。以线性的观点和思维来研究非线性的世界，不能揭示物质世界的真正本质。而且，在从线性到非线性问题的研究过程中，问题的难度发生了质的变化，数学模型本身也蕴含更复杂的现象。在最近的半个世纪中，随着计算机技术的飞速发展以及在动力系统理论研究方面一些重大成果的相继涌现，人们处理非线性问题的能力大大增强。时至今日，非线性科学已发展成为一门跨学科的前沿学科，形成了混沌、分形、孤立子等几大重要研究领域，相关研究成果经常出现在国际著名杂志 *Nature*、*Science*、*Physical Review Letters*、*Physical Review D*、*Chaos*、*International Journal of Bifurcation and Chaos*、*Chaos*, *Solitons & Fractals* 等上。非线性科学的蓬勃发展不仅使数学、物理学和力学获得了巨大的进展，也影响到自然科学和社会科学的各个领域。混沌科学是随着现代科学技术的迅猛发展，特别是在计算机技术的出现和普遍应用的基础上发展起来的交叉学科。混沌是一种貌似无规则的运动[1]~[7]，指在非线性系统中，不需附加任何随机因素亦可出现类似随机的行为(内在随机性)，它在确定论和概率论这两大科学体系之间架起了一道桥梁，改变了人们对现实世界的传统看法。混沌系统的最大特点在于系统的演化对初始条件的极端敏感性，因此从长期意义上讲，系统的未来行为是不可预测的。混沌是一种普遍现象，它广泛存在于自然界，诸如物理、化学、生物学、地质学，以及技术科学、社会科学的各个领域。混沌科学具有广阔的应用前景，而且其奇异性和复杂性至今尚未被人们彻底了解，是值得进一步加强研究的学科。

在非线性科学中，混沌的研究占有重要的位置。其一，是由于混沌是自然界及人类社会中的一种普遍现象，它广泛存在于自然界，诸如物理、化学、生物学、地质学以及技术科学、社会科学等各个科学领域。其二，是由于混沌是在一个确定论系统中出现的一种貌似不规则的、内在的随机性运动，它在确定论和概率论这两大科学体系之间架起了桥梁，改变了人们对现实世界的传统看法。其三，混沌科学具有广阔的应用前景，而且其奇异性和复杂性至今尚未被人们彻底了解。因此，与混沌有关问题的研究受到了人们充分重视。长期以来，由于混沌系统的极端复杂性，人们一直以为混沌系统是不可控制的，更不用说混沌系统的应用了。自从 Ott、Grebogi 和 Yorke 等基于参数扰动的方法，成功实现了混沌系统的控制之后，混沌控制引起了人们的重视。随着计算机技术以及通信技术的迅猛发展，以计算机为核心的庞大信息网正在全世界范围内逐渐形成。在这种情况下，传统的保密通信方法已经不能满足人们对通信保密性能的要求。而混沌保密通信具有实时性强、保密性能高等特点，使得它在保密通信领域具有强大的生命力。混沌控制与同步理论的研究和发展，则为混沌在保密通信中的应用准备了理论基础，所以研究混沌控制与混沌同步就显得非常有必要。

混沌控制与混沌同步的方法很多，例如：OGY 方法、延迟反馈控制法、状态反馈控制方法、滑模变结构控制法、自适应控制法、连续变量反馈法、脉冲控制法，等等。其中的脉冲控制法是在某些时间点给系统施加一个激励，使系统的运动状态发生突变。有时候，这个激励可以是很少的信号，即可使混沌系统很快稳定下来，脉冲控制法在一些经不起长期外部激励或者外部激励代价巨大的受控系统中显得尤为重要。由于脉冲会让系统出现突变，所以脉冲微分系统总的来说是一个复杂的非光滑系统。对于确定性的脉冲微分系统，已经有非常完善的结论；而对于更加贴近现实的随机脉冲微分动力系统，研究则非常少。所以加强对随机脉冲微分动力系统的研究显得非常有必要，特别是脉冲控制与脉冲同步的首要问题——控制后系统与同步误差系统的随机稳定性，更是其中的热点和难点问题。据作者所知，这些方面的研究还处于一个起步阶段，同时也是一项极具挑战性的课题。本书将就参激白噪声作用下脉冲微分方程的 p 阶矩稳定性，渐近 p 阶矩稳定性和随机渐近稳定性展开研究。作为应用，我们考虑了一些典型随机混沌系统的混沌控制与混沌同步的脉冲实现问题，并用数值方法验证理论结果。另外，我们还考虑了一类周期性非光滑扰动作用下的非光滑系统，首次提出用 Fourier 级数这一常用工具来处理系统的周期性非光滑扰动项，并在混沌预测问题中验证了这种处理方法的有效性，从而为非光滑系统的研究提出了一种思路。

1.1 非线性动力学研究概述

混沌的研究[8]最早可追溯到19世纪末法国数学家、物理学家庞加莱(Poincare)的工作。庞加莱在研究天体运动时发现，太阳系的三体运动相互作用能产生惊人的复杂行为：某些系统具有初值敏感性和行为不可预知性[9]，并把动力系统和拓扑学有机结合起来，指出三体问题中，在一定的范围内，其解是随机的。实际上这是一种保守系统中的混沌，从而使他成为世界上最先了解混沌存在可能性的人。1954年，苏联数学家Kolmogorov在国际数学大会上报道了当与哈密顿结构有关的小扰动使原方程发生轻微的改变时，可积系统的解会发生什么变化的问题。Kolmogorov的这一研究经其学生Arnold和瑞士数学家Moser的补充与完善，形成了动力系统中著名的KAM理论，即在近可积Hamilton系统中，随机成分是有限的，导致不可积性的扰动很小。KAM理论使得拉普拉斯提出的，已经历200多年的太阳系稳定性问题得到了重要突破，从而被公认是创建混沌学理论的历史性标志。

20世纪60年代，麻省理工学院著名气象学家Lorenz在《决定性非周期流》[10]中对一个由确定的三阶自治常微分方程描述的大气对流模型进行数值模拟时，得到了杂乱无章的解——Lorenz奇怪吸引子，并同时发现了系统对初值的极端敏感性——蝴蝶效应，即极小的误差都可能引起灾难性的后果，初值十分接近的两条曲线的最终结果可能会相差得不可想象。Lorenz所研究的三阶自治常微分方程，是在耗散系统中一个确定方程却能导出混沌解的第一个实例。同一时期，日本京都大学的Ueda利用计算机在二阶非自治周期系统中发现了杂乱无章的振动状态，称为Ueta吸引子。Lorenz和Ueda的发现是人们最早观察到混沌现象的典型实例，为后来混沌的研究奠定了基础。

20世纪70年代是混沌研究的起步和蓬勃发展时期。1971年，法国的数学物理学家Ruelle和荷兰的Takens发表了著名论文《论湍流的本质》[11]，在学术界首次提出“奇怪吸引子”这一概念，提出了一个新的湍流发生机制，为解开湍流的百年之谜指明了方向。同年，英国生态学家May用计算机数值模拟的方法研究了描述种群演化的Logistic方程[12]，他既看到了规则的倍周期分岔现象，也看到了不规则的“奇怪现象”，同时还发现了随后的运动中又会出现稳定的周期运动。他的发现对混沌现象的深入研究有着巨大的推动作用。1975年，华人学者李天岩和数学家York在《美国数学月刊》上联合发表了著名论文《周期三意味着混沌》[13]，文中给出了闭区间上连续自映射的定义，并首先提出混沌(Chaos)一词，为后来的学者所接受。1978年，美国物理学家Feigenbaum[14]将重整群化的思想引入倍周期分岔的研究中，利用计算机发现了一类周期倍化通向混沌道路的普适常数——Feigenbaum常数，从而将混沌的研究从定性分析阶段推进到定量分析阶段。1980年，意大利的V. Franceschini在用计算机研究流体从平流过渡到湍流时，发现了周期倍化现象，验证了Feigenbaum常数。1981年，美国麻省理工学院的Linsay第一次用实验的方法验证了Feigenbaum常数，从而把混沌学的研究从定性分析推进到定量运算的阶段，成为现代混沌学研究的一个重要里程碑。

20世纪80年代以来，人们着重研究如何从有序进入新的混沌及混沌的性质和特点。自然界中的一些混沌现象被相继发现，通过计算机还可描绘出各自的混沌图像。如美国的数学家Mandelbrot于1980年绘出世界上第一张Mandelbrot集的混沌图像。Grassber等人于1987年提出重构动力系统的理论方法[15]。Holmes[16]将Melnikov理论引入非线性动力系统的混沌分析中去，得到一种研究混沌的解析方法。另外，通过从时间序列中提取分数维、Lyapunov指数等混沌特征量，使混沌理论的研究进入蓬勃发展的阶段，主要体现在混沌研究的工具、混沌的特征量及混沌产生的条件等方面。混沌研究的各种解析[17]~[18]和数值方法[19]~[22],[5]被不断挖掘，判定奇怪吸引子的试验方法[23]也被提出。混沌的特征量，诸如有界性、内在随机性、遍历性、分维性、普适性、标度性、正Lyapunov指数性等逐渐得到完善。非线性系统通往混沌的途径[24]~[27]也被不断地发现，例如倍周期分岔道路、阵发、激变及KAM环面破裂等。

进入20世纪90年代，关于混沌有什么可利用之处和如何来为人们服务的问题被提上日程，从而引出了混沌控制与同步这个一直持续至今的热点研究问题。

总的来说，混沌有益性主要体现在如下几个方面：

1. 通信保密

通信保密是指在发射端将被传送的信息用某种方法加密，在接收端，只有知道解密方法才能对信息解密，否则即使信息被截取，也难以破译，使得被传送信息更加安全。在数据的保密通信中，通常将原始数据和某种伪随机数据相调制，从而形成可以输出的数据。而采用什么样的伪随机数据是其中最为关键的，这关系到数据的抗干扰性、截获率、信号隐蔽性等方面，甚至关系到数据保密的成败。混沌信号本身具有快速衰减的关联函数和连续宽带功率谱、类似噪声等特性，使它具有天然的隐蔽性；再者，混沌信号对初值的极端敏感而带来不可预测性，即使是完全相同的混沌系统，从微小差别的初始条件开始演化，它们的轨道也将很快变得毫不相关。混沌的这些特点，使它在理论上是这种伪随机数据的极佳候选者。

2. 柔性系统设计

混沌吸引子有一个重要的特点，就是其中蕴含着稠密的不稳定周期轨道(极限环)。这对于需在多种工作状态间灵活切换的柔性系统，例如柔性智能信息处理系统和柔性制造系统等来说，可以用混沌吸引子中的一个极限环对应一种期望的状态，根据混沌控制原理，可以利用微小的控制扰动，使得系统在不同极限环之间灵活切换，从而使系统具有充分的灵活性。这就满足了这种柔性系统的要求，从而为柔性系统提出了一种方便快捷的设计思路。

3. 流体及超细粉末的混合

在生产实际中，流体的混合要求物质的线和面充分地拉伸和折叠，而拉伸和折叠正是混沌吸引子的重要特点。比如有时候要求几种液体或者超细粉末在所需能量尽可能小的情况下充分混合，我们只需让这几种液体或粉末的微粒运动状态充分混沌，就能达到充分混合的目的。这种混合就是所谓的“混沌对流”，它可被用于热波，诸如核聚变反应器的加热。

然而，在许多实际问题中，混沌是一种有害的运动形式，它可能导致系统失控，甚至是彻底崩溃。在这种情况下，抑制混沌，使系统运行到各种正常的有序状态，这就是混沌控制的最初设想。人们在混沌控制与同步方面的大量研究表明，混沌不仅是可预测和可控制的，而且还在许多领域得到有益的应用。混沌控制，按照控制的目的可以分为跟踪和镇定两大类：跟踪是将混沌吸引子中的某条不稳定周期轨道进行控制，使之稳定化或者使系统的轨道收敛于它，这种控制不改变系统原有的周期轨道。镇定可以不要求系统原有动力学行为的保持，只是通过合适的策略和方法，有效抑制系统的混沌行为，使系统稳定到平衡位置点或者所需的周期轨道上(这条轨道不一定是系统的原有轨道)。从控制的结果来看，它本质上是对混沌的抑制甚至是消除，改变了系统的动力学行为。混沌同步实际上属于混沌控制的范畴。所谓同步，通俗地讲，就是动态系统中步调一致的现象。也就是，对于以不同的初始条件出发的两个混沌系统，随着时间的推移，他们的轨道逐步一致的现象。自20世纪90年代以来，大量有关混沌控制与同步的结果不断涌现。特别需要提出的是，1989年，Hübler在他发表的一篇文章中首次提出了混沌可以被控制的现象[28]。但真正引起人们广泛关注的是1990年Ott、Grebogi和Yorke的具有里程碑意义的论文[26],[27],[29]，他们基于混沌轨道是由无穷多不稳定周期轨道构成的基本性质，提出了一种参数微扰法控制混沌运动的具体实施办法，即OGY方法。很快，他们提出的控制混沌的思想和方法被Ditto等人在一个力学实验中证实[30]，稍后也被Roy等人在一个激光系统中加以利用和拓展[31]。这些先驱性的工作极大地激发了人们对混沌的研究兴趣，长期被认为麻烦制造者和科学研究中应该被回避的现象，居然能被控制和利用，这引起了学者们的研究热情。随后的10多年，混沌控制的研究得到了蓬勃发展，并已在工程技术、生物医学等领域取得了许多重要成果。这期间，人们提出了各式各样混沌控制的方法及其理论，并在自然科学众多实际领域的实验和应用中得到证实，从而在全世界范围内形成"混沌控制热潮"，并使其应用范围扩大到工程技术、保密通信等领域。目前，控制和利用混沌已在生物、医学、化工、机械、海洋工程等领域取得了初步的成功，在此不再赘述。

1.2 随机混沌系统的研究历史

需要指出的是，前面提到的混沌系统都是确定性的。而对于与自然界更加近似的非线性随机动力系统，则是近些年研究的热点和难点。非线性随机动力系统广泛存在于自然科学、社会科学和工程科学中。例如，在物理、化学、生物、气象、金融以及机械、航空航天、海洋、土木、生物、地震工程中，动力学系统的建模与分析都是一个关键性任务。在建模过程中，鉴于各种原因，如系统参数的可能变化，激励的变化，建模方案的误差等不确定性是不可避免的。为更精确地计及不确定性，通常会进行观察与测量，以尽可能得到更多的数据。若对某一不确定性有足够大量的数据，就可用概率与统计描述该不确定性。特别是，若不确定物理量不随时间变化，就可用随机变量表示它。若该物理量随时间变化，则它可模型化为随机过程。严重随机载荷可使高层建筑、大型桥梁、海洋平台、战斗机以及火箭等工程结构产生强烈的非线性随机振动，失稳甚至破坏，因而需要加强这方面的研究，其中的混沌现象(即所谓的随机混沌)更是重点研究对象。

20世纪初，爱因斯坦(Einstein，1956)等人对布朗运动的研究标志着随机动力学研究的开端。爱因斯坦在研究漂浮在水面的微小粒子的杂乱运动时，发展了一个随机模型。在机械与土木工程中广为使用的“随机振动”术语，最早乃由 Rayleigh (1919)为一个声学问题提出。随机动力系统的热点是随机混沌的研究。随机混沌一词由 Freeman[33]在生物医学的研究中首次提出。对随机振动的研究始于20世纪50年代三个航空航天问题：大气紊流引起的飞机振动、喷气噪声引起的飞机声疲劳及火箭推进的空间飞行器有效载荷的可靠性。这三个问题的共同因素是激励的随机性。从那时以后，人们对随机激励下系统做了进一步研究以解决航空、航天、机械及土木工程中的问题。系统从线性引申到非线性，激励从外激引申到参激。随机振动前30年的快速发展可见 Craudall 和 Zhu(1983)的综述。随着计算技术的快速发展，各领域中含多自由度与强非线性的更多实际问题可用模拟技术数值地解决。

一般而言，随机混沌是指非线性动力系统在随机因素的作用下的混沌动力学行为。鉴于随机混沌的内在随机性和外在随机性，对随机混沌的研究更是一项具有挑战性的课题，且目前的研究多集中于从不同的角度讨论随机噪声在混沌行为及系统通向混沌的道路等方面的影响。其中，在有关噪声对随机动力系统混沌行为影响方面已经有一些研究成果。例如，Crutchfield 等[34]~[36]研究了非线性随机动力系统通向混沌的途径和标度率的问题。Arecchi[37]等通过分析系统的逃逸时间和功率谱，发现噪声能诱使多个混沌吸引子共存的系统在不同的混沌吸引域之间跳跃。Jung 等[32],[38]~[50]通过最大 Lyapunov 指数、随机 Melnikov 过程等数值分析和理论方法，研究了随机微分系统的混沌预测以及不同类型噪声对混沌阈值、混沌运动状态的影响等问题。

在随机动力系统领域，随机动力系统一般表示为如下常见的随机微分方程形式：

$$\begin{cases} \mathrm{d}X(t)=f(X,\ t)\mathrm{d}t+g(X,\ t)\mathrm{d}W(t) \\ X(t_0)=X_0 \end{cases} \tag{1-1}$$

式中，$X(t)=(x_1(t),\ x_2(t),\ \cdots,\ x_n(t))^{\mathrm{T}}$，$X_0=(x_1(t_0),\ x_2(t_0),\ \cdots,\ x_n(t_0))^{\mathrm{T}}$，$f(X,\ t)=(f_1(X,\ t),\ f_2(X,\ t),\ \cdots,\ f_n(X,\ t))^{\mathrm{T}}$，$g(X,\ t)=(g_{ij}(X,\ t))_{n\times m}$

$W(t)$是n维标准 Wiener 过程，它的形式导数$\mathrm{d}W(t)/\mathrm{d}t$可以用来近似表示高斯白噪声，它是零均值的高斯过程。白噪声(白杂讯)是一种功率频谱密度为常数的随机信号或随机过程，是功率谱密度服从均匀分布的噪声，其在各个频段上的功率是一样的。我们知道，白光由各种频率(颜色)的单色光混合而成，因而该噪声的这种具有平坦功率谱的性质被称作是“白色的”，这个信号也因此被称作白噪声。白噪声在现实世界中是不可能出现的，但它有许多优良的性质，所以在随机动力系统的分析中，往往将带宽或者记忆时间很短的随机激励模型化为白噪声，使随机动力学的分析大为简单。通常，白噪声定义为具有常数谱密度或 Diracδ 协方差函数的零均值平稳随机过程，由于它的方差为零，因此白噪声在均方意义下不存在[170]。

随机微分方程是近几年兴起的热门数学学科，它是常微分方程、动力系统和随机分析相结合的交叉学科。自 20 世纪 40 年代日本数学家伊藤清(Itô) 发现了 Itô 随机微分公式和随机微分方程的理论后，随机微分方程有了迅速的发展，并在许多领域有着广泛的应用。设

$$\mathrm{d}X(t)=f(X(t),\ t)\mathrm{d}t+g(X(t),\ t)\mathrm{d}W(t) \tag{1-2}$$

式中，$X(t)$，$f(X(t),\ t)$，$g(X(t),\ t)$，$W(t)$ 与式(1-1)中的相同。则对于 $X(t)$ 的函数 $G(X(t))$，有

$$\begin{aligned}\mathrm{d}G(X(t))=&\left(\frac{\partial G}{\partial t}+\sum_{i=1}^{n}f_i(X,\ t)\frac{\partial G}{\partial x_i}+\frac{1}{2}\sum_{i,\ j=1}^{n}g_i(X,\ t)g_j^{\mathrm{T}}(X,\ t)\frac{\partial^2 G}{\partial x_i\,\partial x_j}\right)\mathrm{d}t\\&+\sum_{i,\ j=1}^{n}g_{ij}(X,\ t)\frac{\partial G}{\partial x_i}\mathrm{d}W_j(t)\end{aligned} \tag{1-3}$$

式(1-3)即为 Itô 微分公式。

在随机动力系统中，还有另外一种常见的噪声形式：有界噪声。有界噪声是具有常数幅值与随机相位的谐和函数，其数学表达式[171]为

$$\xi(t)=A\sin(wt+\phi) \tag{1-4}$$

$$\phi=\sigma W(t)+\Gamma \tag{1-5}$$

式中，A，w，σ 都是常数，$W(t)$ 是标准 Wiener 过程，Γ 是 $[0,\ 2\pi)$ 上服从均匀分布的随机变量。有界噪声 $\xi(t)$ 的一维概率密度函数为

$$p(x)=\frac{1}{\pi\sqrt{A^2-x^2}} \tag{1-6}$$

取 $A=1$，画出此时的概率密度曲线如图 1.1 所示，从图中可以看到，$\xi(t)$ 的概率密度函数具有非高斯概率分布。

有界噪声 $\xi(t)$ 的均值为 0，协方差函数为

$$C(x)=\frac{A^2}{2}\exp\left\{-\frac{\sigma^2 x}{2}\right\}\cos(wx) \tag{1-7}$$

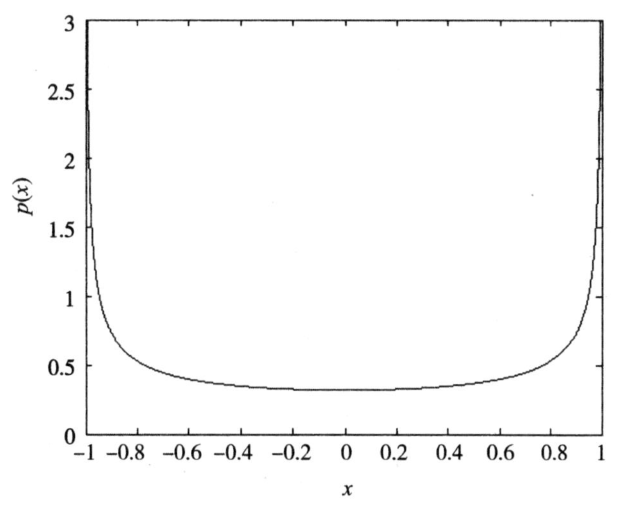

图 1.1 $\xi(t)$ 的概率密度曲线，$A=1$

双边谱密度函数为

$$S_{\xi}(x)=\frac{(A\sigma)^2}{2\pi}\left(\frac{1}{4\,(x-w)^2+\sigma^4}+\frac{1}{4\,(x+w)^2+\sigma^4}\right) \tag{1-8}$$

有界噪声的方差为 $C(0)=\dfrac{A^2}{2}$，有界噪声是一个广义平稳随机过程，具有有限的功率，其功率谱的形状由 w 和 σ 决定，其单边功率谱为 $G(x)=2S_{\xi}(x)$，取 $A=1$，$w=1$，令 $d=\sigma^2$，则双边谱密度函数如图 1.2 所示。带宽主要由 σ 决定，σ 值越大带宽越大，$\sigma\to 0$

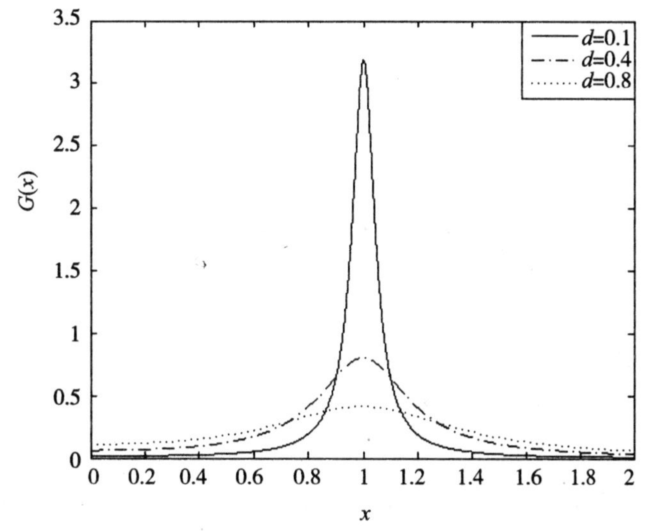

图 1.2 $\xi(t)$ 在 d 取不同值时的谱密度，$A=1$，$w=1$

时，它是一个窄带过程；$\sigma \to \infty$ 时，它趋向于一个具有常数功率的白噪声。单边功率谱有一个峰值，峰值的位置主要由 w 决定，如图 1.3 所示。

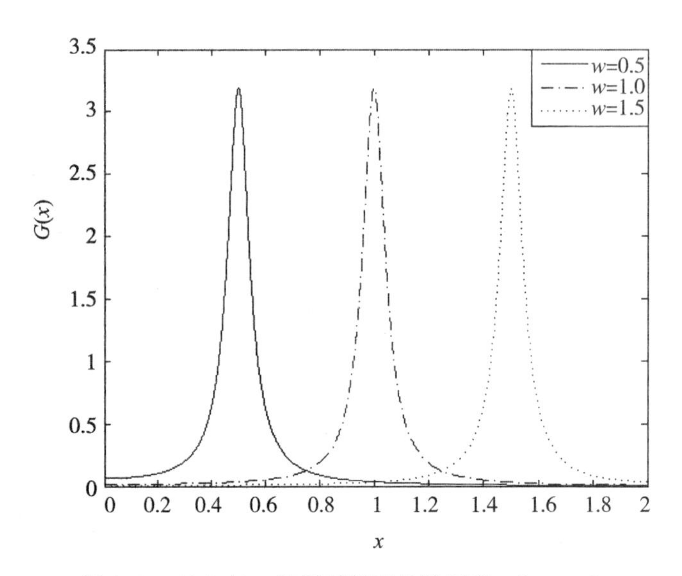

图 1.3 $\xi(t)$ 在 w 取不同值时的谱密度，$\sigma^2 = 0.1$

有界噪声是一个比较合理的随机模型，可以描述湍流、地震时的地面运动等。在理论研究中，有界噪声在混沌预测时，是一个理想的噪声模型。

事实上，关于随机混沌的研究还仅仅处于一个起始阶段。对于随机噪声激励下非线性系统混沌产生的条件、机制，系统通向混沌的途径，非线性随机微分系统的稳定性，随机混沌系统的混沌控制、同步等，尚需进一步的深入研究。

1.3 非光滑系统的历史及研究现状

我们知道，非光滑因素广泛存在于自然界和实际工程系统中[51]~[54]。例如，机械系统中存在的间隙所导致的冲击、碰撞，现实中不可避免的各种摩擦现象，电路中的开关切换，数字信号等都属于非光滑系统范畴。控制问题中的变结构控制、滑模控制、脉冲控制等非光滑控制方法的研究更是方兴未艾。非光滑系统或者具有不连续的运动状态，或者具有不连续的向量场，或者具有不连续的雅克比矩阵。非光滑系统在本质上是非线性的，分析它的动力学机理，不但可以发现奇怪吸引子、倍周期分岔、Hopf 分岔等光滑系统常见的非线性现象，更会出现由非光滑特点所引起的擦边分岔、震颤分岔等非光滑系统所特有的现象，并导致它的运动行为更加复杂，通往混沌的途径更加多样。对非光滑系统的研究一般采用定性分析与数值仿真相结合的方法，而目前的定性分析方法主要有脉冲微分方程理论和微分包含理论。

非光滑动力模型按照非光滑产生的原因大致可以分为以下三类：

(1)刚性碰撞模型：刚性碰撞系统最显著的特点是它的运动状态不连续。刚性碰撞不考虑碰撞过程中的变形和时间，使用恢复系数定义的一个脉冲来表征碰撞瞬间运动状态的变化。

(2)干摩擦碰撞模型：干摩擦广泛地存在于力学系统、机械系统中。例如，小提琴、刹车系统、传送带等。干摩擦可引起系统的自激振动，例如机械工具的震颤、火车轮与铁轨的摩擦产生尖锐刺耳的噪声等现象。干摩擦动力系统一般被称作 Filippov 系统，属于向量场非连续的非光滑系统。

(3)弹性碰撞模型：弹性碰撞考虑碰撞过程中的变形和时间，一般用分段变化的刚度和阻尼力来表示，属于雅克比矩阵不连续的非光滑系统。弹性碰撞系统可看成分段系统中的一种，分段系统作为一种非光滑系统，广泛存在于包含二极管和三极管的电子电路系统中，例如电路中的开关、阈值、数字控制等。

在非光滑系统的众多研究文献成果中，Shaw 和 Homles[55]发现零速度的碰撞会导致 Poincare 映射的奇异性，极大地影响到系统的动力学行为，这种现象被称为擦边碰撞或擦边分岔。Whiston[56]探讨了这种奇异性对全局动力学行为的影响。Nordmark、Leine 等[57]~[74]，系统地研究了具有不连续向量场系统的分岔问题，指出非光滑系统不但具有传统的音叉分岔、Hopf 分岔等常见分岔现象，更具有由非光滑性所引起的碰撞擦边分岔[62]~[74]、Fold 分岔[75],[76]、角点分岔[77]~[79]、滑动分岔[79]~[88]等非光滑系统所独有的分岔现象。金俐等[89]~[98]研究了各种非光滑系统最大 Lyapunov 指数的计算方法，并将理论结果与数值结果进行比较，说明了这种数值方法的有效性。冯进钤、李高杰等[99]~[101]利用正交的 Chebyshev 多项式逼近非光滑系统来研究随机非光滑系统的倍周期分岔现象，取得了较好的效果。Du 等[102]~[106]充分考虑了非光滑系统的特性，用微扰法给出了一种非光滑碰撞系统 Melnikov 函数的计算方法，并将得到的理论结果和数值分析结果相比较，说明在非光滑动力系统的研究中，Melnikov 方法仍是一种预测混沌的有效方法。

总的来说，非光滑动力系统的理论分析、数值计算和应用研究是当前国际动力学与控制领域受到广泛关注的课题，具有重要的理论意义和实用价值。尤其是在非光滑系统中考虑到随机因素时，更是目前研究的热点和难点，并对深入理解非光滑系统复杂的动力学行为起着核心的指导作用。

研究非光滑系统的另外一个重要方面是利用非光滑性质进行控制设计，例如PWM控制、脉冲控制、继电器控制以及滑模变结构控制等。特别需要注意的是，非光滑控制系统本身也是非光滑系统。其中的脉冲控制是在一系列的时间点上注入一定强度的脉冲控制量，以改变系统的状态变量来稳定系统。它具有控制所需能量少、控制响应速度快、抗噪声能力和鲁棒稳定性较强等特点，特别适用于经不起长期外部信号作用或外部信号昂贵的项目。

实际的动力系统中通常包含有本质的非线性因素，在科学发展的初期，人们经常尝试用线性模型来近似非线性因素，以便于对系统的动力学进行局部的稳定性分析。然而，随着科技的发展和大量学者的研究深入，人们发现，有时即使很弱的非线性因素也能使得系统表现出复杂的动力学行为和长期的行为不可预测性，正所谓“失之毫厘，谬以千里”，从而线性逼近成为一场徒劳。从线性到非线性问题的研究过程中，问题的难度发生了质的变化。时至今日，非线性科学已发展成为一门跨学科的前沿学科，被誉为20世纪自然科学中的“三大革命之一”。非线性科学的崛起，特别是混沌的发现，不仅大大推动了应用数学、经典力学、物理学、固体力学、流体力学等许多学科的巨大发展，也对一些社会科学和自然科学部门的研究和发展产生了深远影响。

在实际工程动力系统中，通常不仅仅存在非线性因素，同时也存在着大量的非光滑因素，包括间隙、碰撞、冲击、干摩擦、开关、阈值、继电保护等。例如，列车车轮与钢轨的碰撞、飞船对接引起的碰撞、飞行器稳瞄系统的非光滑性导致的碰撞振动、核反应堆中的冷却管道与其支座之间的相互冲击、电路系统中的开关切换与继电保护，等等。近年来，国内外学者对动力系统中非光滑因素展开了广泛的研究，逐步形成了一个新的研究分支——非光滑系统动力学。学术界从工程实践和实验出发，建立了大量的非光滑系统模型，并通过深入的理论分析和数值实验验证，逐步揭示了非光滑系统的动力学特性。这些研究成果在航空航天、冲击机械、碰摩转子、电路系统和控制系统等许多领域得到了初步应用，并取得了较大的经济效益。同时，对保密通信、种群系统、医疗和经济系统等领域的研究也起到了引导和促进作用。

碰撞系统作为一类典型的非光滑系统，其研究最早可以追溯到 Lagrange 对乐器弦振动的分析。在早期的研究中，人们普遍认为碰撞振动会对工程实际产生许多的负面影响。工厂机械的碰撞振动产生的噪声打扰人们的正常休息，碰撞振动是噪声污染的主要来源之一；在列车高速运行时，列车车轮与铁轨之间的碰撞会产生较大的噪声污染，也使得列车出现颠簸，影响乘客的乘坐舒适度，此外，这种碰撞也会导致列车车轮和铁轨的机械磨损；考虑到机械加工中的技术水平有限，或是为了满足机械之间的热胀冷缩的需要，机械装置中的零部件之间通常存在间隙，这些间隙不可避免地会导致机械装置在运动过程中发生碰撞，如装有汽油的油桶与运油车车架之间的碰撞不仅会导致机械部件的磨损，甚至还可能会产生火花而引起灾难。为了避免一些不必要的碰撞振动引起的损失，也为了改进生产，人们对碰撞系统进行了大量的研究，建立了许多碰撞控制策略，使得碰撞振动能有效地服务于人类的生活。1937 年 Paget 发明了冲击消振器[16]，成功地抑制了涡轮机叶片、飞机机翼的颤动，随后广泛地应用于生产实践中，至此冲击消振器作为一类典型的碰撞系统模型得到了广泛的研究；此外，利用碰撞振动的原理，人们还发明了振动落砂机、振动筛、打桩机和打印机机头等许多机械，大大方便了人们的生活。

另外一类很重要的非光滑系统是建立在分段光滑模型上的，通常又可称作分段光滑系统。分段光滑系统广泛存在于机械力学、电子电路和控制系统等许多科学领域。碰撞中的弹性碰撞系统是非光滑系统，认为碰撞不是瞬态完成的，通常可用分段线性模型来描述，常见的分段光滑系统还有软弹簧力学装置、支架横梁模型等。此外，电子电路系统中的保险装置和开关也可以用分段模型来描述，如著名的蔡系统和 DC-DC 功率变换器。控制系统中的开关阈值也是建立在分段模型基础上的。

干摩擦系统动力学属于一类非光滑系统问题，广泛地存在于实际的机械系统和工业应用中。摩擦通常可以导致许多的非线性特性，包括非线性阻尼、自激振动、多重态以及混沌等。摩擦经常被运用到人们的日常生活中，如小提琴、传送带、刹车系统等。但是，摩擦通常也有不利于人们生活的一面，它可以引起颤动、刺耳的尖叫和粘着-滑动运动，如门的颤动、车床的颤动、列车与铁轨之间发出的刺耳噪声、刹车发出的高频噪声等。机械部件之间的摩擦引起的颤动通常会导致器械的磨损；列车车轮与铁轨之间的摩擦会引起刺耳的噪声，同时接触表面的粗糙性还可能会导致列车出轨。

由于非光滑因素的存在，即使是很简单的线性系统，通常也会表现出强非线性的特征，如线性碰撞系统、分段线性系统等。可见，非光滑系统本质上是强非线性系统，具有非线性特性。在通常的实际问题中，非线性与非光滑是同时存在的，这使得系统的动力学行为变得更加复杂。随着非光滑力学和非线性动力学的发展，人们开始将非光滑问题和非线性动力学理论结合起来，从动力学的角度去研究非光滑问题，发现了非光滑系统中存在许多光滑系统所没有的动力学特性，从而对系统中的非光滑本质有了更深入的认识。但是，由于非光滑因素的存在，通常表现为状态或向量场或Jacobi矩阵的不可微性或间断性，这导致了系统的强非线性和奇异性，从而不能用一般的光滑动力系统理论直接进行处理，需要建立新的理论框架和方法，这对于研究非光滑现象的本质是很重要的。

总之，非光滑系统动力学理论和应用的研究具有重要的现实意义，同时也是一个全新的、富有挑战性的课题。尤其是对非光滑系统中的非光滑因素的研究，对深入认识非光滑系统中特有的复杂动力学具有重要意义。

1.4 脉冲系统的研究历史及现状

许多实际问题的发展过程往往具有这样的特征：在发展的某些阶段，由于诸多原因，在极短的时间内出现突然的改变或干扰，从而使系统的运动状态发生跳跃，我们通常称这种效应为脉冲现象。为方便讨论，常常忽略这个快速变化的持续时间，并假设这个变化是通过瞬间突变完成的，这个发生时刻通常称为脉冲时刻。脉冲现象在现代科技各领域和各种实际问题中是广泛存在的。例如，在金融系统中，市场的货币流通量可以通过中央银行的存款利率来调节，而对利率的调整往往是在某个固定时刻完成的，这就是一种金融系统中的脉冲现象；在某些场合下，脉冲方法会比其他方法更加经济有效，例如对于害虫的防治，连续施放杀虫剂比定期施放可能会带来更严重的后果，比如害虫的耐药性增强等，所以害虫防治中的施药一般是脉冲形式的；再如，药剂学中的定时给药过程、种群生态系统的定时捕捞或补给、神经系统中外部或内在的信号激励、电子电路系统中的开关闭合、通信中的调频系统、火箭卫星等航空航天中的在轨调整、机械运动或者其他运动过程中突然遭受外加强迫力而导致系统的运动状态发生突然的改变等，都可以导致脉冲现象的发生。这种现象的数学模型一般可归结为脉冲微分系统[107],[108]。脉冲微分方程一般可以表示为如下形式：

$$\begin{cases} \dot{X}=f(t,\ X), & (t,\ X)\notin M \\ X(t_+)=F(t,\ X(t)), & (t,\ X(t))\in M \end{cases} \tag{1-9}$$

其中，f：$\mathbf{R}\times\Omega\to\mathbf{R}^n$，$\Omega\subset\mathbf{R}^n$ 为一开集。$M\subset\mathbf{R}\times\Omega$，$F$：$M\to\Omega$。定义脉冲发生时刻的跳跃量为 $\Delta X(t)=X(t_+)-X(t_-)$，其中

$$X(t_+)=\lim_{h\to 0+}X(t+h),\quad X(t_-)=\lim_{h\to 0-}X(t+h)$$

从而有 $X(t_+)=F(t,X(t))=X(t_-)+\Delta X(t)$，设集合 M 可以表示为 $\mathbf{R}\times\Omega$ 中的 $T_k=\{(t,X)\mid t=\tau_k(X),X\in\Omega\}$，$M=\bigcup_{k=1}^{+\infty}T_k$，其中，$\tau_1(X)<\tau_2(X)<\cdots<\tau_k(X)<\cdots$，$\tau_k(X)$ 表示脉冲发生的时刻，对任意 $X\in\Omega$，有 $\lim_{k\to+\infty}\tau_k(X)=+\infty$。则式(1-9)可以表示为如下常见形式：

$$\begin{cases}\dot{X}=f(t,X), & t\neq\tau_k(X),\ k=1,2,\cdots\\ X(t_+)=X(t_-)+\Delta X(t), & t=\tau_k(X),\ k=1,2,\cdots\end{cases}\tag{1-10}$$

其中的第一个方程描述了系统的连续渐变过程，称为连续部分，是用微分方程描述的；第二个式子刻画了系统的脉冲效应，称为脉冲部分，是用差分方程描述的。$\tau_k(X)$ 决定了脉冲发生的时间，称为脉冲时刻；$\Delta X(t)$ 描述了脉冲跳跃的强度，称为脉冲函数。其中的 $\tau_k(X)$ 如果是 X 的函数，则称系统(1- 10)为变时刻脉冲微分系统；若其中的 $\tau_k(X)$ 是随机发生的，则称(1-10)为随机时刻脉冲微分系统。特别地，如果 $\tau_k(X)\equiv\tau_k$，τ_k 是一常数，则式(1-10)可表示为

$$\begin{cases}\dot{X}=f(t,X), & t\neq\tau_k,\ k=1,2,\cdots\\ X(t_+)=X(t_-)+\Delta X(t), & t=\tau_k,\ k=1,2,\cdots\end{cases}\tag{1-11}$$

称(1-11)为固定时刻脉冲微分系统。目前讨论得较充分的结果主要集中在固定脉冲时刻的脉冲微分系统(1-11)，对变脉冲时刻的脉冲微分系统和随机时刻的脉冲微分系统的结果并不多见，研究方法上仍然缺乏有效手段。易见，脉冲微分系统的解是分段连续的。

在对脉冲微分系统的定性研究中，对渐近行为的研究最为关键，它是脉冲微分系统的理论基础。其主要研究方法有三种：Lyapunov 方法、两种测度方法和简单实用的比较定理方法。其中，Luo[109]研究了用 Lyapunov 方法判断脉冲微分系统的稳定性，Wang[110]用两种测度方法考察了脉冲微分系统的稳定性，Sun[111]等用两种测度方法考察了时滞脉冲微分系统的稳定性。1960 年，Milman 和 Myshkis[112]在脉冲微分系统的稳定性方面做出了开创性的工作。Lakshimikantham 及 Bainov[113],[114]总结了依赖于初始状态的脉冲微分方程的基本理论、脉冲微分不等式以及脉冲微分方程稳定性基本理论。特别地，他们提出了，要判断一个系统是否能够使用脉冲方法实现控制，只要看脉冲控制系统是否渐

近稳定即可。自20世纪90年代以来，脉冲微分系统更加引起微分系统专家学者的重视，对其研究也日趋活跃，已逐渐成为非线性微分系统研究领域的国际新热点。Yang[115]~[120]建立了依赖于初始状态的脉冲微分系统的比较定理，这是判断脉冲微分系统稳定性一个简单有力的工具。Yang将该比较定理应用到一些典型的三维混沌系统的脉冲控制与脉冲同步中去，通过判断脉冲微分系统是否稳定，来判断这些系统能否用脉冲方法实现控制或同步。文献[121]~[141]继承了Yang的方法，考察了不同脉冲动力系统的稳定性问题，从而判断这些系统是否能用脉冲的方法实现混沌控制或者混沌同步。而上面提到的文献的一个共同点是，脉冲发生的时刻是固定的。然而，现实生活和科学研究中更多的是脉冲发生时刻并不固定，他们或为随机发生的，或脉冲发生的步长是变化的。Sun等[142]~[146]研究了一类变步长脉冲系统的稳定性问题，建立了相应判断稳定性的比较定理，并将这些定理应用到不同混沌系统的脉冲控制和脉冲同步中去。Fu[147]研究了一类脉冲发生时刻随机的脉冲微分方程的稳定性。时滞是非线性领域的一个热点问题，Sun[148]~[151]研究了不同时滞脉冲系统的稳定性及其在脉冲控制与脉冲同步中的应用。然而，前面提到的文章，大多仅仅考虑了确定性动力系统。我们知道，随机因素存在于现实世界的每一个角落及每一个变化过程中。许多动力系统因为随机因素的影响而使系统的运动状态发生突然变化，这些突然变化可能是随机失败或者是部件的随机故障而导致的维修、子系统之间的连接或者子系统的变化、环境的突然变化等引起的，这些随机因素可能会对系统的动力学行为产生根本影响。所以，加强对随机动力系统的研究就显得很有必要。但是，在脉冲系统中，考虑随机因素的文献相对较少，特别是对于随机脉冲系统稳定性方面的研究就更少。而固定时刻随机脉冲微分方程一般可表示为

$$
\begin{cases}
\mathrm{d}X(t) = f(t, X(t))\mathrm{d}t + g(t, X(t))\mathrm{d}w(t), & t \neq \tau_i \\
\Delta X\big|_{t=\tau_i} = U(i, X) = X(\tau_i^+) - X(\tau_i^-), & t = \tau_i,\ i = 0, 1, 2, \cdots \\
X(t_0^+) = X_0
\end{cases}
\tag{1-12}
$$

其中，$f(\cdot,\cdot) \in C[\mathbf{R}_{t_0} \times \mathbf{R}^n, \mathbf{R}^n]$，$g(\cdot,\cdot) \in C[\mathbf{R}_{t_0} \times \mathbf{R}^n, \mathbf{R}^{n\times m}]$，$\mathbf{R}_+ = \{x: x \in \mathbf{R}, x \geqslant 0\}$，$\mathbf{R}_{t_0} = \{t \mid t \in \mathbf{R}_+, t \geqslant t_0\}$。$w(t)$是$m$维标准Wiener过程，其中的$\tau_i$表示脉冲发生时刻，记

$$\Gamma = \{\tau_i \mid i = 1, 2, \cdots, t_0 = \tau_0 < \tau_1 < \tau_2 < \cdots < \tau_i < \tau_{i+1} < \cdots\}$$

满足$\lim\limits_{i\to\infty}\tau_i = +\infty$。

本书着重考虑参激白噪声作用下随机脉冲微分系统(1-12)的几种典型随机稳定性及其在混沌控制、混沌同步中的应用。

1.5 混沌研究的主要方法

关于混沌研究的方法，主要有理论上的解析方法和因为计算技术发展而形成的解析方法两种。

1.5.1 混沌研究的主要解析方法

物理学和力学中的许多问题，可以归结为讨论弱周期扰动作用下的具有同宿轨道或异宿圈的二阶常微分方程和具有鞍焦型同宿轨道的三阶常微分方程。对于这两类系统，利用一定的技巧，可以建立二维 Poincare 映射。而 Melnikov 方法和 Shilnikov 方法是少有的几种能够预测混沌的解析方法，他们可用来判定这两类系统的二维 Poincare 映射是否具有 Smale 马蹄变换。按照混沌动力学理论，如果一个平面映射存在 Smale 马蹄变换，则这个映射就存在反映混沌属性的不变集。

Melnikov 方法适用于一些特殊的平面可积系统，要求它的未受扰动系统一般存在双曲鞍点以及连接鞍点的同宿轨道或异宿环，把所讨论的系统归结为一个二维映射系统，然后推导该二维映射存在横截同宿点的数学条件，从而说明映射具有 Smale 马蹄变换意义下的混沌。该方法的核心思想是：对于受扰动系统，首先通过 Poincare 映射将非自治平面连续动态系统转化为平面离散动态系统。在小扰动的情况下，求其稳定流形与不稳定流形之间的距离，经过一阶近似简化后成为 Melnikov 函数。然后，计算 Melnikov 函数是否有简单零点，如果有简单零点，则表明稳定流形和不稳定流形必然横截相交而形成同宿点，从而导致混沌的出现。下面详细说明 Melnikov 函数的求解方法[18]。

考虑如下常见的 Hamilton 系统：

$$\ddot{x}+g(x)=0 \tag{1-13}$$

其等价形式为

$$\begin{cases}\dot{x}=y\\ \dot{y}=-g(x)\end{cases} \tag{1-14}$$

记 $G(x)=\int_0^x g(\xi)\mathrm{d}\xi$，则(1-14)的 Hamilton 量为

$$H(x, y)=\frac{1}{2}y^2+G(x) \tag{1-15}$$

从物理学观点来看，式(1-15)描述了单位质量的质点在外力 $-g(x)$ 作用下的运动，因而式(1-15)Hamilton 量中的 $\frac{1}{2}y^2$ 代表质点的动能，$G(x)$ 表示外力对质点所做功的负值，即为势能。

考虑如下具有周期扰动的平面 Hamilton 系统：

$$\dot{x}=f(x)+\varepsilon g(x, t),\ x=(u, v)\in \mathbf{R}^2 \tag{1-16}$$

其中，$f=(f_1, f_2)^{\mathrm{T}}$，$g=(g_1, g_2)^{\mathrm{T}}$ 是充分光滑函数，且在有界集上有界，$g(t, x)$ 是 t 的周期函数，周期为 T，$\varepsilon \geqslant 0$。并对系统(1-16)作如下假设：

(H_1) 当 $\varepsilon=0$ 时，系统(1-16)为 Hamilton 系统，其 Hamilton 量为 $H(u, v)$，满足 $f_1=\frac{\partial H}{\partial v}$，$f_2=-\frac{\partial H}{\partial u}$；

(H_2) 当 $\varepsilon=0$ 时，系统(1-16)存在一个双曲鞍点 p_0 和一条连接 p_0 的同宿轨道 $q^0(t)=(u^0(t), v^0(t))$；

(H_3) 令 $\Gamma^0=\{q^0(t)\mid t\in \mathbf{R}\}\cup\{p_0\}$，在 Γ^0 内部充满一簇以 α 为参数的周期轨道 $q^\alpha(t)=(u^\alpha(t), v^\alpha(t))$，$\alpha\in J\subset \mathbf{R}$；

(H_4) 记 $h_\alpha=H(q^\alpha(t_1))$，$T_\alpha$ 为周期轨道 $q^\alpha(t)$ 的周期，T_α 为 h_α 的可微函数，且在 Γ^0 内部满足 $\frac{\mathrm{d}T_\alpha}{\mathrm{d}h_\alpha}>0\left(或\ \frac{\mathrm{d}T_\alpha}{\mathrm{d}h_\alpha}<0\right)$。

则定义同宿轨道的 Melnikov 函数为

$$M(t_0)=\int_{-\infty}^{\infty} f(q^0(t-t_0))\wedge g(q^0(t-t_0), t)\mathrm{d}t \tag{1-17}$$

其中，$\wedge$ 表示的运算为 $a\wedge b=a_1b_2-a_2b_1$，$a=(a_1, a_2)^{\mathrm{T}}$，$b=(b_1, b_2)^{\mathrm{T}}$。Melnikov 函数是度量同一个鞍点(Poincare 截面上)的稳定流形与不稳定流形之间距离的函数，Melnikov 函数为 0 意味着稳定流形与不稳定流形横截相交，一旦相交就有无数个交点，同宿(异宿)轨道破裂，吸引子的相空间发生形变(伸、缩、折)，产生了 Smale 马蹄意义下的混沌。数值实验已证明 Melnikinov 函数具有简单零点是产生 Smale 马蹄意义下混沌的必要条件。Melnikov 方法已被推广到随机动力系统，称为随机 Melnikov 过程方法，它是一种判断随机动力系统是否会出现混沌的解析方法。其主要原理如下：

对于随机动力系统：

$$\dot{X}=f(X)+\varepsilon g(X,\ t) \tag{1-18}$$

其中 $X=(x_1,\ x_2)^{\mathrm{T}}$，$f=(f_1,\ f_2)^{\mathrm{T}}$，

$$g(X,\ t)=(\gamma_1(X)G(t)+q_1(X),\ \gamma_2(X)G(t)+q_2(X))^{\mathrm{T}}$$

当 $\varepsilon=0$ 时，系统(1-18)为 Hamilton 系统 $\left(\text{即 } f_1=\dfrac{\partial H}{\partial x_2},\ f_2=-\dfrac{\partial H}{\partial x_1}\right)$，有同宿轨道 $X_h=(x_{h1},\ x_{h2})^{\mathrm{T}}$，且以坐标原点为鞍点，$0<\varepsilon\ll 1$，$f$，$\gamma_k(X)$，$q_k(X)$ 是充分光滑的函数且有界。$G(t)$ 是一个具有零均值、单位强度的随机过程，它的谱密度为 $\Psi_0(\omega)$。特别地，当 $G(t)$ 为高斯过程时，可以用下面的近似：

$$G(t)\approx G_N(t)=\sqrt{\frac{2}{N}}\sum_{i=1}^{N}\cos(\omega_i t+\phi_{0i}) \tag{1-19}$$

其中，ϕ_{0i} 与 ω_i 是相互独立同分布的随机变量，都服从 $[0,\ 2\pi]$ 上的均匀分布，且概率密度函数为 $f(\omega)=\dfrac{1}{2\pi}\Psi_0(\omega)$。则系统(1-18)的 Melnikov 过程为

$$M(t_0)=\int_{-\infty}^{\infty}h(\zeta)G_N(t_0-\zeta)\mathrm{d}\zeta-k=h*G_N-k \tag{1-20}$$

其中，

$$h(\zeta)=f_1(X_h(-\zeta))\gamma_2(X_h(-\zeta))-f_2(X_h(-\zeta))\gamma_1(X_h(-\zeta)) \tag{1-21}$$

$$k=\int_{-\infty}^{\infty}[f_2(X_h(\zeta))q_1(X_h(\zeta))-f_1(X_h(\zeta))q_2(X_h(\zeta))]\mathrm{d}\zeta \tag{1-22}$$

Melnikov 方法的详细介绍及进一步推广，可参见 Wiggins 的专著[152]和刘曾荣的专著[17]、[18]；随机情形的应用研究可参见 Simiu 的专著[153]和朱位秋的专著[154]。Shilnikov 方法适用于具有鞍焦型同宿轨道的三维系统。当系统具有一条鞍焦型同宿轨道时，在一定的条件下就可以在奇点附近构造一个庞加莱返回映射，证明此映射具有 Smale 马蹄变换性质，从而说明系统具有 Smale 马蹄变换意义下的混沌[155]。但是，Shilnikov 方法要求被判定系统具有鞍焦型同宿轨道，这是一件比较困难的事情，从而导致 Shilnikov 方法不如 Melnikov 方法应用广泛。

这两个方法的优点是可以直接进行解析计算，以便于进行系统的分析。需要说明的是，Melnikov 方法和 Shilnikov 方法都以混沌的拓扑描述为基础，但由于拓扑意义上的混沌与实际中可观测的混沌之间并非完全一致，因此，解析方法所得的混沌阈值与实验或数值结果有一定差别。再者这两个方法只能证明存在混沌属性的不变集，需要强调的是，存在这种不变集不一定就有混沌性质的奇怪吸引子。一般说来，用 Melnikov 方法和

Shilnikov 方法处理的结果，得到的只是混沌出现的必要条件，而不是充分条件。所以，在利用这两种方法判断混沌是否出现时，需同时结合其他方法，例如，最大 Lyapunov 指数法、Poincare 截面数值法等。

1.5.2　混沌研究的主要数值方法

混沌研究的方法，除了解析的 Melnikov 方法之外，还有众多的数值方法，比如研究相图、时间历程图、庞加莱截面、最大 Lyapunov 指数等方法，这些方法可以同时使用，相互印证。

1. 最大 Lyapunov 指数法

混沌运动的基本特点是运动对初值条件的极端敏感性，两个靠得很近的初值所产生的轨道，随时间推移按指数方式分离。Lyapunov 指数就是描述这一现象的平均度量，它定量刻画了系统对初值条件的敏感程度。对于 n 维系统，将有 n 个 Lyapunov 指数，它们分别表示了运动轨道沿各基向量的平均指数发散率。在相空间中追踪一条轨道，以轨道上某点 $x(t)$ 为原点，在 n 维空间中选取 n 个独立正交的小矢量，将 $x(t)$ 按微分方程积分一步，达到 $x(t+\tau)$，同时将各矢量的端点按线性化方程积分一步，得到 n 个矢量的长度之比，再与 $x(t+\tau)$ 连成 n 个矢量 $\boldsymbol{e}_1$，$\boldsymbol{e}_2$，…，$\boldsymbol{e}_n$，这些新矢量一般不再是正交的。再以 $x(t+\tau)$ 为原点，将 $\boldsymbol{e}_1$，$\boldsymbol{e}_2$，…，$\boldsymbol{e}_n$ 正交化后重复上述过程，最后把所求的所有 n 个长度之比分别沿整个轨道平均，即得 n 个 Lyapunov 指数。其中，最大的那个 Lyapunov 指数对系统的混沌运动具有重要的定性意义，当系统的最大 Lyapunov 指数为正时，系统的运动是混沌的。或者只要系统有一个正的 Lyapunov 指数，就意味着混沌的发生。连续系统的最大 Lyapunov 指数的构造方法，主要有定义法、Jacobian 方法、QR 分解方法、奇异值分解方法，或者通过求解系统的微分方程，得到微分方程的时间序列(即离散系统)的最大 Lyapunov 指数求解方法。其他的数值算法有 Benettin 等提出的方法[156]、Wolf 等提出的方法[157]、Sano 与 Sawada 提出的方法[158]、Eckmann 与 Ruelle 提出的方法[159]、Brown 等提出的方法[160]，等等。本书列举 Wolf 计算最大 Lyapunov 的方法如下。

对于 n 维连续动力系统 $\dot{x}=F(x)$，在 $t=0$ 时刻，以 x_0 为中心、$\|\delta x(x_0,0)\|$ 为半径作一个 n 维球面，随着时间的演化，在 t 时刻该球面变形为 n 维椭球面。设该椭球面

第 i 个坐标轴方向的半轴长为 $\| \delta x_i(x_0, 0) \|$，则该系统的第 i 个 Lyapunov 指数为

$$\lambda_i = \lim_{t \to \infty} \frac{1}{t} \ln \frac{\| \delta x_i(x_0, t) \|}{\| \delta x(x_0, 0) \|}$$

此即连续系统的 Lyapunov 指数的定义。

实际计算时，取 $\| \delta x(x_0, 0) \|$ 为 d（d 为常数），以 x_0 为球心、欧几里得范数为 d 的正交矢量集为 $\{e_1, e_2, \cdots, e_n\}$ 初始球。由非线性微分方程 $\dot{x} = F(x)$ 可以分别计算出点 x_0，$x_0 + e_1$，$x_0 + e_2$，…，$x_0 + e_n$ 经过时间 t 后演化的轨迹。设其终点分别为 x_{00}，x_{01}，…，x_{0n}，令 $\delta x_1^{(1)} = x_{01} - x_{00}$，$\delta x_2^{(1)} = x_{02} - x_{00}$，…，$\delta x_n^{(1)} = x_{0n} - x_{00}$，可得到新的矢量集 $\{\delta x_1^{(1)}, \delta x_2^{(1)}, \cdots, \delta x_n^{(1)}\}$。

由于各个矢量在演化过程中都会向着最大的 Lyapunov 指数方向靠拢，因此需要通过 Schmidt 正交化不断对新矢量进行置换，即 Wolf 的文章中提出的 GSR 方法，表述如下：

$$\begin{cases} v_1^{(1)} = \delta x_1^{(1)} \\ u_1^{(1)} = \dfrac{v_1^{(1)}}{\| v_1^{(1)} \|} \\ v_2^{(1)} = \delta x_2^{(1)} - \langle \delta x_2^{(1)}, u_1^{(1)} \rangle u_1^{(1)} \\ u_2^{(1)} = \dfrac{v_2^{(1)}}{\| v_2^{(1)} \|} \\ \cdots \\ v_n^{(1)} = \delta x_n^{(1)} - \langle \delta x_n^{(1)}, u_{n-1}^{(1)} \rangle u_{n-1}^{(1)} - \cdots - \langle \delta x_n^{(1)}, u_1^{(1)} \rangle u_1^{(1)} \\ u_n^{(1)} = \dfrac{v_n^{(1)}}{\| v_n^{(1)} \|} \end{cases}$$

接着以 x_{00} 为球心、范数为 d 的正交矢量集 $\{\mathrm{d}u_1^{(1)}, \mathrm{d}u_2^{(1)}, \cdots, \mathrm{d}u_n^{(1)}\}$ 为新球继续进行演化，设演化至 N 步时，得到矢量集 $\{V_1^{(n)}, V_2^{(n)}, \cdots, V_n^{(n)}\}$，且 N 足够大，则可以得到 Lyapunov 指数的近似计算公式：

$$\begin{cases} \lambda_1 = -\dfrac{\ln d}{T} + \dfrac{1}{NT} \displaystyle\sum_{k=1}^{N} \ln \| V_1^{(k)} \| \\ \cdots \\ \lambda_n = -\dfrac{\ln d}{T} + \dfrac{1}{NT} \displaystyle\sum_{k=1}^{N} \ln \| V_n^{(k)} \| \end{cases}$$

实际计算时，可以将 d 取为 1。

对于连续系统 $\dot{x}=F(x)$，其中 $\dot{x}=\frac{\mathrm{d}x}{\mathrm{d}t}$，$x\in\mathbf{R}^d$ 是连续的 d 维空间中的点，其连续的切空间中 $x(t)$ 处的点的切向量可以用下面的方程描述：

$$\dot{e}=T(x(t))e,\ \boldsymbol{J}=\frac{\partial F}{\partial x}$$

这里的 $\boldsymbol{J}$ 是方程 F 的 Jacobian 矩阵。令 U 中的变量 $e(0)\to e(t)$ 为一个连续的线性算子，求解上面的方程即可得到

$$e(t)=U(t,\ e(0))$$

这样映射 U 的演化渐近行为可以用 Jacobian 矩阵给出的指数来完全刻画，即

$$\lambda(x(0),\ e(0))=\lim_{t\to\infty}\frac{1}{t}\ln\frac{\|e(t)\|}{\|e(0)\|}$$

于是，这种渐近演化的平均数即可表示为

$$\begin{aligned}\lambda&=\lim_{k\to\infty}\frac{1}{k\Delta t}\sum_{j=1}^{k}\ln\frac{\|e((j+1)\Delta t)\|}{\|e((j)\Delta t)\|}\\&=\lim_{k\to\infty}\frac{2}{k\Delta t}\ln\frac{\|e((k+1)\Delta t)\|}{\|e(k\Delta t)\|}\,\frac{\|e(k\Delta t)\|}{\|e((k-1)\Delta t)\|}\cdots\frac{\|e(2\Delta t)\|}{\|e(\Delta t)\|}\end{aligned}$$

该式即是计算连续系统的 Lyapunov 指数的 Jacobian 算法。

用 $\|\cdot\|$ 表示 m 维空间中的距离，则最大 Lyapunov 指数满足：

$$\begin{aligned}\|\delta x_0\|\mathrm{e}^{n\lambda_1}&=\|F^n(x_0+\delta x_0)-F^n(x)\|\\&\approx\|\boldsymbol{J}(x_{n-1})\boldsymbol{J}(x_{n-2})\cdots\boldsymbol{J}(x_0)\delta x_0\|\end{aligned}$$

其中，$\boldsymbol{J}(x_0)$ 为系统在 x_0 处的 Jacobian 矩阵。

为计算 λ_1，选取 δx_0 为 $d_0\boldsymbol{e}_0$，其中 d_0 表示模，$\boldsymbol{e}_0$ 表示一单位向量。

$\boldsymbol{J}(x_0)\boldsymbol{e}_0$ 也为一单位向量，设为 $d_1\boldsymbol{e}_1$，d_1 表示模，$\boldsymbol{e}_1$ 表示一单位向量；

$\boldsymbol{J}(x_1)\boldsymbol{e}_1$ 也为一单位向量，设为 $d_2\boldsymbol{e}_2$，d_2 表示模，$\boldsymbol{e}_2$ 表示一单位向量；

……

$\boldsymbol{J}(x_{n-1})\boldsymbol{e}_{n-1}=d_n\boldsymbol{e}_n$，$d_n$ 为模，$\boldsymbol{e}_n$ 表示一单位向量。

则有

$$\lambda_1=\lim_{n\to\infty}\frac{1}{n}\ln|d_nd_{n-1}\cdots d_2d_1|$$

从单变量的时间序列提取 Lyapunov 指数的方法仍然是基于时间序列的重构相空间。Wolf 等提出了直接基于相轨线、相平面、相体积等的演化来估计 Lyapunov 指数。这类

方法统称为 Wolf 方法，如图 1.4 所示。

设混沌时间序列 x_1，x_2，…，x_n，…，嵌入维数 m，时间延迟 τ，则重构相空间为

$$Y(t_i)=(x(t_i),\ x(t_i+\tau),\ \cdots,\ x(t_i+(m-1)\tau)),\quad i=1,\ 2,\ \cdots,\ N$$

取初始点 $Y(t_0)$，设其与最邻近点 $Y_0(t_0)$ 的距离为 L_0，追踪这两点的时间演化，直到 t_1 时刻，其间距离超过某个规定值 $\varepsilon>0$，$L'_0=|Y(t_1)-Y_0(t_1)|>\varepsilon$，保留 $Y(t_1)$，并在 $Y(t_1)$ 的邻近再找一个点 $Y_1(t_1)$，使得 $L_1=|Y(t_1)-Y_1(t_1)|<\varepsilon$，并且与之夹角尽可能地小。

继续上述过程，直至 $Y(t)$ 到达时间序列的终点 N，这时追踪演化过程总的迭代次数为 M，则最大的 Lyapunov 指数为

$$\lambda=\frac{1}{t_M-t_0}\sum_{i=0}^{M}\ln\frac{L'_i}{L_i} \tag{1-23}$$

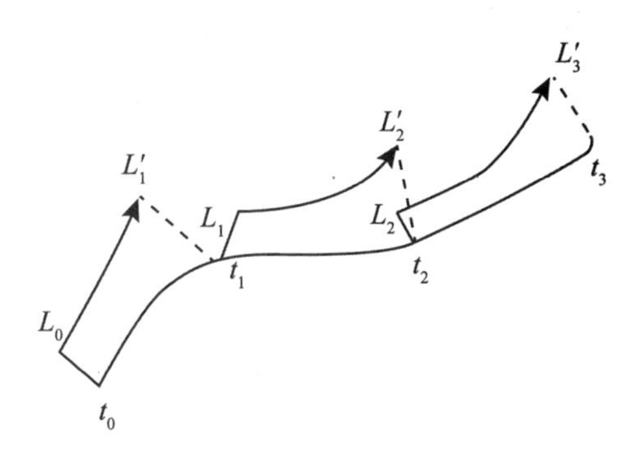

图 1.4 Wolf 方法示意图

2. 庞加莱截面法

取低于系统相空间维数的一个超截面，当系统的轨道穿过该截面时记下其与超截面交点的位置，然后观察这些点的分布情况，这样的截面被称为“庞加莱截面”。截面位置的选取很重要，通常应经过原来稳定而后失稳的不动点附近，这样才能反映出出现分岔和混沌的过程。该方法把对连续曲线(相轨道)的研究简化为对点的集合的研究，相当于对系统的全部运动过程进行不连续的抽样检验，从而简化了对系统运动行为的判定工作。对于三维自治或者二维非自治系统，如果系统运动是周期的，则在截面上只会有有限个点；如果是准周期的，截面上的点通常构成连续封闭的曲线；如果是混沌的，截面上将

有成片的密集点，这些点形成自相似结构，具有分数维。庞加莱截面法是直观地描绘系统运动情况的几何方法，它简单直观，通常情况下也是有效的。但在一些特殊情形下，存在奇怪的非混沌吸引子[161]，这些吸引子具有分形特点却是非混沌的。因此，在具体分析系统混沌运动时，庞加莱截面法可以与 Lyapunov 指数法结合，以做出更加准确的判断。

1.6　混沌控制与混沌同步

由于混沌系统对初始条件的极端敏感性和长期不可预测性，混沌系统曾经被认为是既不可测也无法控制的，从而被认为是一种有害的运动形式，故在许多实际工程技术领域，人们总是尽量避免混沌的出现。但是，自从 20 世纪 90 年代 OGY 混沌控制方法被提出以来，人们改变了以往的认识，混沌控制理论也得到了迅猛的发展，不同的控制方法被相继提出，并且在工程技术、生物医药、保密通信等领域得到了广泛的应用。

混沌控制是指用控制的方法消除或者削弱系统的混沌行为，或者使受控目标在不同的周期轨道上自由切换，使运动达到有序状态。可以认为，混沌能够被控制标志着混沌研究进入了一个新阶段，控制混沌是混沌理论走向应用的第一步。迄今为止，人们已提出了多种混沌控制方法，但总体上来说，可分为反馈控制法和非反馈控制法两大类。反馈控制法多以原系统的固有状态为控制目标，这些固有状态在未施加控制时是不稳定的。所以，这种方法可以保留系统原有的动力学性质，并且通常只需要较小的控制信号。反馈控制主要包括 OGY 控制法、延迟反馈控制法[172]、自适应控制法 [173]~[175]以及连续变量反馈法、脉冲变量反馈法、非线性反馈控制法等[1],[176]。

非反馈控制的基本特点是控制信号不受系统变量实际变化的影响，能够避免对系统变量数据的持续采样和响应，因此它可以弥补反馈方法的不足。非反馈控制方法多种多样，主要包括：周期激励控制法、常数激励控制法、传输迁移法、相位调节控制法、随机噪声控制法等。非反馈控制对控制目标一般只能提一些笼统的要求，如抑制混沌、实现周期运动等。

在诸多的混沌控制方法中，脉冲控制法是在一系列的时间点上注入一定强度的脉冲控制量，以改变系统的状态变量来稳定系统。它具有控制所需能量少、控制响应速度快、较强的抗噪声能力和鲁棒稳定性，特别适用于经不起长期外部信号作用或外在信号昂贵的项目。因而脉冲控制方法受到了科研人员和工程实际需要的青睐。本书将就随机系统的脉冲控制方法展开研究。

另一方面，由于混沌的运动轨道对初始条件的高度敏感性，因此人们以前认为实际中重构完全相同的混沌是不可能的事情，而混沌同步的发现则改变了人们这一传统认识。随后，人们对混沌同步投入了极大的研究兴趣，并被认为在保密通信等领域具有较大的应用前景。而混沌同步可以看做是一种广义的混沌控制，所以对于上面的混沌控制方法，相应地有类似的混沌同步方法。一个混沌动力系统是否能用某种方法实现混沌控制，首要问题是控制系统的稳定性问题。如果控制系统是稳定的，则会为系统的控制提供理论保障。特别需要说明的是，控制系统的稳定性可以分为两种：一种是控制系统轨道稳定到零点，另一种是混沌轨道稳定到某条轨道。关于稳定性方面，后面的文章中将需要以下的预备知识。

1.7 预备知识

为了后面研究方便，下面介绍几种书中要用到的方法。

1.7.1 Lyapunov 第二方法[170]

对于非线性动力系统

$$\begin{cases} \dot{X} = f(t, X), X \in \mathbf{R}^n, t \in \mathbf{R}_{t_0} \\ X|_{t=t_0} = X_0 \end{cases} \tag{1-24}$$

其中，$f(0)=0$，$\mathbf{R}_{t_0}=\{t \mid t \in \mathbf{R}, t \geqslant t_0\}$，且 $f(X)$ 在某域 G：$\|X\| \leqslant K$（K 为正常数）内有连续的偏导数。

定义 1.1 称(1-24)式的平凡解是稳定的，如果对任意 $\varepsilon > 0$，$t_0 \in \mathbf{R}_{t_0}$，存在 $\delta(\varepsilon, t_0) > 0$，使得当 $\|X_0\| < \delta(\varepsilon, t_0)$ 时，对一切 $t \geqslant t_0$，有 $\|X(t, t_0, X_0)\| < \varepsilon$。

定义 1.2 称(1-24)式的平凡解是吸引的，如果对任意 $\varepsilon > 0$，$t_0 \in \mathbf{R}_{t_0}$，存在 $\sigma(t_0) > 0$，$T(\varepsilon, t_0, X_0) > 0$，使得当 $\|X_0\| < \sigma(t_0)$，$t \geqslant t_0 + T(\varepsilon, t_0, X_0)$ 时，有 $\|X(t, t_0, X_0)\| < \varepsilon$，即 $X(t, t_0, X_0) \to 0$（当 $t \to +\infty$）。

定义 1.3 称(1-24)式的平凡解是渐近稳定的，如果(1-24)式的平凡解是稳定的，并且是吸引的。

定理 1.1　如果对微分动力系统(1-24)，存在一个正定函数 $V(X)$，其关于方程(1-24)的全导数 $\frac{\mathrm{d}V}{\mathrm{d}t}$ 为常负函数或恒等于零，则方程(1-24)的零解为稳定的。

如果有正定函数 $V(X)$，其关于方程(1-24)的全导数 $\frac{\mathrm{d}V}{\mathrm{d}t}$ 为定负的，则方程(1-24)的零解为渐近稳定的。

如果存在函数 $V(x)$ 和非负常数 μ，而关于方程(1-24)的全导数 $\frac{\mathrm{d}V}{\mathrm{d}t}$ 可以表示为 $\frac{\mathrm{d}V}{\mathrm{d}t}=\mu V+W(x)$，且当 $\mu=0$ 时 W 为定正函数，而当 $\mu\neq 0$ 时 W 为常正函数或恒等于零；又在 $x=0$ 的任意小邻域内至少存在某个 $\bar{x}$，使 $V(\bar{x})>0$。那么方程(1-24)的零解是不稳定的。

此正定函数 $V(X)$ 一般被称为是 Lyapunov 函数，简称 V 函数。

1.7.2　LaSalle 不变原理[171]

LaSalle 发现了李雅普诺夫函数与伯劳霍夫极限集之间的联系，给出了李雅普诺夫理论的统一认识，从而推广了李雅普诺夫直接法。

定理 1.2　设 D 是一有界闭集，从 D 内出发的(1-24)式的解 $x(t, t_0, x_0)\in D$（停留在 D 中），若存在 $V(x)$：$D\to\mathbf{R}$，具有连续一阶偏导数，使

$$\left.\frac{\mathrm{d}V}{\mathrm{d}t}\right|_{(1\text{-}24)}\leqslant 0$$

又设 $E=\left\{x\left|\left.\frac{\mathrm{d}V}{\mathrm{d}t}\right|_{(1\text{-}24)}=0,\ x\in D\right.\right\}$，$M\subset E$ 是最大不变集，则当 $t\to\infty$ 时，有 $x(t, t_0, x_0)\to M$。

特别地，若 $M=\{0\}$，则(1-24)式的平凡解是吸引的。

1.7.3　比较原理

对于 n 维非自治系统(1-24)及如下的比较系统：

$$\begin{cases}\dot{U}=g(t, U)\\ U|_{t=t_0}=U_0\end{cases}\tag{1-25}$$

其中，$g \in C[\mathbf{R}_{t_0} \times \mathbf{R}^n, \mathbf{R}]$，$g(t, U)=0$ 当且仅当 $U=0$。

定理 1.3　若存在正定函数 $V(t, X) \in C[\mathbf{R}_{t_0} \times \mathbf{R}^n, \mathbf{R}^+]$，且 $V(t, X)$ 关于 X 满足局部 Lipschitz 条件，$V(t, 0)=0$，且 $V(t, X)$ 沿着(1-24)的右上 Dini 导数满足

$$\mathrm{D}^+ V \leqslant g(t, V) \tag{1-26}$$

则有以下结论：

系统(1-25)平凡解的稳定性蕴含着系统(1-24)平凡解的稳定性；

系统(1-25)平凡解的渐近稳定性蕴含着系统(1-24)平凡解的渐近稳定性。

其中的右上 Dini 导数为：

$$\mathrm{D}^+ V(t, X) = \limsup_{\delta \to 0+} \frac{V(t+\delta, X+\delta f(t, X)) - V(t, X)}{\delta} \tag{1-27}$$

右下 Dini 导数为

$$\mathrm{D}^- V(t, X) = \liminf_{\delta \to 0-} \frac{V(t+\delta, X+\delta f(t, X)) - V(t, X)}{\delta} \tag{1-28}$$

1.7.4　混沌控制基础知识

本书研究的混沌控制主要是指，抑制系统的混沌状态，将混沌控制为稳定的状态，即稳定到周期轨道、平衡点或者恒定态。考虑如下的两个非线性系统：

系统 A：
$$\dot{X} = f(t, X) \tag{1-29}$$

系统 B：
$$\dot{Y} = f(t, X) + G(X, Y) \tag{1-30}$$

其中，$f(t, X)$ 和 $G(X, Y)$ 是两个非线性函数；$X, Y \in \mathbf{R}^n$，$G(X, Y) \in \mathbf{R}^m$ 是 m 维的控制函数，$m \leqslant n$。设 $\overline{Y}$ 表示所要控制的目标，则称系统 A 能够被控制住，即

$$\lim_{t \to +\infty} \| Y - \overline{Y} \| = 0 \tag{1-31}$$

1.7.5　混沌同步基础知识

定义 1.4(完全同步)　考虑两个混沌系统，其中一个称为驱动系统，另一个称为响应系统。

设驱动系统为

$$\dot{X} = f(t, X) \tag{1-32}$$

响应系统为

$$\dot{Y} = f(t, Y) \tag{1-33}$$

其中，X，$Y \in \mathbf{R}^n$ 分别为两个混沌系统的状态向量。若存在一个 $\mathbf{R}^n$ 的子集 D，对于任意初始值 $X(0)=0$，$Y(0)=0$，有

$$\lim_{t \to +\infty} \| Y(t) - X(t) \| = 0 \tag{1-34}$$

则称响应系统(1-33)与驱动系统(1-32)达到完全同步(精确同步)。

定义 1.5(反同步)　对于系统(1-32)和系统(1-33)，如果有

$$\lim_{t \to +\infty} \| Y(t) + X(t) \| = 0 \tag{1-35}$$

则称这两个系统是反同步的。

定义 1.6(广义同步)　对于系统(1-32)和系统(1-33)，如果存在函数 $h(\cdot)$ 满足

$$\lim_{t \to +\infty} \| h(Y(t) - X(t)) \| = 0 \tag{1-36}$$

则称这两个系统可以实现广义同步。

定义 1.7(延迟同步)　对于系统(1-32)和系统(1-33)，如果存在 τ 使得

$$\lim_{t \to +\infty} \| Y(t+\tau) - X(t) \| = 0 \tag{1-37}$$

则称这两个系统可以实现延迟同步，其中的 τ 称为延迟时间。

注：如果系统(1-29)，(1-30)，(1-32)与(1-33)都是随机系统，则(1-31)，(1-34)，(1-35)，(1-36)与(1-37)应是概率意义下的极限，比如渐近 p 阶矩稳定、随机渐近稳定性等。

1.8　目前存在的问题及本书拟研究的内容

非光滑系统是当前非线性科学领域研究的热点，存在许多亟待解决的问题，这些也是更好地理解非光滑运动的关键。深入研究非光滑系统的运动，更好地理解它们的动力学行为，可以减少这些运动形式所带来的负面效应，更好地发挥它们有利的一面。本书将研究一类特殊的非光滑系统，尝试采用 Fourier 级数来处理非光滑周期扰动所产生的非光滑因素，并在混沌预测这个典型的非线性问题中检验这种处理方法的效果。最终的数值模拟结果说明，在对这一类非光滑系统进行混沌预测时，Fourier 级数是处理这一类非光滑特性的有效工具。Melnikov 函数是研究混沌现象的一种经典方法，它是一种用来衡量非线性系统稳定流形与不稳定流形之间距离的函数，当该函数出现简单零点时，系统将会出现 Smale 马蹄意义下的混沌。本书将给出一些典型脉冲系统的 Melnikov 函数表示方法，并在一些典型的非线性脉冲系统的混沌预测中加以引用，以展示该方法的有效性与方便实用性。另一方面，混沌控制和混沌同步是近 20 年来的热点问题，各种不同的混

沌控制方法被不断提出。其中的脉冲控制方法以其一些独特的优点被广泛应用在一些特定的电路、生物实验、航空航天等系统中。脉冲控制系统本质上是一类非光滑系统，对于确定系统的脉冲控制与脉冲同步的研究已经进行了十多年的时间，形成了相对完备和成熟的理论体系。但是对于随机系统的脉冲控制与脉冲同步问题，人们对其研究则相对较少，特别是对随机脉冲微分方程稳定性的研究就更少。本书将深入研究随机脉冲微分方程的几种稳定性，即 p 阶矩稳定性、渐近 p 阶矩稳定性、随机渐进稳定性等，并将这些稳定性应用到一些典型的三维随机混沌系统中，来考察这些随机混沌系统是否能够在这些随机稳定的意义下，用脉冲信号实现混沌控制与混沌同步。

第 2 章　随机模拟方法

2.1 引　　言

对于随机数学问题的研究方法，基本上有两种：解析方法和数值模拟方法。解析方法需要求解随机 FPK 方程。蒙特卡洛方法是数值模拟方法中应用最为广泛的一种。蒙特卡洛方法又叫统计模拟方法，它使用随机数(或伪随机数)来解决计算的问题，是一类重要的数值计算方法。通过下面的例子可以较好地解释蒙特卡洛方法[243]。假设我们需要计算一个不规则图形的面积，那么图形的不规则程度和分析性计算(比如积分)的复杂程度是成正比的。采用蒙特卡洛方法是怎么计算的呢？首先把图形放到一个已知面积的方框内，然后假想你有一些豆子，把豆子均匀地朝这个方框内撒，豆子散好后数一下这个图形之中有多少颗豆子，再根据图形内外豆子的比例来计算面积。显然，豆子越小且撒得越多的时候，结果就越精确。从上面的例子可以看出，蒙特卡洛方法的实质是通过大量的随机试验，利用概率论来解决问题的一种数值方法，其基本思想是概率和体积间的相似性。它和一般的模拟有细微区别。一般的模拟只是模拟一些随机的运动，其结果是不确定的，而蒙特卡洛方法在计算的中间过程中出现的数是随机的，但是它解决问题的结果却是确定的。历史上有记载的蒙特卡洛试验始于 18 世纪末期(约 1777 年)，当时布丰为了计算圆周率，设计了一个“投针试验”。

蒙特卡洛方法的解题过程可以归结为三个主要步骤：构造或描述概率过程；从已知概率分布抽样；建立各种估计量。

(1)构造或描述概率过程。

对于本身就具有随机性质的问题，如粒子输运问题，主要是正确描述和模拟这个概率过程。对于确定性问题，比如计算定积分，就必须事先构造一个人为的概率过程，使得它的某些参量正好是所要求问题的解，即将不具有随机性质的问题转化为随机性质的问题。

(2)从已知概率分布抽样。

构造了概率模型以后，由于各种概率模型都可以看作是由各种各样的概率分布构成的，因此产生已知概率分布的随机变量(或随机向量)，就成为实现蒙特卡洛方法模拟实验的基本手段，这也是蒙特卡洛方法被称为随机抽样的原因。其中最简单、最基本、最重要的一个概率分布是(0，1)上的均匀分布。随机数就是具有这种均匀分布的随机变量。随机数序列就是具有这种分布的总体的一个简单子样，也就是一个具有这种分布的相互独立的随机变数序列。产生随机数，就是从这个分布抽样。在计算机上，可以用物理方法产生随机数，但价格昂贵，不能重复，使用不便。另一种方法是用数学递推公式产生。这样产生的序列，与真正的随机数序列不同，所以称为伪随机数，或伪随机数序列。不过，经过多种统计检验表明，它与真正的随机数或随机数序列具有相近的性质，因此可把它作为随机数来使用。由已知分布的随机抽样方法，与从(0，1)上均匀分布抽样不同，这些方法都是借助于随机序列来实现的，也就是说，都是以产生随机数为前提的。由此可见，随机数是我们实现蒙特卡洛模拟的基本工具。

(3)建立各种估计量。

一般说来，在构造了概率模型并能从中抽样，即实现模拟实验后，我们就要确定一个随机变量，作为所要求问题的解，我们称它为无偏估计。建立各种估计量，相当于对模拟实验的结果进行考察和登记，从中得到问题的解。

通常蒙特卡洛方法通过构造符合一定规则的随机数来解决数学上的各种问题。对于那些由于计算过于复杂而难以得到解析解或者根本没有解析解的问题，蒙特卡洛方法是一种有效求出数值解的方法。蒙特卡洛方法在数学中最常见的应用就是蒙特卡洛积分。

在力学中，蒙特卡洛方法多被用来求解稀薄空气动力学问题，其中最为成功的是澳大利亚 G. A. 伯德等人发展的直接模拟统计试验法。此法通过用计算机追踪几千个或更多分子的运动、碰撞及其与壁面的相互作用，以模拟真实气体的流动。它的基本假设与玻耳兹曼方程一致，但它是通过追踪有限个分子的空间位置和速度来代替计算真实气体中的分布函数。模拟的相似条件是流动的克努曾数相等，即数密度与碰撞截面之积保持常数。对每个分子分配以记录其位置和速度的单元。在模拟过程中分别考虑分子的运动和碰撞，在此平均碰撞时间间隔内，分别模拟分子无碰撞的运动和典型碰撞。若空间网格取得足够小，其中任意两个分子都可以互相碰撞。碰撞后分子的速度根据特定分子模型的碰撞力学和随机取样决定。分子与壁面碰撞后的速度，则根据特定的反射模型和随机取样决定。对运动分子的位置与速度的追踪和求矩可以得出气体的密度、温度、速度等一些感兴趣的宏观参量。而对分子与壁面间的动量和能量交换的记录则给出阻力、举力和热交换系数等的数学期望值。

从理论上来说，蒙特卡洛方法需要大量的实验。实验次数越多，所得到的结果越精确。一直到公元 20 世纪初期，尽管实验次数数以千计，利用蒙特卡洛方法所得到的圆周率 π 值还是达不到公元 5 世纪祖冲之的推算精度。这可能是传统蒙特卡洛方法长期得不到推广的主要原因。

随着计算机技术的发展，蒙特卡洛方法在最近 10 年得到快速的普及。现代的蒙特卡洛方法，已经不必亲自动手做实验，而是借助计算机的高速运算能力，使得原本费时费力的实验过程，变成了快速和轻而易举的事情。它不但可被用于解决复杂的科学问题，也常被项目管理人员使用。

2.2　蒙特卡洛方法及其 MATLAB 实现

蒙特卡洛方法有很强的适应性，所研究问题的几何形状复杂性对它的影响不大。该方法的收敛性是指概率意义下的收敛，因此所研究问题维数的增加不会影响它的收敛速度，而且存储单元也不大，这些特点是用该方法处理大型复杂问题时的优势。随着电子计算机的发展和科学技术问题的日趋复杂，蒙特卡洛方法的应用也越来越广泛。它不仅较好地解决了多重积分计算、微分方程求解、积分方程求解、特征值计算和非线性方程组求解等高难度数学计算问题，而且在统计物理、核物理、真空技术、系统科学、信息科学、公用事业、地质、医学、可靠性及计算机科学等领域都得到了广泛的应用。

例如在计算一个定积分 $\int_{x_0}^{x_1} f(x)\mathrm{d}x$ 的时候，如果我们能够得到 $f(x)$ 的原函数 $F(x)$，那么该积分可直接由表达式 $F(x_1)-F(x_0)$ 得到该定积分的值。但是在很多情况下，由于 $f(x)$ 太复杂，我们无法计算得到原函数 $F(x)$ 的显式解，这时我们就只能用数值积分的办法来求出该积分的值。

我们知道，数值积分的基本原理是在自变量 x 的区间上取多个离散的点，用单个点的值来代替该小段上函数 $f(x)$ 值。常规的数值积分方法是在分段之后，将所有柱子的面积全部加起来，用这个面积来近似函数 $f(x)$ 与 x 轴围成的面积。虽然这样做是不精确的，但是随着分段数量增加，误差将减小，近似面积将逐渐逼近真实的面积。

蒙特卡洛数值积分方法和上述类似，但是二者之间是有差别的。在蒙特卡洛方法中，我们不需要将所有方柱的面积相加，而只需要随机地抽取一些函数值，将它们的面积累加后计算平均值就够了。通过相关数学知识可以证明，随着抽取点数的增加，近似面积也将逼近真实面积。

蒙特卡洛方法可以分解为如下三个步骤和一个分析：

(1)依据概率分布 $\Psi(x)$ 不断生成随机数 x，并计算 $f(x)$。

由于随机数性质，每次生成的 x 值都是不确定的，为区分起见，我们可以给生成的 x 赋予下标。如 x_i 表示生成的第 i 个 x。生成了多少个 x，就可以计算出多少个 $f(x)$ 的值。

(2)将这些 $f(x)$ 的值累加，并求平均值。

假如我们共生成了 N 个 x，则这个步骤用数学式子表达就是

$$\frac{1}{N}\sum_{i=1}^{N} f(x_i) \tag{2-1}$$

(3)到达停止条件后退出。

常用的停止条件有两种，一种是设定最多生成 N 个 x，数量达到后即退出；另一种是检测计算结果与真实结果之间的误差，当这一误差满足某个条件时退出。

(4)误差分析。

蒙特卡洛方法得到的结果是随机变量，因此，在给出点估计后，还需要给出此估计值的波动程度及区间估计。严格的误差分析首先要从证明收敛性出发，再计算理论方差，最后用样本方差来替代理论方差。本书中我们假定此方法收敛，同时得到的结果服从正态分布，因此可以直接用样本方差作区间估计。

注意，前两大步骤还可以继续细分。例如，某些教科书上的五大步骤就是将此处的前两步细分成了四步。

下面举例说明上述步骤。例如，计算 $\int_0^2 e^x \mathrm{d}x$。我们知道 e^x 的原函数是 e^x，那么上述定积分值就是：$e^2 - e^0 = 6.38905609893065$。计算这个数值可以在 MATLAB 中输入代码：

$$\exp(2) - \exp(0) \tag{2-2}$$

上面得到的值是此不定积分的真实值。下面我们采用两种不同的数值积分方法来比较它们的差异。

(1)常规数值积分方法：在(0，2)区间内取 N 个点，计算各个点上的函数值，然后用函数值乘以每个区间宽度，最后相加。对应的 MATLAB 代码如下：

```
N = 100;
x = linspace(0, 2, N);                  (2-3)
sum(exp(x).*2/N);
```

当你调大 N 的值，你会发现，对应的结果将更接近真实值。

(2)蒙特卡洛数值积分法：在(0，2)内随机取 N 个点，计算各个点上的函数值，并求这些函数值的平均值再乘以 2，其相应的 MATLAB 代码如下：

```
N = 100;
x = unifrnd(0, 2, N, 1);                (2-4)
mean(2 * exp(x));
```

同样的，N 的值越大，得到的结果也将越来越接近真实值。下面来讲解这些命令的含义。

这个例子要计算的积分形式是 $\int_0^2 e^x dx$，还不完全是形式 $\int_{x_0}^{x_1} f(x)\Psi(x)dx$，我们先做变换 $\int_0^2 (2e^x)\left(\frac{1}{2}\right)dx$，这里 $2e^x$ 是 $f(x)$；1/2 是 $\Psi(x)$，它表示，在取值范围(0，2)区间内，x 服从均匀分布。

前一例子共三条语句，逐句解释如下：

```
N = 100;
```

设定停止条件，共做 N 次蒙特卡洛模拟。

```
x = unifrnd(0, 2, N, 1);
```

按照(0，2)区间均匀分布概率密度对 x 随机抽样，共抽取 N 个 x_i。此句相当于第一个步骤中的前半部分。

```
mean(2 * exp(x))                        (2-5)
```

其中的 2 * exp(x) 作用是对每个 x_1 计算 $f(x_1)$ 的值，共可得到 N 个值，这相当于第一个步骤后半部分；mean()函数的作用是将所有的 $f(x_i)$ 加起来取平均值，相当于第二个步骤。

对比前面常规数值积分和蒙特卡洛数值积分代码，同样数量的 N 值，也就意味着相同的计算量，常规数值积分结果的精确度要高于蒙特卡洛数值积分的结果。那么，我们为何还要用蒙特卡洛来算数值积分呢？

原因在于，常规数值积分的精度直接取决于每个维度上的取点数量，维度增加了，但是每个维度上要取的点却不能减少。在多重积分中，随着被积函数维度增加，需要计算的函数值数量以指数速度递增。例如在一重积分 $\int_{x_0}^{x_1} f(x)\Psi(x)\mathrm{d}x$ 中，只要沿着 x 轴取 N 个点；要达到相同大小的精确度，在 s 重积分

$$\iint\cdots\int f(x_1,\ x_2,\ \cdots,\ x_n)\Psi(x_1,\ x_2,\ \cdots,\ x_n)\mathrm{d}(x_1,\ x_2,\ \cdots,\ x_n) \tag{2-6}$$

中，仍然需要在每个维度上取 N 个点，s 个纬度的坐标相组合，共需要计算 N^s 个坐标对应的 $f(\cdot)$ 函数值。取点越多，会占用计算机大量内存，也需要更长运算时间，最终导致这种计算方法不可行。

蒙特卡洛方法却不同，不管积分有多少重，取 N 个点计算的结果精确度都差不多。也许在一重积分的情形下，蒙特卡洛方法的效率比不过常规数值积分，但随着积分维度的增加，常规数值积分的运算速度呈指数下降，而蒙特卡洛方法的效率却基本不变。经验表明，当积分重数达到 4 重以上时，蒙特卡洛方法在运算速度及精度方面将远远优于常规数值积分方法。

蒙特卡洛方法计算的结果收敛的理论依据来自大数定律，且结果渐近地服从正态分布的理论依据是中心极限定理。以上两个属性都是渐近性质，要进行很多次抽样，此属性才会比较好地显示出来。如果蒙特卡洛计算结果的某些高阶距存在，即使抽样数量不太多，这些渐近属性也可以很快地实现。

2.3　随机数的生成

由前文可知，蒙特卡洛积分解决的问题是形如 $\int_{x_0}^{x_1} f(x)\Psi(x)\mathrm{d}x$ 的积分问题，$f(x)$ 只需由 x 值决定，因此此处最重要的就是如何生成服从 $\Psi(x)$ 概率分布的随机数。可以说，正确生成随机数，蒙特卡洛方法就做对了一半。

MATLAB 中有两个最基本生成随机数的函数。

1. rand()

生成(0, 1)区间上均匀分布的随机变量。基本语法如下:

rand([M, N, P, …])

生成排列成 $M \times N \times P \cdots$ 多维向量的随机数。如果只写 M,则生成 $M \times M$ 矩阵;如果参数为$[M, N]$,则可以省略掉方括号。请看如下一些例子:

```
rand(5, 1);              %生成 5 个随机数排列的列向量;
rand(5);                 %生成 5 行 5 列的随机数矩阵;
rand([5, 4]);            %生成一个 5 行 4 列的随机数矩阵;
x=rand(100000, 1);
hist(x, 30);
```

2. randn()

生成服从标准正态分布的随机数。基本语法和 rand()类似。

randn([M, N, P, …])

生成排列成 $M \times N \times P \cdots$ 多维向量的随机数。如果只写 M,则生成 $M \times M$ 矩阵;如果参数为$[M, N]$,则可以省略掉方括号。请看如下一些例子:

```
randn(5, 1);             %生成 5 个随机数排列的列向量;
randn(5);                %生成 5 行 5 列的随机数矩阵;
randn([5, 4]);
x=randn(10000, 1);
hist(x, 50);
```

直接将这些命令输入 MATLAB,即可得到分布图,由生成的图可以看到生成的随机数的确符合标准正态分布。

如果我们已知某特定一维分布的 CDF 函数,经过如下几个步骤即可生成符合该分布的随机数:

(1)计算 CDF 函数的反函数 $F^{-1}(x)$;

(2)生成服从(0, 1)区间上均匀分布的初始随机数 a;

(3)令 $x = F^{-1}(a)$,则 x 即为服从我们需要的特定分布的随机数。

为了更形象地解说这种方法，这里选取柯西分布作为例子。有时也称其为洛仑兹分布或者 Breit-Wigner 分布。柯西分布的一大特点就是，它是肥尾分布。在金融市场中，肥尾分布越来越受到重视，因为传统的正态分布基本不考虑像当前次贷危机等极端情况，而肥尾分布则能很好地将很极端的情形考虑进去。

柯西分布的 PDF 函数是：

$$f(x)=\frac{\gamma}{\pi[\gamma^2+(x-x_0)^2]} \tag{2-7}$$

为简化起见，我们只考虑 $x_0=0$，$\gamma=1$ 的情形。此时 PDF 函数是：

$$f(x)=\frac{1}{\pi(1+x^2)} \tag{2-8}$$

将 PDF 函数对 x 作积分，就得到 CDF 函数：

$$F(x)=\frac{1}{2}+\frac{\arctan(x)}{\pi} \tag{2-9}$$

现在我们套用这三个步骤来生成服从 Cauchy 分布的随机数。

(1)计算得到 Cauchy 分布 CDF 函数的反函数为：

$$F^{-1}(x)=\tan\left[\left(x-\frac{1}{2}\right)\pi\right]; \tag{2-10}$$

(2)使用 rand()函数生成(0，1)区间上均匀分布的初始随机数：

original _ x=rand(1，100000)；

(3)将初始随机数代入 CDF 反函数即可得到我们需要的 Cauchy 随机数：

cauchy _ x=tan((original _ x-1/2) * pi)；

上面这两句代码结合起来就生成了 10 万个服从参数为 $x_0=0$，$\gamma=1$ 的 Cauchy 分布的随机数。

注意，这种方法本身虽然很简单，效率也很高，但有如下受限之处：

(1)它有个可能会出错的地方，有的 CDF 函数的反函数在 0 或者 1 处的值是正/负无穷，例如此处的 Cauchy 分布就是这样，倘若用(0，1)均匀分布产生的初始随机数中包含 0 或者 1，那么这个程序会出错。幸运的是，迄今为止，笔者在用 MATLAB 的 rand()函数生成的随机数中还没有出现过 0 或者 1。但不同版本 MATLAB 的这种情况也许会改变。需要说明的是，如果程序出错，不要忘记检查是否为这个原因所引起的。

(2)CDF 函数必须严格单调递增，这也就意味着，PDF 函数在 x 定义域内必须处处严格大于零，否则 CDF 函数的反函数不存在。

(3)即使 CDF 函数存在，如果它太复杂，可能导致计算速度太慢，甚至出现无法计算的后果。

2.4　随机过程模拟

基于布朗运动的随机过程是连续的，即我们如何使用它们呢？依据计算任务的不同，一般分为如下情况：例如金融产品价格只基于到期日时标的资产价格，那么我们只需要由随机过程推导出标的资产在到期日价格的分布，然后用蒙特卡洛方法，例如欧式期权就是此类；如果金融产品价格基于在到期日前标的资产在离散时间点上的市场价格，我们就用随机过程推导在每个时间点上标的资产价格的分布，然后用蒙特卡洛方法计算，例如离散时间的亚式期权；如果金融产品价格基于在到期日前标的资产在连续时间内的市场价格，我们不可能将时间无限细分，所以我们无法用计算机直接模拟连续情况下的随机过程，一般的做法都是将连续时间近似看作离散时间的版本。例如要用蒙特卡洛方法计算连续时间的亚式期权，我们只能将其转化为离散时间的亚式期权，这一步转化必然要带来不可避免的误差，但随着离散化时间间隔区段越短，所得结果越精确，当然计算时间也越长。具体将区段划分到何种程度，以及转化的误差有多大，可以用复杂的数学方法进行分析，这里推荐的一个简单的办法是，用不同长度的时间间隔区段分别做几次，将所得结果进行比较，即可大略知道区段划分会带来多大的误差影响。只要这个误差在可以接受范围之内，则一般可将区段划分到该程度即可。

下面介绍三个简单的一维随机过程的模拟，想要深入学习还可以参考相关书籍。

标准布朗运动是一种常见的随机过程，又称维纳过程(Weiner Process)，一般用 $W(t)$ 表示。它有如下比较独特的性质：

性质 1　$W(t)=0$，即我们定义初始时刻的点为 0 点；

性质 2　$W(t)\sim N(0,\ t)$，在 t 时刻服从均值为 0、方差为 t 的正态分布；

性质 3　$W(s)-W(t)\sim N(0,\ s-t)$，从时刻 t 走到时刻 s（s 要大于 t），位置的变化服从均值为 0、方差为 $s-t$ 的正态分布，且该分布与 $W(t)$ 独立，但不与 $W(s)$ 独立，因为 $W(s)=W(t)+(W(s)-W(t))$。

有了这些性质，我们就可以模拟标准布朗运动(准确说是一维的标准布朗运动)。分为以下两种情况考虑此问题：如果我们只要看终点时刻 T 时的位置，则由性质 2，我们可知，其在时刻 T 服从 $N(0, T)$ 分布，直接生成服从该分布的随机数即可。

下面来模拟此运动过程从时刻 0 到时刻 T 的运动路径。首先需要明确一点，我们只能模拟离散时间点的情况。此处我们用 t_1，t_2，…，t_n 表示即将用于模拟的时间点。由上面的性质 2 和性质 3，我们有：

$$\left.\begin{aligned}&W(t_1) \sim N(0, t_1)\\&W(t_2)-W(t_1) \sim N(0, t_2-t_1)\\&W(t_3)-W(t_2) \sim N(0, t_3-t_2)\\&\cdots\\&W(T)-W(t_n) \sim N(0, T-t_n)\end{aligned}\right\} \tag{2-11}$$

所以我们要做的是分别生成服从 $N(0, t_1)$，$N(0, t_2-t_1)$，$N(0, t_3-t_2)$，…，$N(0, T-t_n)$ 这些随机数，在第 i 个时间点 t_i 时此运动的位置 $X(t_i)$ 就是将服从 $N(0, t_i-t_{t-1})$ 以及在这个分布之前的所有分布的随机数累加起来。

标准布朗运动的表述是 $X(t)=W(t)$，一般形式的布朗运动的表述是 $X(t)=\mu t+\sigma W(t)$，其微分表述是 $\mathrm{d}X(t)=\mu\mathrm{d}t+\sigma\mathrm{d}W(t)$。这里 μ 是漂移系数，σ 表示波动率。我们通过转化 $Y(t)=\dfrac{X(t)-\mu t}{\sigma}$ 就得到了标准布朗运动。

这个转化告诉我们，如果要生成一般形式的布朗运动，我们只要先生成一个标准布朗运动，然后由 $X(t)=\mu t+\sigma Y(t)$ 即可得到所需的一般形式。几何布朗运动常被用来模拟股价的变动。它的好处在于，一般形式布朗运动中取值可能为负数，而几何布朗运动取值永远不小于 0，这一点符合股价永远不为负的特征。几何布朗运动微分形式表达式，或者称 *SDE*(随机微分方程)表达式如下：

$$\frac{\mathrm{d}S(t)}{S(t)}=\mu\mathrm{d}t+\sigma\mathrm{d}W(t) \tag{2-12}$$

其中的 $S(t)$ 可以理解为股价。

几何布朗运动函数形式表述：

$$S(t)=S(0)\exp\left\{\left(\mu-\frac{\sigma^2}{2}\right)t+\sigma W(t)\right\} \tag{2-13}$$

式(2-13)告诉我们，可以先生成一服从 $X(t)=\left(\mu-\dfrac{\sigma^2}{2}\right)t+\sigma W(t)$ 的一般形式布朗运动，然后求其指数函数，最后乘以 $S(0)$，就可以得到几何布朗运动。

第3章　一类非光滑系统的 Melnikov 方法

3.1　引　　言

非光滑运动是我们在日常生活和生产实际中经常碰到的一种运动形式，其研究涉及工程机械、工程力学、应用物理、应用数学等多个专业领域。非光滑运动有其有利的一面，我们可以根据非光滑运动的性质设计一些我们需要的用具，例如可以利用干摩擦制造提琴，利用碰撞振动制造振动落砂机、冲击钻进机械、振动锤、打桩机等。而另一方面，非光滑运动可能会对生产生活造成负面影响，例如碰撞与摩擦所产生的恼人噪音、飞机机翼震颤对飞机飞行安全的威胁、碰撞造成机械部件的损坏等。所以，需要进一步研究非光滑运动，更好地理解它的运动机理，以减少它的负面影响，更好地发挥它的优点。

关于非光滑动力系统的研究，近年来取得了一些进展，可参看丁旺才等[60]有关碰撞振动系统分岔与混沌研究的综述性文章，其中指出了碰撞系统中存在的一些问题及可能用到的方法。Souza 等[177],[178]计算了碰撞系统吸引子的 Lyapunov 指数谱，在连续两次碰撞之间，引入一个超越映射来描述可积微分方程的解，并利用最大 Lyapunov 指数表征系统的动力学行为。Stefanski[179]使用同步现象特性给出了一种碰撞机械系统最大 Lyapunov 指数的估计方法，该方法基于两恒同动力系统的耦合，并在带有碰撞的 Duffing 振子上得到检验。Lamarque 等[180]参考非光滑线性系统采用的方法，尝试概括碰撞非线性机械系统的模态叠加法，建立了广义的频率、模态和质量，但是由多组参数所得结果说明，这种方法有一定的局限性。Leine[57]系统地研究了具有不连续向量场动力系统的分岔问题，指出非光滑系统不但具有传统的音叉分岔、Hopf 分岔等常见分岔现象，更具有由非光滑性所引起的碰撞擦边分岔等非光滑系统所独有的分岔现象，并给出了非光滑系统的分类方法、分类标准，以及各种类型非光滑系统的基本知识、一些处理方法等。Du等[102]~[106]充分考虑了非光滑系统的特性，用微扰法给出了一种非光滑碰撞系统Melnikov函数的计算方法，并将计算出的理论结果和数值结果相比较，说明在非光滑动力系统的研究中，Melnikov方法仍是一种预测混沌的有效方法。从已有的文章以及研究内容来看，非光滑系统的研究还处于一个方兴未艾的阶段。

对于非光滑系统的研究，目前还没有形成系统性的方法，现存的研究方法都是对特定的系统具有较好的效果，不具有普适性。这些方法中的一个思路是利用光滑系统来近似非光滑系统，然后用光滑系统的方法来研究非光滑系统。本章将尝试采用一种常用的工具——Fourier级数，将周期非光滑扰动作用下的动力系统化为近似的光滑系统，然后利用光滑系统的Melnikov方法预测混沌出现的阈值，并将理论结果和非光滑系统的数值模拟结果相对照，说明在混沌预测时，利用Fourier级数来处理非光滑周期扰动因素，效果比较好。

首先介绍双曲函数的概念。

双曲正弦函数：$\sinh x=\dfrac{e^x-e^{-x}}{2}$

双曲余弦函数：$\cosh x=\dfrac{e^x+e^{-x}}{2}$

双曲正切函数：$\tanh x=\dfrac{\sinh x}{\cosh x}=\dfrac{e^x-e^{-x}}{e^x+e^{-x}}$

双曲余切函数：$\coth x=\dfrac{\cosh x}{\sinh x}=\dfrac{e^x+e^{-x}}{e^x-e^{-x}}$

双曲正割函数：$\operatorname{sech} x=\dfrac{1}{\cosh x}=\dfrac{2}{e^x+e^{-x}}$

双曲余割函数：$\operatorname{csch} x=\dfrac{1}{\sinh x}=\dfrac{2}{e^x-e^{-x}}$

它们之间有如下的恒等关系式：

$$\cosh^2 x-\sinh^2 x=1$$

$$\tanh x\cdot\coth x=1$$

$$1-\tanh^2 x=\operatorname{sech}^2 x$$

$$\coth^2 x-1=\operatorname{csch}^2 x$$

它们的导数之间有如下的关系式：

$$\frac{\mathrm{d}(\sinh x)}{\mathrm{d}x}=\cosh x$$

$$\frac{\mathrm{d}(\cosh x)}{\mathrm{d}x}=\sinh x$$

$$\frac{\mathrm{d}(\tanh x)}{\mathrm{d}x}=\mathrm{sech}^2 x=1-\tanh^2 x$$

$$\frac{\mathrm{d}(\coth x)}{\mathrm{d}x}=-\mathrm{csch}^2 x$$

$$\frac{\mathrm{d}(\mathrm{sech}x)}{\mathrm{d}x}=-\mathrm{sech}x\tanh x$$

$$\frac{\mathrm{d}(\mathrm{csch}x)}{\mathrm{d}x}=-\mathrm{csch}x\coth x$$

3.2　非光滑周期扰动下 Duffing 系统混沌预测

Duffing 方程系统是一个典型的非线性振动系统，尽管是从简单物理模型中得出来的非线性振动模型，但是其模型具有代表性。工程实际中的许多非线性振动问题的数学模型都可以转化为该方程来研究，如船的横摇运动、结构振动、化学键的破坏等，横向波动方程的轴向张力扰动模型、转子轴承的动力学方程也与 Duffing 系统基本相似。另外，Duffing 系统也非常广泛地被应用到实际工程中，例如尖锐碰摩转子的故障检测、微弱周期信号检测、电力系统周期振荡分析、周期电路系统的模拟与控制等。关于 Duffing 系统还有许多问题尚未彻底研究清楚，如 Duffing 方程的分数谐波振动、超谐波振动、组合振动等，而且研究结果中规律性的成果可以推广到其他类似系统。因此，从某种角度来说，对非线性 Duffing 系统的研究是研究许多复杂动力学系统的基础。Duffing 方程是非线性理论中常用的代表性微分方程，尽管是从简单物理模型中得出来的非线性振动模型，但是其模型具有代表性。工程实际中的许多非线性振动问题的数学模型都可以转化为该方程，特别是对电工领域的一些问题的研究有重要的意义。

本节研究了如下一类具有非光滑周期扰动的 Duffing 系统：

$$\ddot{x}+\varepsilon a\dot{x}-bx+cx^3=\varepsilon(f\cos(\omega t)-dg(x))\tag{3-1}$$

其中，$g(x)$ 是一个周期为 $2l$ 的非光滑函数，a 为控制阻尼度，b 为控制韧度，c 为控制动力的非线性度，f 为驱动力的振幅，ω 为驱动力的圆频率。Duffing 方程没有解析解，可以用龙格库塔方法求得解析解。当 $a>0$ 时，Duffing 振子呈现极限环振动；当 $a<0$ 时，系统进入混沌状态，相图呈吸引子状态。

由于系统(3-1)的非光滑特性，使得光滑系统的研究方法不能直接应用到该系统中来。但由 Fourier 级数理论，对于周期为 $2l$ 的函数 $g(x)$，只要是分段光滑的，$g(x)$ 的 Fourier 级数就可以表示为

$$\frac{a_0}{2}+\sum_{n=1}^{\infty}\left((a_n\cos\left(\frac{n\pi x}{l}\right)+b_n\sin\left(\frac{n\pi x}{l}\right)\right) \tag{3-2}$$

其中，

$$a_n=\frac{1}{l}\int_{-l}^{l}g(x)\cos\left(\frac{n\pi x}{l}\right)\mathrm{d}x,\quad n=0,\ 1,\ 2,\ \cdots \tag{3-3}$$

$$b_n=\frac{1}{l}\int_{-l}^{l}g(x)\sin\left(\frac{n\pi x}{l}\right)\mathrm{d}x,\quad n=1,\ 2,\ \cdots \tag{3-4}$$

在实际的应用中，我们可以根据精度要求，对(3-2)式取有限项，将(3-2)～(3-4)式代入(3-1)式中，即可得到与(3-1)式近似的光滑动力系统。这样就可将光滑动力系统的理论成果和研究方法应用到这一类非光滑动力系统中去，从而为非光滑系统的研究提供一个新的思路。

3.2.1　光滑系统的 Melnikov 方法

对于如下光滑动力系统：

$$\dot{X}=f(X)+\varepsilon g(X,\ t),\quad X=(x,\ y)\in\mathbf{R}^2 \tag{3-5}$$

其中，$\varepsilon\geqslant 0$，$f=(f_1,\ f_2)^{\mathrm{T}}$，$g=(g_1,\ g_2)^{\mathrm{T}}$ 是充分光滑函数(C^r，$r\geqslant 2$)，且在有界集上有界，$g(x,\ t)$ 关于 t 的周期为 T。在 $\varepsilon=0$ 时，得到系统(3-5)的未受扰动系统

$$\dot{X}=f(X)$$

文献[17]，[18]给出了系统(3-5)的 Melnikov 函数

$$M(\theta)=\int_{-\infty}^{+\infty}f(X^0(t))\wedge g(X^0(t),\ t+\theta)\mathrm{d}t \tag{3-6}$$

其中，$X^0(t)=(x^0(t),\ y^0(t))$ 是经过上述未受扰动系统鞍点的同宿轨道。如果该函数存在简单零点，即 $M(\theta_0)=0$，而 $M'(\theta_0)=0$，则原系统的稳定流形和不稳定流形会发生横

截相交，系统将会出现 Smale 马蹄意义下的混沌。

下面考察如下具有非光滑周期扰动 $|\sin x|$ 的 Duffing 系统：

$$\ddot{x} + \varepsilon a\dot{x} - bx + cx^3 = \varepsilon(f\cos(\omega t) - d|\sin x|) \tag{3-7}$$

$|\sin x|$ 是一个非光滑周期函数，它的 Fourier 级数为

$$|\sin x| = \frac{2}{\pi}\left[1 - 2\sum_{m=1}^{+\infty}\frac{\cos(2mx)}{4m^2-1}\right] \tag{3-8}$$

于是系统(3-7)等价于

$$\ddot{x} + \varepsilon a\dot{x} - bx + cx^3 = \varepsilon\left(f\cos(\omega t) - \frac{2d}{\pi}\left[1 - 2\sum_{m=1}^{+\infty}\frac{\cos(2mx)}{4m^2-1}\right]\right) \tag{3-9}$$

为验证系统(3-9)与系统(3-7)的近似程度，取 $a=3.5$，$b=0.75$，$c=4.0$，$d=3.0$，$\omega=0.75$，$\varepsilon=0.1$，分别作出各自的时间历程图，如图 3.1 所示，其中实线为系统(3-7)的，星号线为系统(3-9)的，并且为了图像清晰起见，我们对系统(3-9)的时间历程图每隔 200 个点取一个点。可以看出，这两个系统吻合得相当好。其中，对系统(3-9)的级数项取 10 项，在实际中可以根据实际需要任意取项数。

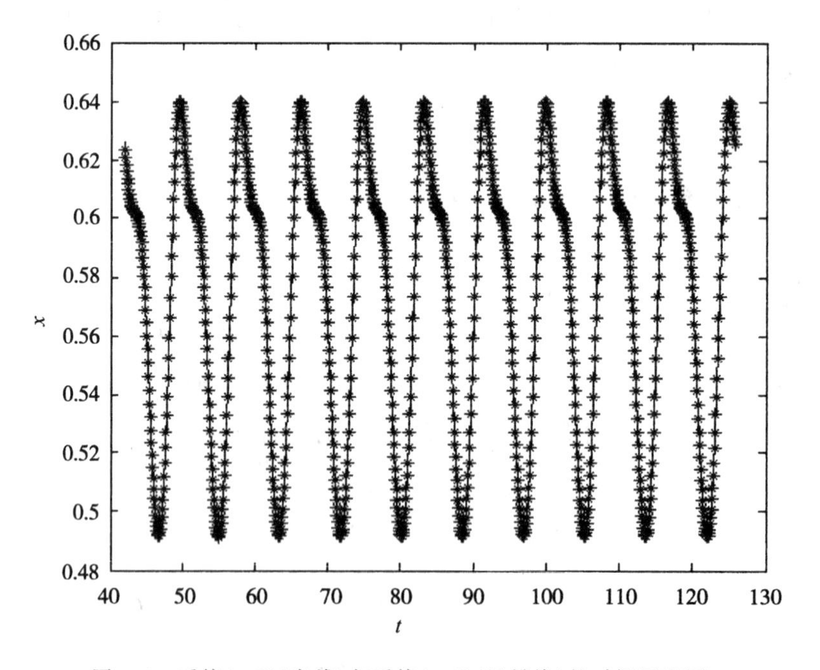

图 3.1　系统(3-7)(实线)与系统(3-8)(星号线)的时间历程图

系统(3-9)是一个光滑非线性系统，并且系统(3-9)等价于如下的一阶系统：

$$\begin{cases}\dot{x}=y\\ \dot{y}=bx-cx^3+\varepsilon\left(f\cos(\omega t)-\dfrac{2d}{\pi}\left[1-2\sum\limits_{m=1}^{+\infty}\dfrac{\cos(2mx)}{4m^2-1}\right]-ay\right)\end{cases}\tag{3-10}$$

当 $\varepsilon=0$ 时，得到未受扰动系统

$$\begin{cases}\dot{x}=y\\ \dot{y}=bx-cx^3\end{cases}\tag{3-11}$$

令 $\dot{x}=0$，$\dot{y}=0$，可得系统(3-11)具有三个不动点：中心 $\left(\sqrt{\dfrac{b}{c}},0\right)$ 和 $\left(-\sqrt{\dfrac{b}{c}},0\right)$，以及鞍点 (0，0)。此时系统的 Hamilton 函数为

$$H(x,y)=\frac{1}{2}y^2-\frac{b}{2}x^2+\frac{c}{4}x^4\tag{3-12}$$

势函数为 $V(x)=-\dfrac{b}{2}x^2+\dfrac{c}{4}x^4$，取 $b=1.0$，$c=0.5$，得到系统(3-11)的相图和势函数图，如图 3.2 所示。

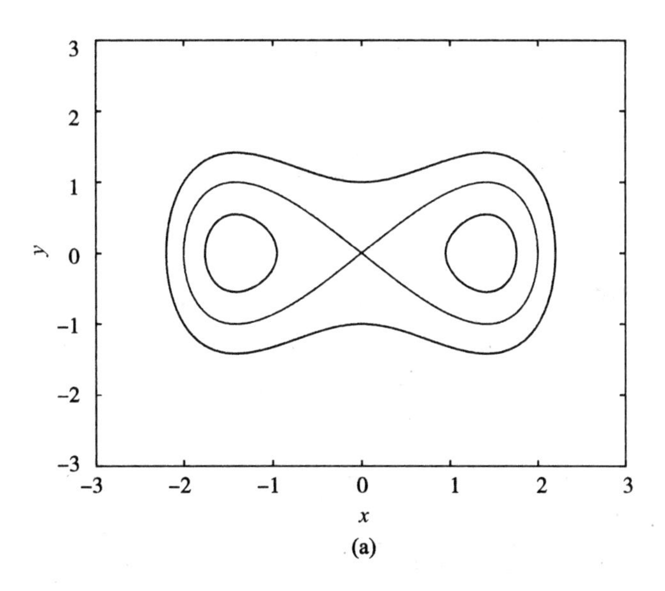

(a)

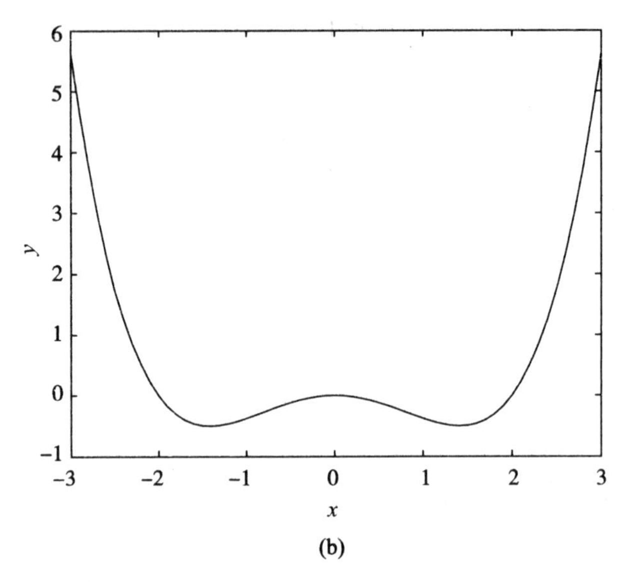

图 3.2　系统(3-11)的相图和势函数图：(a)相图，(b)势函数图

令 $H(x, y)=0$，即可得到经过鞍点的同宿轨道所满足的方程

$$\dot{x}=x\sqrt{b-\frac{cx^{2}}{2}} \tag{3-13}$$

关于 t 积分可得同宿轨道[102]~[105]。具体步骤如下：

由上式知道

$$\int\frac{\mathrm{d}x}{\sqrt{b}x\sqrt{1-\frac{c}{2b}x^{2}}}=\int\mathrm{d}t \tag{3-14}$$

令 $\sqrt{\frac{c}{2b}}x=\sin\alpha$，则有 $\mathrm{d}x=\sqrt{\frac{2b}{c}}\cos\alpha\,\mathrm{d}\alpha$，代入(3-14)式有

$$\frac{1}{\sqrt{b}}\int\csc\alpha\,\mathrm{d}\alpha=t$$

得 $\ln\frac{1-\cos\alpha}{1+\cos\alpha}=2\sqrt{b}t$，从而得到 $\cos\alpha=\frac{1-\mathrm{e}^{2\sqrt{b}t}}{1+\mathrm{e}^{2\sqrt{b}t}}$，$\sin\alpha=\frac{2}{\mathrm{e}^{-\sqrt{b}t}+\mathrm{e}^{\sqrt{b}t}}=\mathrm{sech}(\sqrt{b}t)$，从而

$x=\sqrt{\frac{2b}{c}}\mathrm{sech}(\sqrt{b}t)$，对其求导，即得 y 的表达式。所以，同宿轨道为

$$(x^{0}(t),\ y^{0}(t))=\left(\sqrt{\frac{2b}{c}}\mathrm{sech}(\sqrt{b}t),\ -b\sqrt{\frac{2}{c}}\mathrm{sech}(\sqrt{b}t)\tanh(\sqrt{b}t)\right) \tag{3-15}$$

3.2.2 等价光滑系统的混沌预测

与系统(3-5)对照

$$f=(y,\ bx-cx^3)^{\mathrm{T}}$$

$$g=\left(0,\ f\cos(\omega t)-\frac{2d}{\pi}\left[1-2\sum_{m=1}^{+\infty}\frac{\cos(2mx)}{4m^2-1}\right]-ay\right)^{\mathrm{T}} \tag{3-16}$$

代入(3-6)式中得

$$\begin{aligned}M(\theta)=&-\int_{-\infty}^{+\infty}b\sqrt{\frac{2}{c}}\operatorname{sech}(\sqrt{b}t)\tanh(\sqrt{b}t)\left\{f\cos(\omega(t+\theta))\right.\\&\left.-\frac{2d}{\pi}\left[1-2\sum_{m=1}^{+\infty}\frac{\cos\left(2m\sqrt{\frac{2b}{c}}\operatorname{sech}(\sqrt{b}t)\right)}{4m^2-1}\right]+ab\sqrt{\frac{2}{c}}\operatorname{sech}(\sqrt{b}t)\tanh(\sqrt{b}t)\right\}\mathrm{d}t\\=&-fb\sqrt{\frac{2}{c}}\cos(\omega\theta)\int_{-\infty}^{+\infty}\operatorname{sech}(\sqrt{b}t)\tanh(\sqrt{b}t)\cos(\omega t)\mathrm{d}t\\&+fb\sqrt{\frac{2}{c}}\sin(\omega\theta)\int_{-\infty}^{+\infty}\operatorname{sech}(\sqrt{b}t)\tanh(\sqrt{b}t)\sin(\omega t)\mathrm{d}t\\&+\frac{2bd}{\pi}\sqrt{\frac{2}{c}}\int_{-\infty}^{+\infty}\operatorname{sech}(\sqrt{b}t)\tanh(\sqrt{b}t)\mathrm{d}t\\&-\frac{4bd}{\pi}\sqrt{\frac{2}{c}}\sum_{m=1}^{+\infty}\frac{1}{4m^2-1}\int_{-\infty}^{+\infty}\cos\left(2m\sqrt{\frac{2b}{c}}\operatorname{sech}(\sqrt{b}t)\right)\operatorname{sech}(\sqrt{b}t)\tanh(\sqrt{b}t)\mathrm{d}t\\&-\frac{2ab^2}{c}\int_{-\infty}^{+\infty}\operatorname{sech}^2(\sqrt{b}t)\ \tanh^2(\sqrt{b}t)\mathrm{d}t\end{aligned} \tag{3-17}$$

其中，第一项、第三项的被积函数和第四项中的每一个被积函数都是奇函数，积分区间关于原点对称，故值为0，且

$$\int_{-\infty}^{+\infty}\operatorname{sech}^2(\sqrt{b}t)\ \tanh^2(\sqrt{b}t)\mathrm{d}t=\frac{2}{3\sqrt{b}}$$

(3-17)式中的第二项可由留数方法[218]算出

$$fb\sqrt{\frac{2}{c}}\sin(\omega\theta)\int_{-\infty}^{+\infty}\operatorname{sech}(\sqrt{b}t)\tanh(\sqrt{b}t)\sin(\omega t)\mathrm{d}t=\pi\omega f\sqrt{\frac{2}{c}}\sin(\omega\theta)\operatorname{sech}\left(\frac{\pi\omega}{2\sqrt{b}}\right)$$

所以(3-17)式等价于

$$M(\theta)=\pi\omega f\sqrt{\frac{2}{c}}\sin(\omega\theta)\operatorname{sech}\left(\frac{\pi\omega}{2\sqrt{b}}\right)-\frac{4ab\sqrt{b}}{3c} \tag{3-18}$$

令

$$f^{*}=\frac{2ab\sqrt{2b}}{3\pi\omega\sqrt{c}\operatorname{sech}\left(\frac{\pi\omega}{2\sqrt{b}}\right)} \tag{3-19}$$

则当 $f>f^{*}$ 时，由 Smale-Birkhoff 定理，Melnikov 函数 $M(\theta)$ 会出现简单零点，对于充分小的 ε，系统的稳定流形与不稳定流形横截相交，系统可能出现 Smale 马蹄意义下的混沌；而当 $f<f^{*}$ 时，$M(\theta)$ 不会出现零点，系统不会发生稳定流形与不稳定流形横截相交的情况，故不会出现混沌，系统将为周期运动。

3.2.3　数值模拟

为验证前面的理论结果，取 $a=3.5$，$b=1.5$，$c=4.0$，$d=2.0$，得到 f^{*} 与 ω 之间的函数关系图象，如图 3.3 所示。由于系统(3-7)中余弦函数是偶函数，故只需考虑 $\omega>0$ 的情况，而 $\omega<0$ 的情况可类似讨论。在这条线之上，系统的稳定流形与不稳定流形将相交，系统可能出现 Smale 马蹄意义下的混沌；在这条线以下，系统将做周期运动。

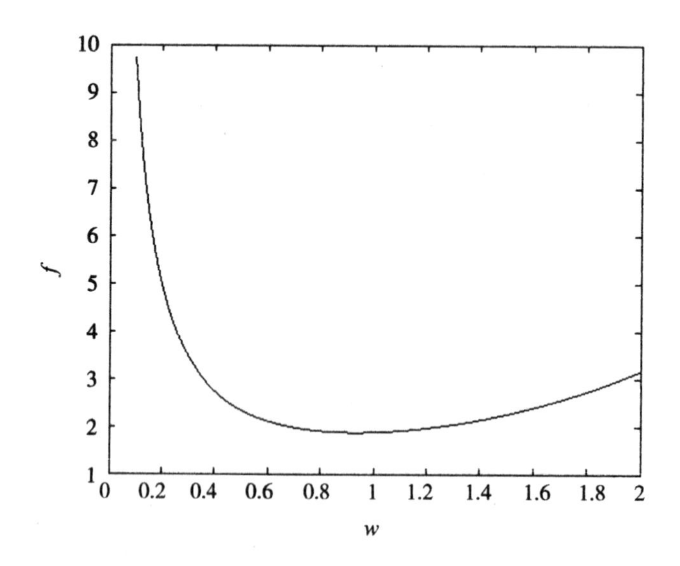

图 3.3　系统(3-7)在 (ω, f^{*}) 面上的混沌阈值曲线

取 $\omega=0.75$，通过(3-19)式可以得到此时的 $f^*=1.9289$。分别取 $f=1.5$，$f=5.5$，画出相应的相图以及对应的 Poincare 截面图，如图 3.4 和图 3.5 所示。

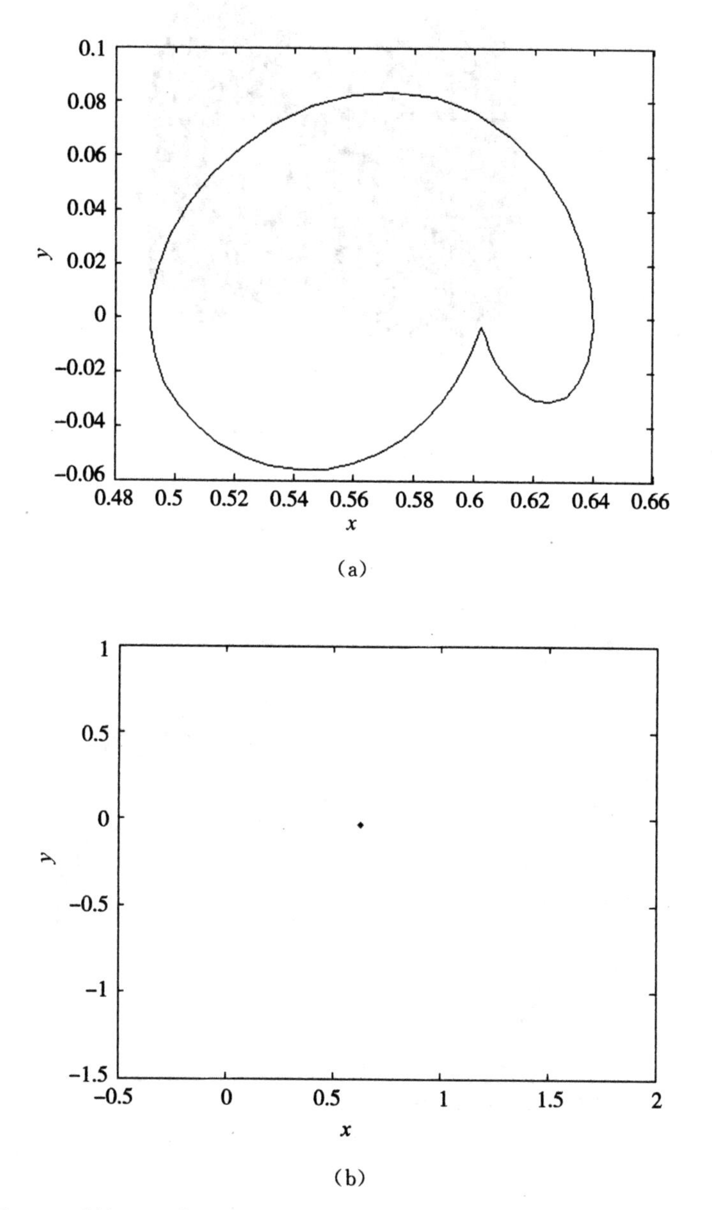

(a)

(b)

图 3.4 系统(3-7)在 $f=1.5$ 时的相图(a)和相应的 Poincare 截面图(b)

从图 3.4、图 3.5 中可以看出，当 $f>f^*$ 时，系统可能出现混沌；而当 $f<f^*$

时，系统一定做周期运动。

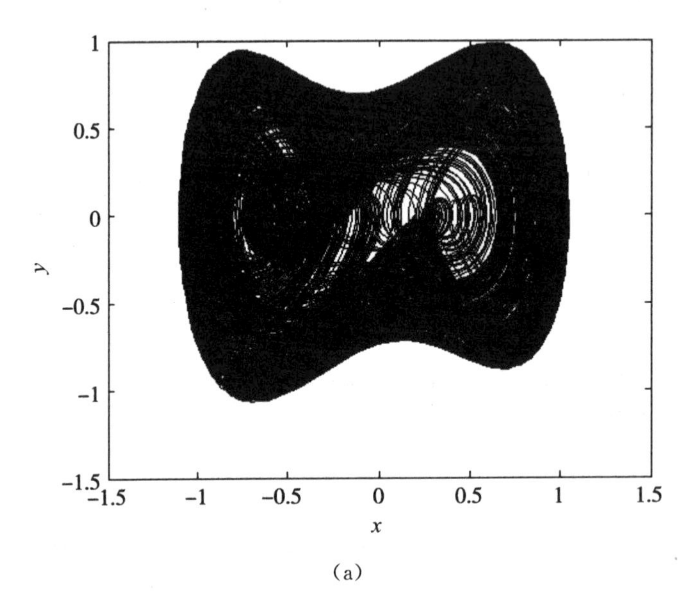

(a)

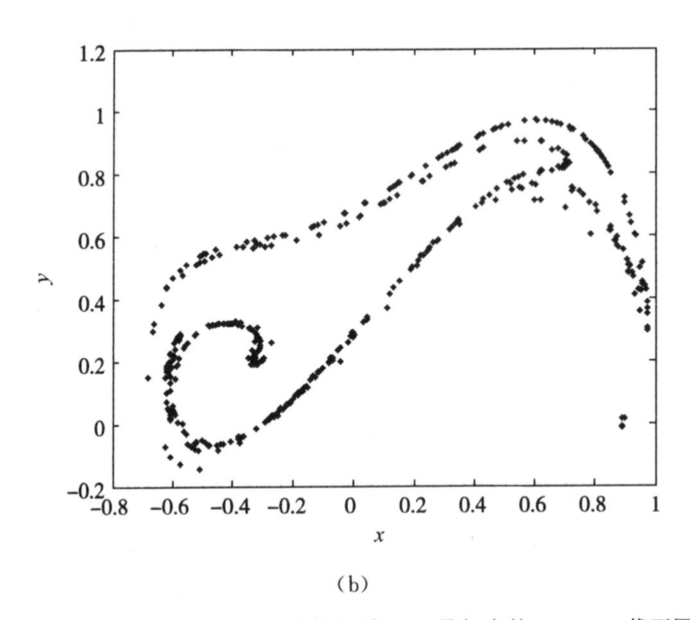

(b)

图 3.5　系统(3-7)在 $f = 5.5$ 时的相图(a)以及相应的 Poincare 截面图(b)

3.3 非光滑周期扰动与有界噪声联合作用下受迫 Duffing 系统的混沌预测

在上节，我们讨论了确定性系统混沌预测时，Fourier 级数被用来近似非光滑周期扰动项，效果相当好。本节将考察 Fourier 级数在随机系统混沌预测时，用来近似非光滑周期扰动的效果。对于如下一类非光滑周期扰动和有界噪声联合作用下的受迫 Duffing 系统：

$$\ddot{x}+\varepsilon a\dot{x}-bx+cx^3=\varepsilon(f\cos(\omega_1 t)+dg(x)+e\xi(t)) \tag{3-20}$$

其中，$g(x)$ 为系统的非光滑周期扰动项，$\xi(t)$ 为有界噪声，即

$$\xi(t)=\cos(\omega_2 t+\varphi),\ \varphi=\sigma B(t)+\Gamma$$

其中，ω_2 为中心频率，$B(t)$ 为标准 Wiener 过程，Γ 为 $[0,\ 2\pi)$ 上均匀分布的随机变量。有界噪声 $\xi(t)$ 的均值为零，协方差函数为

$$c(\tau)=\frac{e^2}{2}\exp\left\{-\frac{\sigma^2\tau}{2}\right\}\cos(\omega_2\tau) \tag{3-21}$$

方差为 $c(0)=\dfrac{e^2}{2}$，$\xi(t)$ 的双边谱密度函数为

$$S_{\xi}(\omega)=\frac{e^2}{2\pi}\left[\frac{\sigma^2}{4(\omega-\omega_2)^2+\sigma^4}+\frac{\sigma^2}{4(\omega+\omega_2)^2+\sigma^4}\right] \tag{3-22}$$

从而有界噪声是一个广义平稳随机过程，具有有限的功率，功率谱密度的形状由 ω_1 和 σ 决定，通过二者适当取值，$\xi(t)$ 可以具有大气湍流的 Drydon 谱和 Van Karmon 谱，能够用来模拟风中的湍流和地震时的地面运动。并且噪声的带宽主要由 σ 决定，当 $\sigma\rightarrow 0$ 时，它是一个窄带过程；而当 $\sigma\rightarrow\infty$ 时，$\xi(t)$ 趋于白噪声。从而有界噪声是一个合理的随机激励模型。

3.3.1 非光滑周期扰动与有界噪声联合作用下受迫 Duffing 系统的近似

对于系统(3-20)，由于其非光滑扰动项 $g(x)$，使得用来研究光滑动力系统的传统方法不能直接应用到该系统中去。根据前面的分析，利用 Fourier 级数可以将周期非光滑系统光滑化。作为演示例子，我们取 $g(x)=|\sin x|$，则有如下的非光滑周期扰动和有界

噪声联合作用下的 Duffing 系统：

$$\ddot{x}+\varepsilon a\dot{x}-bx+cx^{3}=\varepsilon(f\cos(\omega_{1}t)+d\left|\sin x\right|+e\xi(t)) \tag{3-23}$$

将(3-8)式代入系统(3-23)，得到如下的近似光滑系统：

$$\ddot{x}+\varepsilon a\dot{x}-bx+cx^{3}=\varepsilon\left(f\cos(\omega_{1}t)+\frac{2d}{\pi}\left[1-2\sum_{m=1}^{+\infty}\frac{\cos(2mx)}{4m^{2}-1}\right]+e\xi(t)\right) \tag{3-24}$$

为考察在随机系统中用系统(3-24)模拟系统(3-23)的精确程度，取 $a=2.75$，$b=0.35$，$c=0.225$，$d=0.125$，$e=0.0001$，$\omega_{1}=0.75$，$\omega_{2}=0.2$，$\sigma=0.8$，$\varepsilon=0.1$，$f=0.5$ 先得到系统(3-23)的时间历程图，如图 3.6 中的实线所示。再在上述参数下得到系统(3-24)的时间历程图，为清楚起见，每隔 200 个点取一个点，得到光滑近似系统(3-24)的时间历程图，如图 3.6 中的星号线所示。从图 3.6 中可以看出，用系统(3-24)去近似系统(3-23)，效果相当好。

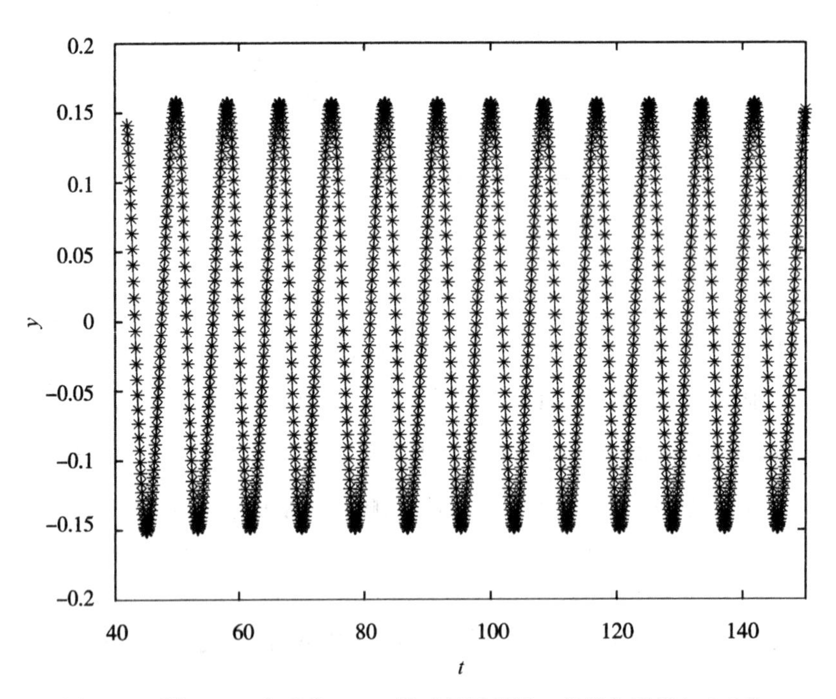

图 3.6　系统(3-23)和系统(3-24)的时间历程图，实线为系统(3-23)的，星号线为系统(3-24)的

系统(3-24)等价于如下的一阶系统：

$$\begin{cases}\dot{x}=y\\ \dot{y}=bx-cx^3+\varepsilon\left[f\cos(\omega_1 t)+\dfrac{2d}{\pi}\left(1-2\sum\limits_{m=1}^{+\infty}\dfrac{\cos(2mx)}{4m^2-1}\right)+e\xi(t)-ay\right]\end{cases} \tag{3-25}$$

当 $\varepsilon=0$ 时，得到未受扰动系统

$$\begin{cases}\dot{x}=y\\ \dot{y}=bx-cx^3\end{cases} \tag{3-26}$$

令 $\dot{x}=0$，$\dot{y}=0$，可得系统(3-26)具有三个不动点：中心 $\left(\sqrt{\dfrac{b}{c}},\ 0\right)$ 和 $\left(-\sqrt{\dfrac{b}{c}},\ 0\right)$，鞍点 (0，0)。此时系统的 Hamilton 函数为

$$H(x,\ y)=\frac{1}{2}y^2-\frac{b}{2}x^2+\frac{c}{4}x^4 \tag{3-27}$$

势函数为 $V(x)=-\dfrac{b}{2}x^2+\dfrac{c}{4}x^4$，取 $b=1$，$c=0.5$，得到系统(3-26)的相图和势函数图，如图 3.2 所示。易知，经过鞍点的同宿轨道满足

$$\dot{x}=x\sqrt{b-\frac{cx^2}{2}} \tag{3-28}$$

对(3-28)式两端分别关于 t 积分，可得系统(3-26)的同宿轨道：

$$(x^0(t),\ y^0(t))=\left(\sqrt{\frac{2b}{c}}\operatorname{sech}(\sqrt{b}t),\ -b\sqrt{\frac{2}{c}}\operatorname{sech}(\sqrt{b}t)\tanh(\sqrt{b}t)\right) \tag{3-29}$$

3.3.2 非光滑周期扰动与有界噪声联合作用下受迫 Duffing 系统的 Melnikov 过程

由文献[153]的随机 Melnikov 方法可得系统(3-25)的随机 Melnikov 函数

$$\begin{aligned}M(t_1,\ t_2)=&-\frac{2ab^2}{c}\int_{-\infty}^{+\infty}\operatorname{sech}^2(\sqrt{b}t)\tanh^2(\sqrt{b}t)\mathrm{d}t-\frac{2db}{\pi}\sqrt{\frac{2}{c}}\int_{-\infty}^{+\infty}\operatorname{sech}(\sqrt{b}t)\tanh(\sqrt{b}t)\mathrm{d}t\\ &+\frac{4db}{\pi}\sqrt{\frac{2}{c}}\sum_{m=1}^{+\infty}\frac{1}{4m^2-1}\int_{-\infty}^{+\infty}\cos(2m)\left(\sqrt{\frac{2b}{c}}\operatorname{sech}(\sqrt{b}t)\right)\operatorname{sech}(\sqrt{b}t)\tanh(\sqrt{b}t)\mathrm{d}t\\ &-fb\sqrt{\frac{2}{c}}\int_{-\infty}^{+\infty}\operatorname{sech}(\sqrt{b}t)\tanh(\sqrt{b}t)\cos\omega_1(t_1-t)\mathrm{d}t\\ &-eb\sqrt{\frac{2}{c}}\int_{-\infty}^{+\infty}\operatorname{sech}(\sqrt{b}t)\tanh(\sqrt{b}t)\zeta_{t_2-t}\mathrm{d}t=p_1+p_2+p_3+p_4+Z_{t_2}\end{aligned}$$

其中，ζ_{t_2-t} 为 Shinozuka 噪声，$\zeta_t=\sqrt{\frac{2}{N}}\sum_{n=1}^{N}\frac{\kappa}{K(\nu_n)}\cos(\nu_n t+\phi_n)$。由于 p_1 中的 $\int_{-\infty}^{+\infty}\operatorname{sech}^2(\sqrt{b}t)\tanh^2(\sqrt{b}t)\mathrm{d}t=\frac{2}{3\sqrt{b}}$，从而 $p_1=-\frac{4ab^2}{3\sqrt{b}c}$。而 p_2 中的被积函数以及 p_3 中的每一项积分中被积函数都是奇函数，且积分区间关于原点对称，故积分值均为零。对于 p_4 中的

$$
\begin{aligned}
&\int_{-\infty}^{+\infty}\operatorname{sech}(\sqrt{b}t)\tanh(\sqrt{b}t)\cos(\omega_1 t_1-\omega_1 t)\mathrm{d}t\\
&=\cos(\omega_1 t_1)\int_{-\infty}^{+\infty}\operatorname{sech}(\sqrt{b}t)\tanh(\sqrt{b}t)\cos(\omega_1 t)\mathrm{d}t\\
&\quad+\sin(\omega_1 t_1)\int_{-\infty}^{+\infty}\operatorname{sech}(\sqrt{b}t)\tanh(\sqrt{b}t)\sin(\omega_1 t)\mathrm{d}t
\end{aligned}
$$

同样地，第一项的被积函数为奇函数，积分区间关于原点对称，从而第一项为零，第二项中的积分可由留数方法[218]算出：

$$
\int_{-\infty}^{+\infty}\operatorname{sech}(\sqrt{b}t)\tanh(\sqrt{b}t)\sin(\omega_1 t)\mathrm{d}t=\frac{\pi\omega_1}{b}\operatorname{sech}\left(\frac{\pi\omega_1}{2\sqrt{b}}\right)
$$

故 $p_4=-f\pi\omega_1\sqrt{\frac{2}{c}}\sin(\omega_1 t_1)\operatorname{sech}\left(\frac{\pi\omega_1}{2\sqrt{b}}\right)$。对于 Z_{t_2}，利用传递函数

$$
\begin{aligned}
H(\omega)&=\int_{-\infty}^{+\infty}\left(-eb\sqrt{\frac{2}{c}}\right)\operatorname{sech}(\sqrt{b}t)\tanh(\sqrt{b}t)\exp\{-\mathrm{i}\omega t\}\,\mathrm{d}t\\
&=-eb\sqrt{\frac{2}{c}}\int_{-\infty}^{+\infty}\operatorname{sech}(\sqrt{b}t)\tanh(\sqrt{b}t)\cos(\omega t)\mathrm{d}t\\
&\quad+\mathrm{i}eb\sqrt{\frac{2}{c}}\int_{-\infty}^{+\infty}\operatorname{sech}(\sqrt{b}t)\tanh(\sqrt{b}t)\sin(\omega t)\mathrm{d}t
\end{aligned}
$$

其中，i 为虚数单位。第一项积分函数为奇函数，积分区间关于原点对称，值为零。第二项中积分可由留数方法算出。所以 $H(\omega)=\mathrm{i}\pi e\omega\sqrt{\frac{2}{c}}\operatorname{sech}\left(\frac{\pi\omega}{2\sqrt{b}}\right)$。

Z_{t_2} 为一个平稳随机过程，均值为零，方差为

$$
\begin{aligned}
\sigma_Z^2&=\int_{-\infty}^{+\infty}|H(\omega)|^2 S_\zeta(\omega)\mathrm{d}\omega\\
&=\frac{\pi e^4\sigma^2}{c}\int_{-\infty}^{+\infty}\omega^2\operatorname{sech}^2\left(\frac{\pi\omega}{2\sqrt{b}}\right)\left[\frac{1}{4(\omega-\omega_2)^2+\sigma^4}+\frac{1}{4(\omega+\omega_2)^2+\sigma^4}\right]\mathrm{d}\omega
\end{aligned}
$$

其中的积分可由数值方法得到任意精度的积分值。所以在均方意义下，系统出现混沌的

解析条件为 $|p_1|^2+|p_4|^2=\sigma_Z^2$，即

$$\frac{\pi e^4\sigma^2}{c}\int_{-\infty}^{+\infty}\omega^2\ \mathrm{sech}^2\left(\frac{\pi\omega}{2\sqrt{b}}\right)\left[\frac{1}{4\ (\omega-\omega_2)^2+\sigma^4}+\frac{1}{4\ (\omega+\omega_2)^2+\sigma^4}\right]\mathrm{d}\omega$$

$$=\frac{4ab^2}{3\sqrt{b}c}+f\pi\omega_1\sqrt{\frac{2}{c}}\sin(\omega_1 t_1)\mathrm{sech}\left(\frac{\pi\omega_1}{2\sqrt{b}}\right)$$

为简单起见，记

$$\Delta=\int_{-\infty}^{+\infty}\omega^2\ \mathrm{sech}^2\ \frac{\pi\omega}{2\sqrt{b}}\left[\frac{1}{4\ (\omega-\omega_2)^2+\sigma^4}+\frac{1}{4\ (\omega+\omega_2)^2+\sigma^4}\right]\mathrm{d}\omega$$

可以得到系统出现混沌的阈值：

$$f^*=(3\pi e^4\sigma^2\Delta-4ab\sqrt{b})/(3\sqrt{2c}\,\pi\omega_1\,\mathrm{sech}(\pi\omega_1/2\sqrt{b}))\tag{3-30}$$

当 $f>f^*$ 时，由 Smale-Birkhoff 定理，Melnikov 函数 $M(\theta)$ 会出现简单零点，对于充分小的 ε，系统的稳定流形与不稳定流形横截相交，系统可能出现 Smale 马蹄意义下的混沌；而当 $f<f^*$ 时，$M(\theta)$ 不会出现零点，系统不会发生稳定流形与不稳定流形横截相交的情况，故不会出现混沌，系统将为周期运动。

3.3.3　数值模拟

为验证前面的理论结果，取 $a=2.75$，$b=0.35$，$c=0.225$，$d=0.125$，$e=0.0001$，$\omega_1=0.75$，$\omega_2=0.2$，$\sigma=0.8$，$\varepsilon=0.1$，代入(3-30)式可得，$f^*=1.9064$。分别取 $f=1.0$，$f=1.8$，由前面的结果知道，系统应为周期运动。画出系统(3-23)相应的相图和 Poincare 截面图，如图 3.7 和图 3.8 所示，此时系统分别为周期 1 和周期 2 运动，即系统发生了倍周期分岔现象。同样取 $f=2.2$，由前面的理论结果知道，系统应为混沌状态，画出此时系统(3-23)的相图和相应的 Poincare 截面图，如图 3.9 所示。

为了进一步考察上述理论结果与数值模拟之间的吻合程度，我们可利用 Wolf 计算最大 Lyapunov 指数的方法[157]，在上述参数条件下，画出系统(3-23)的最大 Lyapunov 指数图，如图 3.10 所示。特别地，当 $f=1.0$ 时，系统的最大 Lyapunov 指数 $\lambda=-0.13602$，系统为周期运动；当 $f=1.8$ 时，系统的最大 Lyapunov 指数 $\lambda=-0.12032$，系统也为周期运动；当 $f=2.2$ 时，系统的最大 Lyapunov 指数 $\lambda=0.10933$，系统出现混沌现象。这与前面的相图以及 Poincaré 截面图的结果一致。

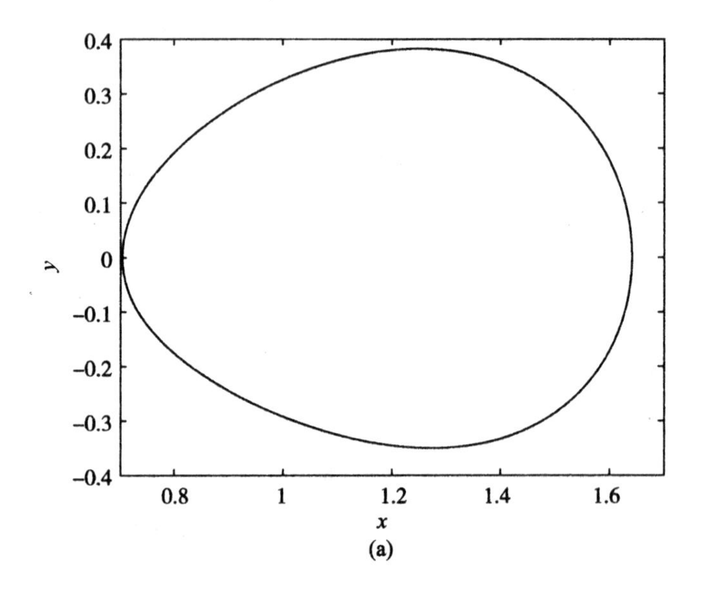

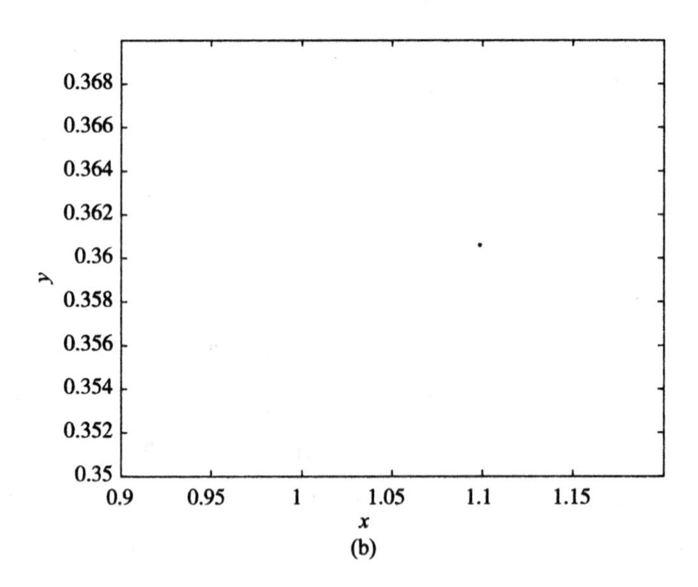

图 3.7　$f = 1.0$ 时的相图和 Poincaré 截面图：

(a)相图，(b)Poincaré 截面图

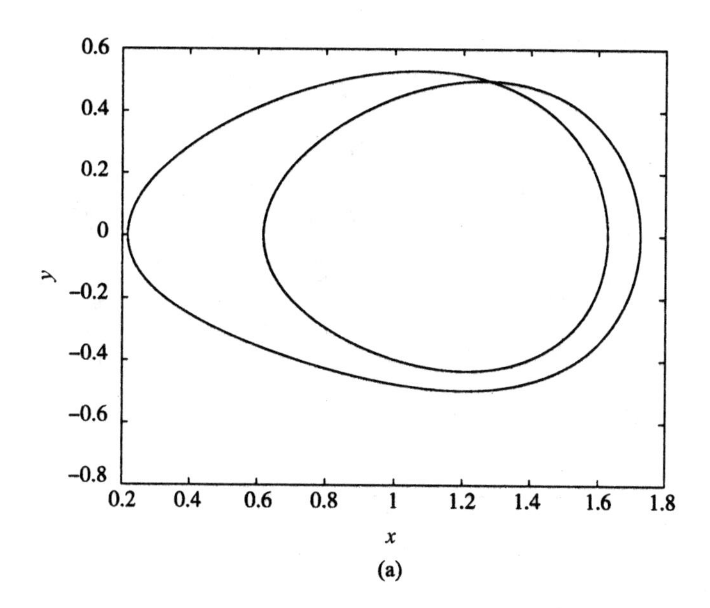

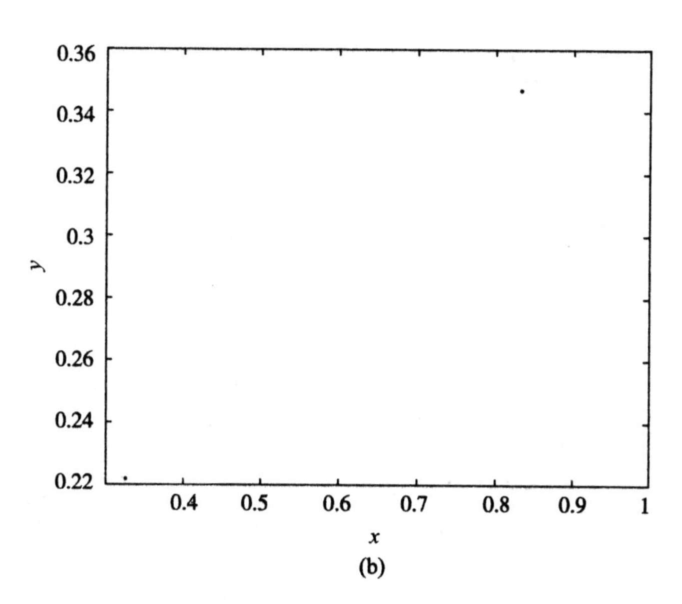

图 3.8 $f=1.8$ 时的相图和 Poincaré 截面图：

(a)相图，(b)Poincaré 截面图

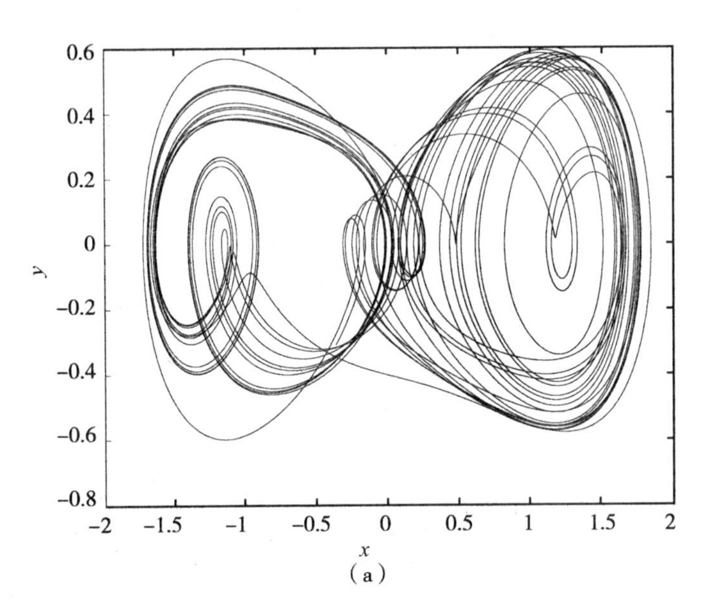

(a)

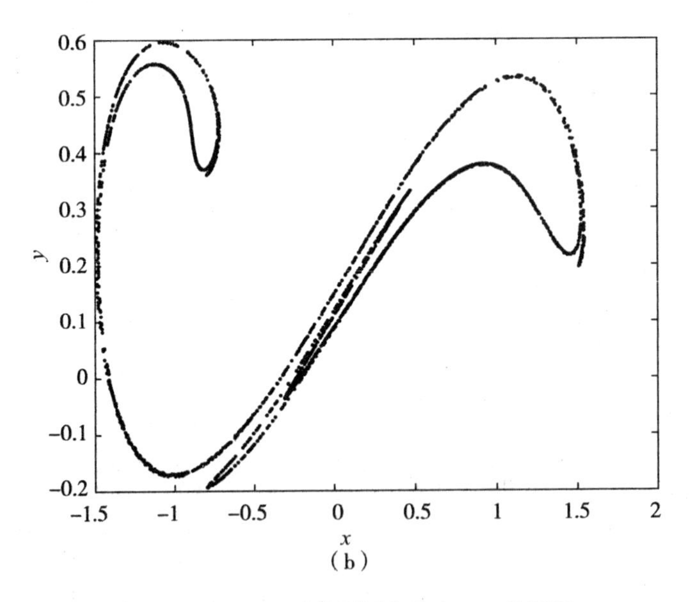

(b)

图 3.9　$f=2.2$ 时的相图和 Poincaré 截面图：

(a)相图，(b)Poincaré 截面图

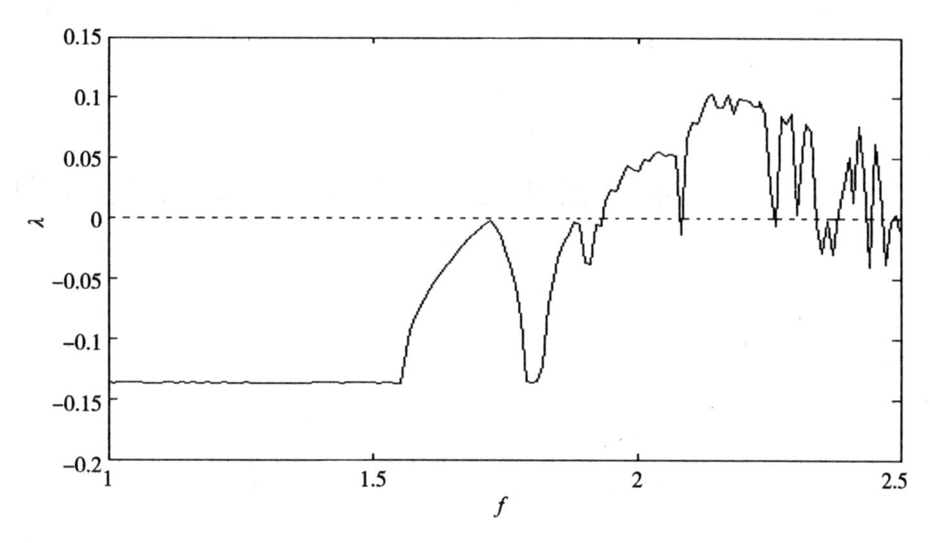

图 3.10 系统(3-23)的最大 Lyapunov 指数图

3.4 本章小结

本章研究了一类周期非光滑系统的处理方法问题。分别在确定系统和随机系统中用 Fourier 级数来近似周期非光滑扰动项，并在混沌预测这一典型的非线性问题中考察这种近似方法的效果。我们对近似后的光滑非线性系统应用 Melnikov 方法来预测混沌，从理论上得到混沌出现的解析阈值，并用原非光滑系统的相图、庞加莱截面图以及最大 Lyapunov 指数图等数值方法来验证理论上得到的混沌阈值。结果显示，用 Fourier 级数近似后光滑系统的理论结果与原非光滑系统的数值结果吻合得较好。这说明在进行混沌预测时，可以用 Fourier 级数来近似周期非光滑扰动项。这一章的例子说明，在利用 Melnikov 方法预测混沌时，Fourier 级数是处理这一类周期非光滑因素的有效近似方法。尽管 Fourier 级数是一种简单常见的工具，但据作者所知，这是其第一次被用来在非光滑动力系统中近似非光滑周期扰动项，并在混沌预测中加以验证。

利用多项式来逼近非光滑系统是研究非光滑系统的一个方法，但需要强调的是，该法会湮灭非光滑系统的一些特有的非线性现象，会使非光滑系统特有的运动性质因为光滑近似而消失。所以，在研究非光滑系统特有的运动性质时，这种方法并不适用。

第4章　脉冲系统的 Melnikov 方法及其应用

4.1　引　　言

脉冲系统广泛存在于生产生活和科学研究中，例如脉冲给药、定时捕捞、激光脉冲系统以及脉冲控制等，近年来引起了众多学者的注意。由于脉冲现象的存在会导致系统的运动状态发生突然改变，从而致使系统的向量场不再光滑，常用的光滑非线性系统的分析方法不能直接应用到脉冲系统，例如非线性系统研究中重要的 Melnikov 方法，在脉冲系统中尚未有系统的研究。

脉冲系统是一种特殊碰撞系统，碰撞系统的研究方法对脉冲系统的研究具有重要的借鉴意义。本章考察了定点脉冲系统 Melnikov 函数的构造方法，给出了一种定点脉冲系统 Menikov 函数的解析表达式，并将函数应用到脉冲信号作用下 Duffing 系统及 Duffing-Rayleigh 系统的混沌预测中去，得到了该类型脉冲系统出现混沌的解析条件，并通过数值模拟验证了理论结果的正确性及有效性。

4.2　定点脉冲系统的 Melnikov 方法

定点脉冲系统可表示为如下形式：

$$\begin{cases} \dot{X}=F(X)+\varepsilon G(X,\ t), & x\neq x_0 \\ y^{+}=-(1-\varepsilon\alpha)y^{-}, & x=x_0 \end{cases} \tag{4-1}$$

其中，x_0 为脉冲发生的位置，y^-，y^+ 分别表示脉冲发生前、后 y 的状态，$X=(x,\ y)^{\mathrm{T}}$，$F(X)=(y,\ f(x))^{\mathrm{T}}$，$G(X,\ t)=(0,\ g(X,\ t))^{\mathrm{T}}$。画出系统(4-1)的示意图，如图 4.1 所示。

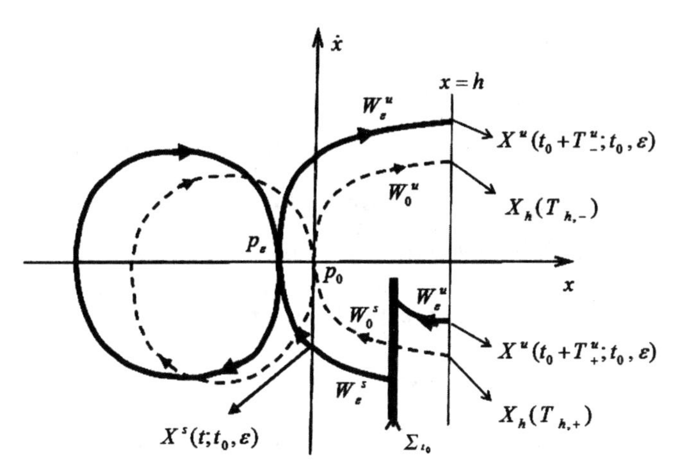

图 4.1　系统(4-1)示意图

当 $\varepsilon=0$ 时，得未扰系统(4-2)：

$$\begin{cases}\dot{X}=F(X), & x\neq x_0\\ y^+=-y^-, & x=x_0\end{cases}\tag{4-2}$$

设 $X_h(t)=(x_h(t),\ y_h(t))^{\mathrm{T}}$ 是未扰系统(4-2)的同宿轨，扰动系统(4-1)的非光滑同宿轨为 $X_\varepsilon^{u,s}(t+t_0,\ t_0,\ \varepsilon)=(x_\varepsilon^{u,s}(t+t_0,\ t_0,\ \varepsilon),\ y_\varepsilon^{u,s}(t+t_0,\ t_0,\ \varepsilon))^{\mathrm{T}}$，设 $T_{h,\pm}$ 为未扰动轨道 $X_h(t)$ 发生脉冲的时刻，$T_{\varepsilon,h,\pm}$ 为扰动轨道 $X_\varepsilon^{u,s}(t+t_0,\ t_0,\ \varepsilon)$ 发生脉冲的时刻。又设脉冲的发生是瞬时的，即 $T_{h,+}=T_{h,-}$，$T_{\varepsilon,h,+}=T_{\varepsilon,h,-}$，并对充分小的 ε 有

$$T_{\varepsilon,h,\pm}=T_{h,\pm}+\varepsilon T_{h,1,\pm}+o(\varepsilon^2)\tag{4-3}$$

且对充分小的 ε 及任意 $t_0\in\mathbf{R}$，$X_\varepsilon^{u,s}(t+t_0,\ t_0,\ \varepsilon)$ 能被展开成如下形式：

$$X_\varepsilon^{u,s}(t+t_0,\ t_0,\ \varepsilon)=X_h(t)+\varepsilon X_1^{u,s}(t+t_0,\ t_0)+o(\varepsilon^2)\tag{4-4}$$

其中，$X_1^{u,s}(t+t_0,\ t_0)$ 满足

$$\dot{X}_1^{u,s}(t+t_0,\ t_0)=\frac{\mathrm{d}F(X_h(t))}{\mathrm{d}t}X_1^{u,s}(t+t_0,\ t_0)+G(X_h(t),\ t+t_0)$$

类似于光滑系统的推导，考虑如下式子：

$$\Delta_1^{u,s}(t+t_0,\ t_0)=\varepsilon F(X_h(t))\wedge X_1^{u,s}(t+t_0,\ t_0),$$

其中算符 $\wedge$ 定义为：$\boldsymbol{a}\wedge\boldsymbol{b}=a_1b_2-a_2b_1$，$\boldsymbol{a}=(a_1,\ a_2)^{\mathrm{T}}$，$\boldsymbol{b}=(b_1,\ b_2)^{\mathrm{T}}$。类似于光滑系统的推导，对任意的 $t\neq T_{\varepsilon,h,-}$，有 $\Delta_1^{u,s}(t+t_0,\ t_0)=\varepsilon F(X_h(t))\wedge G(X_h(t),\ t+$

t_0)。则稳定流形与不稳定流形之间的距离为

$$\begin{aligned}D_\varepsilon(t_0)&=\Delta_1^u(t_0,\ t_0)-\Delta_1^s(t_0,\ t_0)\\&=[\Delta_1^u(t_0,\ t_0)-\Delta_1^u(t_0+T_{h,+},\ t_0)]+[\Delta_1^u(t_0+T_{h,+},\ t_0)-\Delta_1^u(t_0+T_{h,-},\ t_0)]\\&\quad+[\Delta_1^u(t_0+T_{h,-},\ t_0)-\Delta_1^u(-\infty,\ t_0)]+[\Delta_1^u(+\infty,\ t_0)-\Delta_1^s(t_0,\ t_0)]\end{aligned}\tag{4-5}$$

由著名的光滑系统的 Melnikov 方法[11]，知道(4-5)式中的

$$\Delta_1^u(+\infty,\ t_0)-\Delta_1^s(t_0,\ t_0)=\varepsilon\int_0^{+\infty}F(X_h(\tau))\wedge G(X_h(\tau),\ \tau+t_0)\mathrm{d}\tau\tag{4-6}$$

$$\begin{aligned}\Delta_1^u(t_0,\ t_0)-\Delta_1^u(t_0+T_{h,+},\ t_0)&=-[\Delta_1^u(t_0+T_{h,+},\ t_0)-\Delta_1^u(t_0,\ t_0)]\\&=-\varepsilon\int_0^{T_{h,+}}F(X_h(\tau))\wedge G(X_h(\tau),\ \tau+t_0)\mathrm{d}\tau\end{aligned}\tag{4-7}$$

$$\Delta_1^u(t_0+T_{h,-},\ t_0)-\Delta_1^u(-\infty,\ t_0)=\varepsilon\int_{-\infty}^{T_{h,-}}F(X_h(\tau))\wedge G(X_h(\tau),\ \tau+t_0)\mathrm{d}\tau\tag{4-8}$$

下面来推导 $\Delta_1^u(t_0+T_{h,+},\ t_0)-\Delta_1^u(t_0+T_{h,-},\ t_0)$ 的结果。

首先，由(4-3)式，(4-4)式可知，

$$\begin{aligned}X_\varepsilon^u(t_0+T_{\varepsilon,h,+},\ t_0,\ \varepsilon)&=X_\varepsilon^u(t_0+T_{h,+}+\varepsilon T_{h,1}+o(\varepsilon^2),\ t_0,\ \varepsilon)\\&=X_\varepsilon^u(t_0+T_{h,+},\ t_0,\ \varepsilon)\\&\quad+\varepsilon T_{h,1}\dot{X}_\varepsilon^u(t_0+T_{h,+},\ t_0,\ \varepsilon)+o(\varepsilon^2)\end{aligned}\tag{4-9}$$

其中，$X_\varepsilon^{u,s}(t+t_0,\ t_0,\ \varepsilon)$ 是系统(4-1)的解，故有

$$\begin{aligned}\dot{X}_\varepsilon^u(t_0+T_{h,+},\ t_0,\ \varepsilon)&=F(X_\varepsilon^u(t_0+T_{h,+},\ t_0,\ \varepsilon))\\&\quad+\varepsilon G(X_\varepsilon^u(t_0+T_{h,+},\ t_0,\ \varepsilon),\ t_0+T_{h,+})\end{aligned}$$

代入(4-9)式得

$$\begin{aligned}X_\varepsilon^u(t_0+T_{\varepsilon,h,+},\ t_0,\ \varepsilon)&=X_\varepsilon^u(t_0+T_{h,+},\ t_0,\ \varepsilon)\\&\quad+\varepsilon T_{h,1}F(X_\varepsilon^u(t_0+T_{h,+},\ t_0,\ \varepsilon))+o(\varepsilon^2)\end{aligned}\tag{4-10}$$

且由 $X_\varepsilon^u(t_0+T_{h,+},\ t_0,\ \varepsilon)=X_h(T_{h,+})+\varepsilon X_1^u(t_0+T_{h,+},\ t_0)+o(\varepsilon^2)$ 知

$$F(X_\varepsilon^u(t_0+T_{h,+},\ t_0,\ \varepsilon))=F(X_h(T_{h,+}))+o(\varepsilon)\tag{4-11}$$

记 $\Delta_\varepsilon^{u,s}(t+t_0,\ t_0)=F(X_h(t))\wedge X_\varepsilon^{u,s}(t+t_0,\ t_0,\ \varepsilon)$，则由(4-3)，(4-9)及(4-11)知

$$\Delta_\varepsilon^u(t_0+T_{h,+},\ t_0)=F(X_h(T_{h,+}))\wedge X_\varepsilon^{u,s}(t_0+T_{h,+},\ t_0,\ \varepsilon)$$

$$=F(X_h(T_{h,+}))\wedge(X_\varepsilon^u(t_0+T_{\varepsilon,h,+},t_0,\varepsilon)$$
$$-\varepsilon T_{h,1,+}F(X_\varepsilon^u(t_0+T_{h,+},t_0,\varepsilon))+o(\varepsilon^2))$$
$$=y_h(T_{h,+})y_\varepsilon^u(t_0+T_{\varepsilon,h,+},t_0,\varepsilon)$$
$$-f(x_h(T_{h,+}))x_\varepsilon^u(t_0+T_{\varepsilon,h,+},t_0,\varepsilon)+o(\varepsilon^2) \tag{4-12}$$

同样的方法可得：

$$\Delta_\varepsilon^u(t_0+T_{h,-},t_0)=y_h(T_{h,-})y_\varepsilon^u(t_0+T_{\varepsilon,h,-},t_0,\varepsilon)$$
$$-f(x_h(T_{h,-}))x_\varepsilon^u(t_0+T_{\varepsilon,h,-},t_0,\varepsilon)+o(\varepsilon^2) \tag{4-13}$$

同时，

$$\Delta_\varepsilon^u(t_0+T_{h,+},t_0)-\Delta_\varepsilon^u(t_0+T_{h,-},t_0)$$
$$=F(X_h(T_{h,+}))\wedge X_\varepsilon^u(t_0+T_{h,+},t_0,\varepsilon)-F(X_h(T_{h,-}))\wedge X_\varepsilon^u(t_0+T_{h,-},t_0,\varepsilon)$$
$$=F(X_h(T_{h,+}))\wedge X_h(T_{h,+})-F(X_h(T_{h,-}))\wedge X_h(T_{h,-})$$
$$+\varepsilon F(X_h(T_{h,+}))\wedge X_1^\varepsilon(t_0+T_{h,+},t_0,\varepsilon)$$
$$-F(X_h(T_{h,-}))\wedge X_1^\varepsilon(t_0+T_{h,-},t_0,\varepsilon)+o(\varepsilon^2) \tag{4-14}$$

其中，

$$F(X_h(T_{h,+}))\wedge X_h(T_{h,+})-F(X_h(T_{h,-}))\wedge X_h(T_{h,-})$$
$$=(y_h(T_{h,+}))^2-x_h(T_{h,+})f(x_h(T_{h,+}))-(y_h(T_{h,-}))^2+x_h(T_{h,-})f(x_h(T_{h,-}))=0$$

结合(4-12)式和(4-13)式，有

$$\Delta_\varepsilon^u(t_0+T_{h,+},t_0)-\Delta_\varepsilon^u(t_0+T_{h,-},t_0)$$
$$=\Delta_1^u(t_0+T_{h,+},t_0)-\Delta_1^u(t_0+T_{h,-},t_0)$$
$$=y_h(T_{h,+})y_\varepsilon^u(t_0+T_{\varepsilon,h,+},t_0,\varepsilon)-y_h(T_{h,-})y_\varepsilon^u(t_0+T_{\varepsilon,h,-},t_0,\varepsilon) \tag{4-15}$$

且由系统(4-1)中的脉冲条件知道：

$$y_\varepsilon^u(t_0+T_{\varepsilon,h,+},t_0,\varepsilon)=-(1-\varepsilon\alpha)y_\varepsilon^u(t_0+T_{\varepsilon,h,-},t_0,\varepsilon) \tag{4-16}$$
$$y_\varepsilon^u(t_0+T_{\varepsilon,h,+},t_0,\varepsilon)=y_h(T_{\varepsilon,h,+})+\varepsilon y_1^u(t_0+T_{\varepsilon,h,+},t_0)+o(\varepsilon^2) \tag{4-17}$$

其中，

$$y_h(T_{\varepsilon,h,+})=y_h(T_{h,+}+\varepsilon T_{h,1,+}+o(\varepsilon^2))$$
$$=y_h(T_{h,+})+\varepsilon T_{h,1,+}\dot{y}_h(T_{h,+})+o(\varepsilon^2)$$
$$=y_h(T_{h,+})+\varepsilon T_{h,1,+}f(x_h(T_{h,+}))+o(\varepsilon^2) \tag{4-18}$$

$$y_1^u(t_0+T_{\varepsilon,h,+},t_0)=y_1^u(t_0+T_{h,+}+\varepsilon T_{h,1,+}+o(\varepsilon^2),t_0)$$
$$=y_1^u(t_0+T_{h,+},t_0)+\varepsilon T_{h,1,+}\dot{y}_1^u(t_0+T_{h,+},t_0)+o(\varepsilon^2) \tag{4-19}$$

将(4-18)式和(4-19)式代入(4-17)式得

$$y_\varepsilon^u(t_0+T_{\varepsilon,h,+},\ t_0,\ \varepsilon)=y_h(T_{h,+})+\varepsilon y_1^u(t_0+T_{h,+},\ t_0)+\varepsilon T_{h,+}f(x_h(T_{h,+}))+o(\varepsilon^2) \tag{4-20}$$

同理可得

$$y_\varepsilon^u(t_0+T_{\varepsilon,h,-},\ t_0,\ \varepsilon)=y_h(T_{h,-})+\varepsilon y_1^u(t_0+T_{h,-},\ t_0)+\varepsilon T_{h,-}f(x_h(T_{h,-}))+o(\varepsilon^2) \tag{4-21}$$

由(4-15)式知道

$$\begin{aligned}&\Delta_1^u(t_0+T_{h,+},\ t_0)-\Delta_1^u(t_0+T_{h,-},\ t_0)\\&=y_h(T_{h,+})y_\varepsilon^u(t_0+T_{\varepsilon,h,+},\ t_0,\ \varepsilon)-y_h(T_{h,-})y_\varepsilon^u(t_0+T_{\varepsilon,h,-},\ t_0,\ \varepsilon)\\&=-\varepsilon\alpha y_h(T_{h,-})y_\varepsilon^u(t_0+T_{\varepsilon,h,-},\ t_0,\ \varepsilon)=-\varepsilon\alpha\ (y_h(T_{h,-}))^2+o(\varepsilon^2)\end{aligned} \tag{4-22}$$

当 $t=T_{h,-}$ 时，$x_h(t)=x_0$，且有 $\lim\limits_{t\to-\infty}x_h(t)=0$，$\lim\limits_{t\to-\infty}y_h(t)=0$，$dx_h(t)=y_h(t)dt$，$dy_h(t)=f(x_h(t))dt$，故有

$$2y_h(t)y_h{}'(t)dt=2y_h(t)f(x_h(t))dt=2f(x_h(t))dx_h(t)$$

$$\int_{-\infty}^{T_{h,-}}2y_h(t)y_h{}'(t)dt=\int_{-\infty}^{T_{h,-}}2y_h(t)f(x_h(t))dt=\int_0^{x0}2f(x_h(t))dx_h(t)$$

从而

$$(y_h(T_{h,-}))^2=2\int_0^{x0}f(x_h(t))dx_h(t) \tag{4-23}$$

由(4-22)式知道

$$\Delta_1^u(t_0+T_{h,+},\ t_0)-\Delta_1^u(t_0+T_{h,-},\ t_0)=-2\varepsilon\alpha\int_0^{x0}f(x_h(t))dx_h(t) \tag{4-24}$$

从而由(4-5)，(4-6)，(4-7)，(4-8)及(4-24)式知

$$\begin{aligned}D_\varepsilon(t_0)=\Delta_1^u(t_0,\ t_0)-\Delta_1^s(t_0,\ t_0)=\varepsilon\Big\{&\int_{-\infty}^{T_{h,-}}F(X_h(\tau))\wedge G(X_h(\tau),\ \tau+t_0)d\tau\\&+\int_{T_{h,+}}^{+\infty}F(X_h(\tau))\wedge G(X_h(\tau),\ \tau+t_0)d\tau\\&-2\int_0^{x0}f(x_h(\tau))dx_h(\tau)\Big\}\end{aligned} \tag{4-25}$$

取

$$\begin{aligned}M(t_0)=\Delta_1^u(t_0,\ t_0)-\Delta_1^s(t_0,\ t_0)=&\int_{-\infty}^{T_{h,-}}F(X_h(\tau))\wedge G(X_h(\tau),\ \tau+t_0)d\tau\\&+\int_{T_{h,+}}^{+\infty}F(X_h(\tau))\wedge G(X_h(\tau),\ \tau+t_0)d\tau\\&-2\alpha\int_0^{x0}f(x_h(\tau))dx_h(\tau)\end{aligned} \tag{4-26}$$

基于上述分析，给出系统(4-1)的 Melnikov 定理如下：

定理 4.1 对系统(4-1)及充分小的 ε，系统(4-1)的一阶 Melnikov 函数为(4-26)式。若(4-26)式出现简单零点，即若存在 t_0 使得 $M(t_0)=0$，$M'(t_0)=0$，则系统(4-1)可能出现 Smale 马蹄意义下的混沌。

4.3 定点脉冲信号作用下 Duffing 系统的混沌预测

为验证上面得到的 Melnikov 函数的有效性，考察如下定点脉冲系统：

$$\begin{cases}\dot{X}=F(X)+\varepsilon G(X,\ t), & x\neq x_0\\ y^{+}=-(1-\varepsilon\alpha)y^{-}, & x=x_0\end{cases}\tag{4-27}$$

其中，$X=(x,\ y)^{\mathrm{T}}$，$F(X)=(y,\ bx-cx^3)^{\mathrm{T}}$，$G(X,\ t)=(0,\ -ay+r\cos(\omega t))^{\mathrm{T}}$。当 $\varepsilon=0$ 时，该系统是一个未扰系统，可表示为如下形式：

$$\begin{cases}\dot{X}=F(X), & x\neq x_0\\ y^{+}=\boldsymbol{P}*y^{-}, & x=x_0\end{cases}\tag{4-28}$$

其中，$\boldsymbol{P}=\begin{bmatrix}1 & 0\\ 0 & -1\end{bmatrix}$。系统(4-28)为一个 Hamilton 系统，对应的 Hamilton 函数为 $H(x,\ y)=\frac{1}{2}y^2-\frac{1}{2}bx^2+\frac{c}{4}x^4$，且(4-28)有两个中心 $\left(\sqrt{\frac{b}{c}},\ 0\right)$，$\left(-\sqrt{\frac{b}{c}},\ 0\right)$ 及鞍点 (0，0)。连接鞍点的两条同宿轨 $\Phi(t)=(x_h(t),\ y_h(t))^{\mathrm{T}}$ 可表示为

$$\Phi(t)=\begin{cases}\tilde{\Phi}(t+T_{h,-}), & t<0\\ \tilde{\Phi}(t+T_{h,+}), & t\geqslant 0\end{cases}$$

其中，$\tilde{\Phi}(t)=(\tilde{x}_h(t),\ \tilde{y}_h(t))^{\mathrm{T}}=\left(\sqrt{\frac{2b}{c}}\operatorname{sech}(\sqrt{b}t),\ -b\sqrt{\frac{2}{c}}\operatorname{sech}(\sqrt{b}t)\tanh(\sqrt{b}t))\right)^{\mathrm{T}}$，$T_{h+}$，$T_{h-}$ 是轨道 $(\tilde{x}_h(t),\ \tilde{y}_h(t))^{\mathrm{T}}$ 发生脉冲的时刻，$T_{h,+}=-T_{h,-}$，$\tilde{x}_h(T_{h,+})=x_0$，$\tilde{x}_h(T_{h,-})=x_0$。设 $T_{h,+}=-T_{h,-}=T_0$，则 $T_0=\frac{1}{\sqrt{b}}\operatorname{arcsech}\left(\sqrt{\frac{c}{2b}}x_0\right)$。对未扰系统(4-28)，当参数取 $b=1$，$c=1$，$x_0=1$ 时，呈现未扰系统(4-28)的相图，如图 4.2 所示。从图中可以看出，系统存在同宿周期轨。

由(4-26)知道系统(4-27)的 Melnikov 函数为

$$M(t_0)=\int_{-\infty}^{T_{h,-}}F(X_h(\tau))\wedge G(X_h(\tau),\ \tau+t_0)\mathrm{d}\tau$$

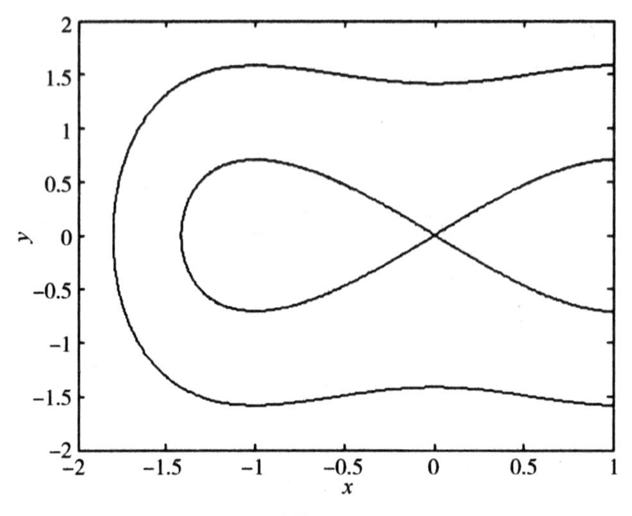

图 4.2　系统(4-28)的相图

$$+\int_{T_{h,+}}^{+\infty} F(X_h(\tau)) \wedge G(X_h(\tau),\ \tau+t_0)\mathrm{d}\tau - 2\alpha\int_0^{x_0} f(x_h(\tau))\mathrm{d}x_h(\tau)$$

$$=\frac{4ab\sqrt{b}}{3c}\tanh^3(\sqrt{b}T_0)-\frac{4ab\sqrt{b}}{3c}-b\alpha x_0^2+\frac{c\alpha}{2}x_0^4$$

$$+2rb\sqrt{\frac{2b}{c}}\sin(\omega t_0)\int_{t_0}^{+\infty}\mathrm{sech}(\sqrt{b}(\tau+T_0))\tanh(\sqrt{b}(\tau+T_0))\sin\omega\tau\,\mathrm{d}\tau$$

令 $M(t_0)=0$ 可得

$$r=\frac{\dfrac{4ab\sqrt{b}}{3c}+b\alpha x_0^2-\dfrac{c\alpha}{2}x_0^4-\dfrac{4ab\sqrt{b}}{3c}\tanh^3(\sqrt{b}T_0)}{2b\sqrt{\dfrac{2b}{c}}\sin(\omega t_0)\displaystyle\int_{t_0}^{+\infty}\mathrm{sech}(\sqrt{b}(\tau+T_0))\tanh(\sqrt{b}(\tau+T_0))\mathrm{d}\tau}$$

令 $r_a=\dfrac{\dfrac{4ab\sqrt{b}}{3c}+b\alpha x_0^2-\dfrac{c\alpha}{2}x_0^4-\dfrac{4ab\sqrt{b}}{3c}\tanh^3(\sqrt{b}T_0)}{2b\sqrt{\dfrac{2b}{c}}\displaystyle\int_{t_0}^{+\infty}\mathrm{sech}(\sqrt{b}(\tau+T_0))\tanh(\sqrt{b}(\tau+T_0))\mathrm{d}\tau}$

当取 $a=1.05$，$b=1$，$c=1$，$T_0=0.98$，$\omega=1$，$x_0=1$ 时，通过数值积分可得

$$r_a=1.9814+0.6485\alpha \tag{4-29}$$

由 Melnikov 定理知道，则当 $r>r_a$ 时，系统(4-27)的稳定流形与不稳定流形会横截相交，系统(4-27)会出现 Smale 马蹄意义下的混沌。图 4.3 给出了混沌阈值图。

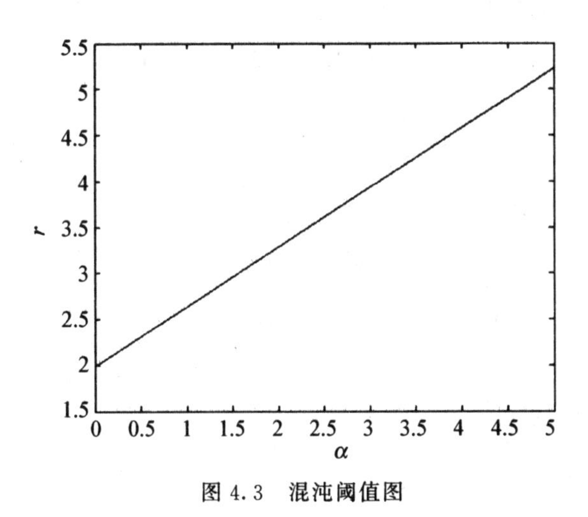

图 4.3 混沌阈值图

图 4.3 的直线上方的参数组合满足关系式 $r > r_a$， 该部分出现的参数组合会导致系统(4-27)的稳定流形和不稳定流形横截相交，从而出现 Smale 马蹄意义下的混沌。反之，在该线之下的参数组合，将不能使系统(4-27)的稳定流形和不稳定流形相交，不会出现混沌。为验证上述理论判断的正确性，取 $a=2$，$b=1$，$c=1$，$\omega=1$，$x_0=1$， 画出参数 r 和 y 的分岔图，如图 4.4 所示。从图中可以明显地看出系统(4-27)有周期 1 运动、混沌等典型非线性现象。

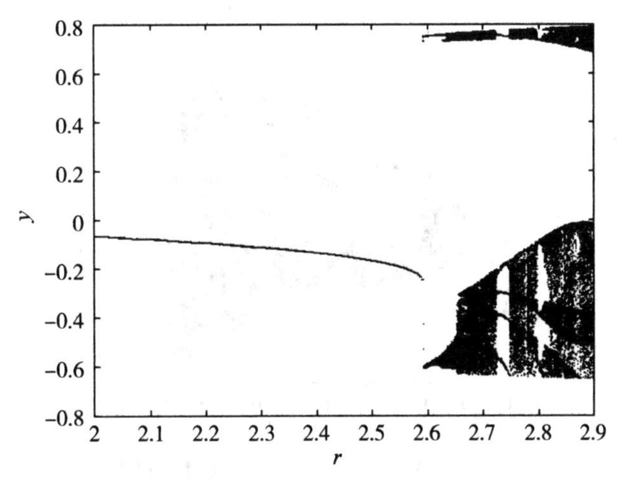

图 4.4 系统(4-27)的分岔图

取 $r=2.4$，$\alpha=1$，该点在图 4.3 的线之下，处于稳定区域，应为周期运动。同时取 $a=2$，$b=1$，$c=1$，$\omega=1$，$x_0=1$，画出此时的相图，如图 4.5 所示，从图中可以看出，此时系统为周期 1 运动，该结果与理论结果一致。

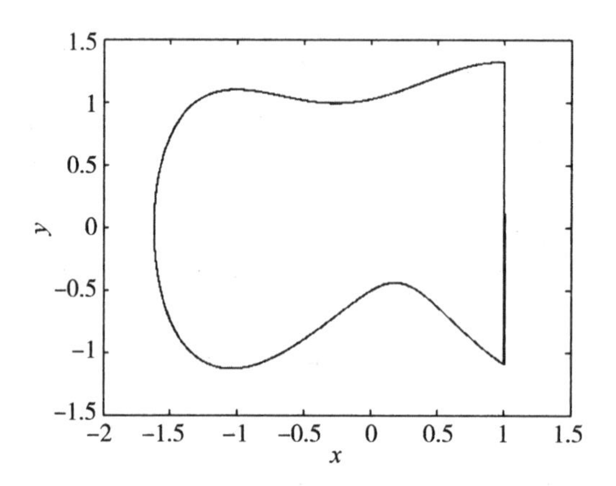

图 4.5　系统(4-27)的周期 1 时的相图

取 $r=2.85$，$\alpha=1$，该参数组合在图 4.3 的直线之上，处于混沌区域，应为混沌运动状态。同时取 $a=2$，$b=1$，$c=1$，$\omega=1$，$x_0=1$，画出此时的相图，如图 4.6 所示，从图中可以看出，此时系统为混沌运动，此与理论结果相符。

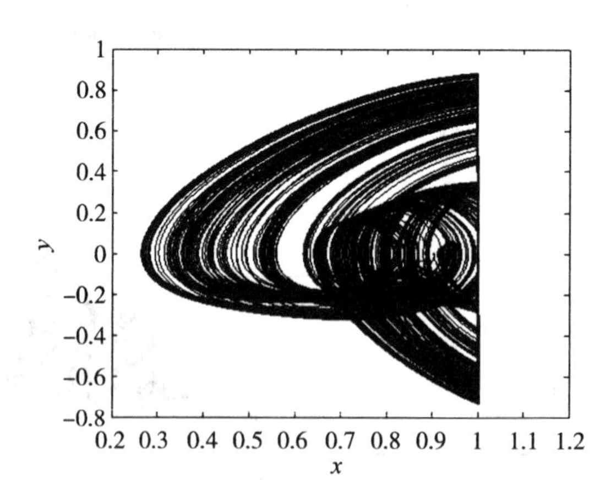

图 4.6　系统(4-27)的混沌运动时的相图

4.4 定点脉冲信号作用下 Duffing-Rayleigh 系统的混沌预测

考察如下定点脉冲信号作用下的 Duffing-Rayleigh 系统：

$$\begin{cases}\dot{X}=F(X)+\varepsilon G(X,t), & x\neq x_0\\ y^{+}=-(1-\varepsilon\alpha)y^{-}, & x=x_0\end{cases}\tag{4-30}$$

其中，$X=(x,y)^{\mathrm{T}}$，$F(X)=(y,bx-cx^3)^{\mathrm{T}}$，$G(X,t)=(0,ay-ay^3+r\cos(\omega t))^{\mathrm{T}}$，$x_0$ 为系统(4-30)发生脉冲的点。当 $\varepsilon=0$ 时，(4-30)可表示为如下未扰系统形式：

$$\begin{cases}\dot{X}=F(X), & x\neq x_0\\ y^{+}=\boldsymbol{P}*y^{-}, & x=x_0\end{cases}\tag{4-31}$$

其中，$\boldsymbol{P}=\begin{bmatrix}1 & 0\\ 0 & -1\end{bmatrix}$。系统(4-31)是一个 Hamilton 系统，它的 Hamilton 函数为 $H(x,y)=\frac{1}{2}y^2-\frac{1}{2}bx^2+\frac{c}{4}x^4$，系统(4-31)有两个中心 $\left(\sqrt{\frac{b}{c}},0\right)$，$\left(-\sqrt{\frac{b}{c}},0\right)$，一个鞍点(0，0)。连接鞍点的两条同宿轨 $\Phi(t)=(x_h(t),y_h(t))^{\mathrm{T}}$ 为

$$\Phi(t)=\begin{cases}\widetilde{\Phi}(t+T_{h,-}), & t<0\\ \widetilde{\Phi}(t+T_{h,+}), & t\geqslant 0\end{cases}$$

其中，$\widetilde{\Phi}(t)=(\widetilde{x}_h(t),\widetilde{y}_h(t))^{\mathrm{T}}=\left(\sqrt{\frac{2b}{c}}\operatorname{sech}(\sqrt{b}t),-b\sqrt{\frac{2}{c}}\operatorname{sech}(\sqrt{b}t)\tanh(\sqrt{b}t)\right)^{\mathrm{T}}$。设 T_{h+}，T_{h-} 是轨道 $\widetilde{\Phi}(t)$ 发生脉冲的时刻，则由脉冲的瞬时性可设 $T_{h,+}=-T_{h,-}=T_0$，$\widetilde{x}_h(T_{h,+})=x_0$，$\widetilde{x}_h(T_{h,-})=x_0$，则

$$T_0=\frac{1}{\sqrt{b}}\operatorname{arcsech}\left(\sqrt{\frac{c}{2b}}x_0\right)$$

对未扰系统(4-31)，当参数取 $b=1$，$c=1$，$x_0=1$ 时，画出未扰系统(4-31)的相图，如图4.7所示。从图中可以看出，系统存在同宿周期轨。

系统(4-30)的 Melnikov 函数为

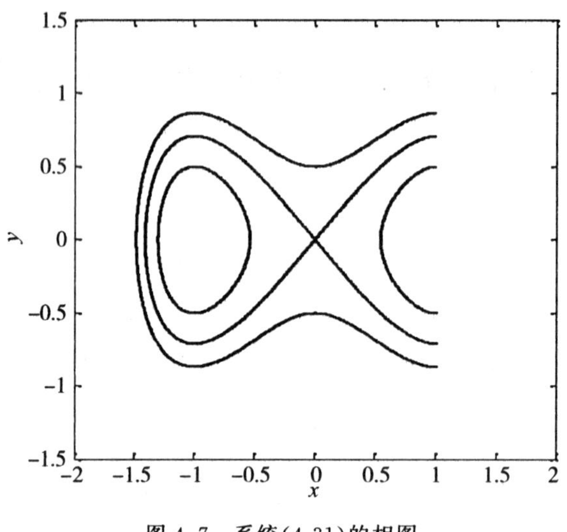

图 4.7　系统(4-31)的相图

$$M(t_0)=\int_{-\infty}^{T_{h,-}} F(X_h(\tau)) \wedge G(X_h(\tau),\ \tau+t_0)\mathrm{d}\tau+\int_{T_{h,+}}^{+\infty} F(X_h(\tau)) \wedge G(X_h(\tau),\ \tau+t_0)\mathrm{d}\tau-2\alpha\int_0^{x0} f(x_h(\tau))\mathrm{d}x_h(\tau)$$

$$=\frac{4ab\sqrt{b}}{3c}-\frac{16ab^3\sqrt{b}}{35c^2}-b\alpha x_0^2+\frac{c\alpha}{2}x_0^4-rb\sqrt{\frac{2}{c}}\int_{-\infty}^{+\infty}\mathrm{sech}(\sqrt{b}(\tau+T_0))\cdot \tanh(\sqrt{b}(\tau+T_0))\cos(\omega(\tau+t_0))\mathrm{d}\tau$$

令 $M(t_0)=0$，得到

$$a=\frac{210b\alpha c^2x_0^2-105c^3\alpha x_0^4}{280bc\sqrt{b}-96b^3\sqrt{b}}+\frac{210rbc\ \sqrt{2c}\int_{-\infty}^{+\infty}\mathrm{sech}(\sqrt{b}(\tau+T_0))\tanh(\sqrt{b}(\tau+T_0))\mathrm{d}\tau}{280bc\sqrt{b}-96b^3\sqrt{b}}$$

令

$$\bar{a}=\frac{210b\alpha c^2x_0^2-105c^3\alpha x_0^4}{280bc\sqrt{b}-96b^3\sqrt{b}} \tag{4-32}$$

由 Melnikov 定理知道，当 $a>\bar{a}$ 时，系统(4-30)的稳定流形与不稳定流形会横截相交，系统(4-30)会出现 Smale 马蹄意义下的混沌。当 $r=2.0$，$b=1.1$，$c=4.0$，$\omega=3$，$x_0=0.5$ 时，由(4-32)可得

$$\bar{a}=0.4352\alpha \tag{4-33}$$

图 4.8 给出了混沌阈值图。图 4.8 中曲线上方的参数组合满足关系式 $a>\bar{a}$，它们会

导致系统(4-30)的稳定流形和不稳定流形横截相交，由经典的 Menikov 定理知道，系统(4-30)会出现 Smale 马蹄意义下的混沌。反之，在该线之下的参数组合，将不能使系统(4-30)的稳定流形和不稳定流形相交，不会出现 Smale 马蹄意义下的混沌。

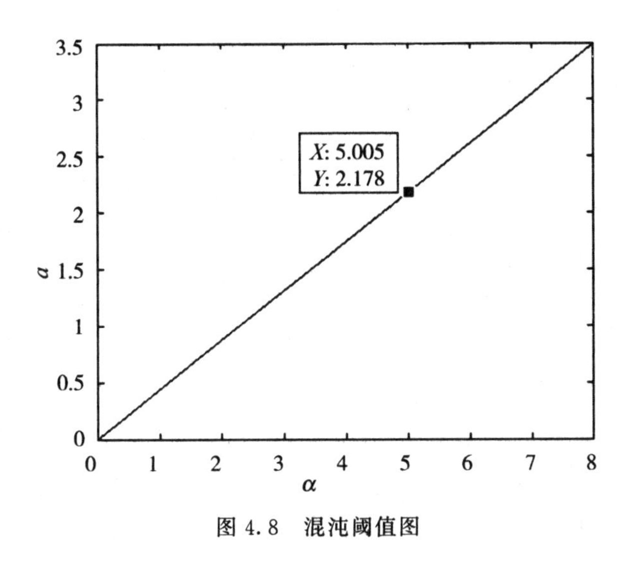

图 4.8 混沌阈值图

为验证上述理论结果的正确性，取 $r=2.0$，$b=1.1$，$c=4.0$，$\omega=3$，$x_0=0.5$，画出参数 a 和 α 的分岔图，如图 4.9 所示。从图中可以明显地看出系统(4-30)存在周期 1 运

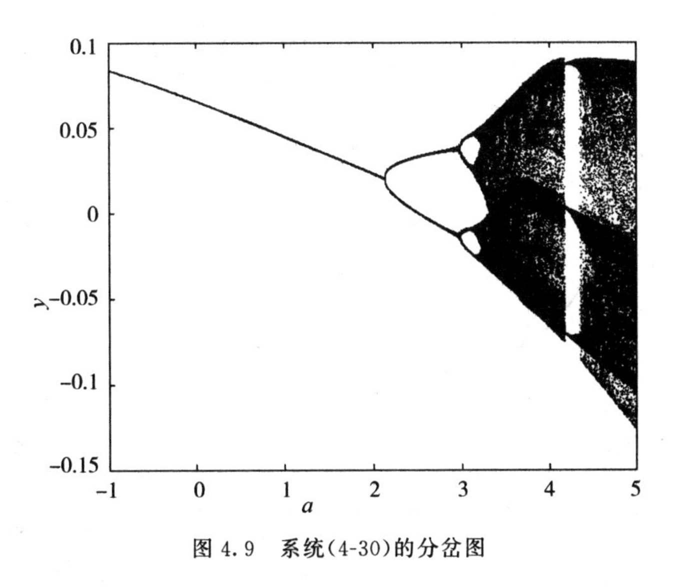

图 4.9 系统(4-30)的分岔图

动，并通过两次倍周期分岔进入混沌状态。并且分岔图的结果和(4-32)式的理论结果吻合较好，从(4-32)式知道，当 $\alpha=5$，$\bar{a}=2.176$，即当 $a>2.176$ 时，系统将会出现混沌，而图 4.9 中，也是在这个数值之后出现混沌现象。

取 $a=1$，$\alpha=5$，该组合点在图 4.8 的阈值线之下，处于稳定区域，应为周期运动。同时取 $r=2.0$，$b=1.1$，$c=4.0$，$\omega=3$，$x_0=0.5$，得到此时的相图，如图 4.10(a)所

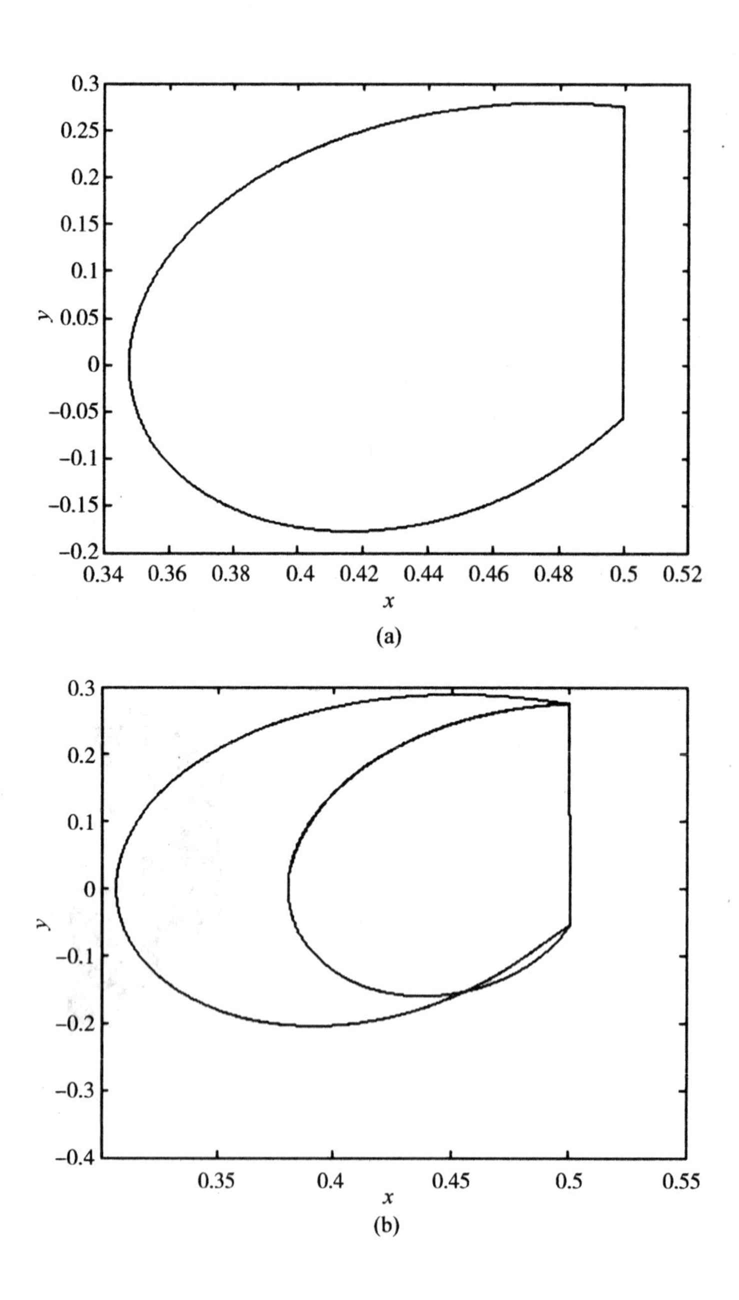

(a)

(b)

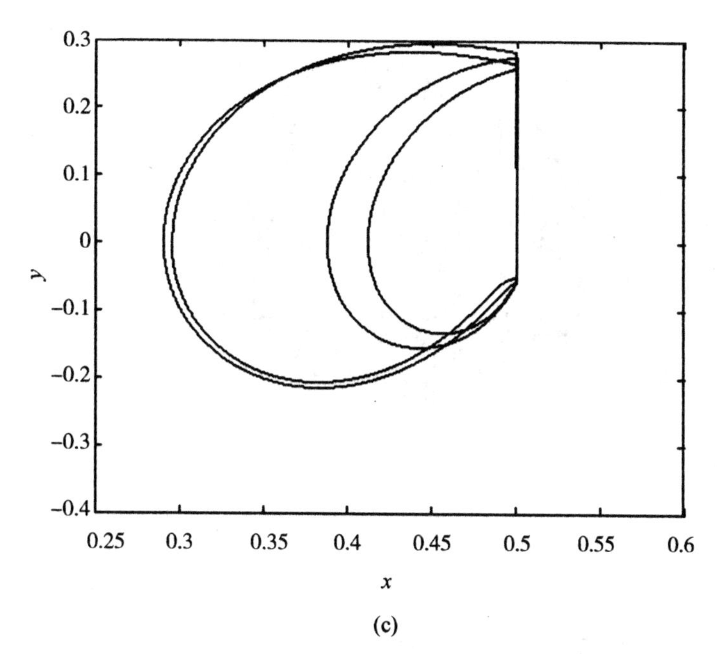

(c)

(a) $a=1$ 时的周期 1 运动，(b) $a=2.0$ 时的周期 2 运动，(c) $a=2.8$ 时的周期 4 运动

图 4.10 系统(4-30)做周期运动时的相图

示，从图中可以看出，此时系统为周期 1 运动。取 $a=2.5$，$\alpha=5$，该组合点在图 4.8 的阈值线之下，处于稳定区域，应为周期运动，画出此时的相图，如图 4.10(b)所示，为周期 2 运动。取 $a=2.8$，$\alpha=5$，该组合点在图 4.8 的阈值线之下，应为周期运动，画出此时的相图，如图 4.10(c)所示，为周期 4 运动。

取 $a=3.1$，$\alpha=5$，该参数组合在图 4.8 中阈值线之上，处于混沌区域，应为混沌运动状态。同时取 $r=2.0$，$b=1.1$，$c=4.0$，$\omega=3$，$x_0=0.5$，画出此时的相图，如图 4.11 所示，从图中可以看出，此时系统为混沌运动，此与理论结果相符。需要说明的是，从图 4.11 可以观察到在 x_0 的右侧，也有曲线出现，而不是像碰撞系统那样只会在 x_0 的左侧出现曲线，这是正常现象，这也是脉冲系统和碰撞系统的区别之一。

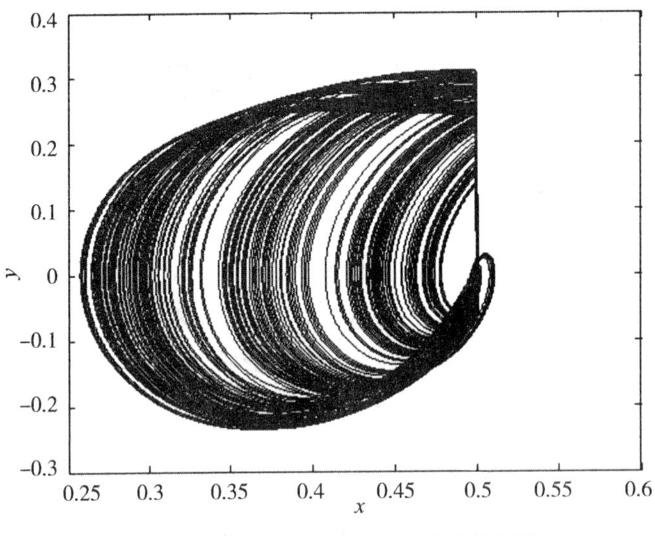

图 4.11　系统(4-30)的混沌运动时的相图

4.5　一般脉冲系统的 Melnikov 方法

脉冲系统一般可表示为如下形式：

$$\begin{cases}\dot{X}=F(t,\ X)+\varepsilon G(t,\ X), & t\neq\tau_i,\ i=1,\ 2,\ \cdots\\ y(\tau_i^+)=-(1-\varepsilon\alpha)y(\tau_i^-), & t=\tau_i,\ i=1,\ 2,\ \cdots\end{cases}\tag{4-34}$$

其中，$X=(x,\ y)^{\mathrm{T}}$，$F(X)=(y,\ f(x))^{\mathrm{T}}$，$G(t,\ X)=(0,\ g(t,\ X))^{\mathrm{T}}$，$G(t,\ X)$ 关于 t 的周期为 T，τ_i 表示脉冲发生时刻，$y(\tau_i^-)$，$y(\tau_i^+)$ 分别表示脉冲发生前、后 y 的状态，记

$$\Gamma=\{\tau_i:\ i=1,\ 2,\ \cdots,\ \tau_1<\tau_2<\cdots<\tau_i<\tau_{i+1}<\cdots\}$$

满足 $\lim\limits_{\to\infty}\tau_i=+\infty$，$\tau_{i+1}-\tau_i=T$，即每个周期内发生一次脉冲激励。且假设 $F(t,\ 0)=0$，$G(t,\ 0)=0$，故系统(4-34)有平凡解。在本节中，总假设存在唯一的同宿轨 $X(t)$ 满足系统(4-34)，且 $X(t)$ 左连续，即

$$X(\tau_i^-)=\lim_{t\to\tau_i-0}X(t)=X(\tau_i),$$

且每一点处右侧极限存在，即

$$X(\tau_i^+)=\lim_{t\to\tau_i+0}X(t)。$$

一般脉冲系统如图 4.12 所示。

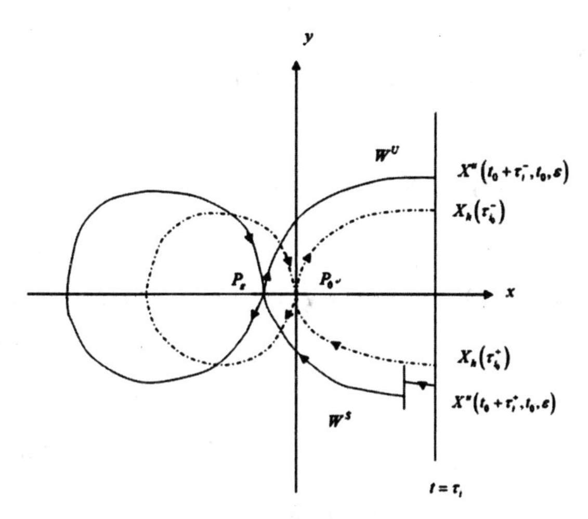

图 4.12 一般脉冲系统示意图

当 $\varepsilon=0$ 时，可得未扰系统

$$\begin{cases}\dot{X}=F(X), & t\neq\tau_{i0}, \ i=1, 2, \cdots \\ y(\tau_i^+)=-y(\tau_i^-), & t=\tau_{i0}, \ i=1, 2, \cdots\end{cases} \tag{4-35}$$

系统(4-35)是一个 Hamilton 系统，存在双曲鞍点 $P_0(0, 0)$ 和一条连接 P_0 的双曲轨道 $X_h(t)=(x_h(t), y_h(t))^{\mathrm{T}}$，如图 4.12 所示。其中 τ_{i0} 为未扰系统(4-35)发生脉冲的时间，且有

$$\tau_i^{\pm}=\tau_{i0}^{\pm}+\varepsilon T_{1;\pm}^{u;s}+o(\varepsilon^2) \tag{4-36}$$

定义全局横截面

$$\sum\nolimits_{t_0}=\{(t, X)\in R_{t_0}\times R^n \mid t=t_0\in[0, T)\}$$

对充分小的 ε，系统(4-34)存在绕 $P_\varepsilon=P_0+o(\varepsilon)$ 的同宿双曲周期轨道

$$X_\varepsilon^{u,s}(t+t_0, t_0, \varepsilon)=(x_\varepsilon^{u,s}(t+t_0, t_0, \varepsilon), y_\varepsilon^{u,s}(t+t_0, t_0, \varepsilon))^{\mathrm{T}}$$

该双曲周期轨道可展开成如下的一致有效的渐近展开式：

$$X^u(t, t_0, \varepsilon)=X_h(t-t_0)+\varepsilon X_1^u(t, t_0)+o(\varepsilon^2), \ t\in(-\infty, t_0] \tag{4-37}$$

$$X^s(t, t_0, \varepsilon)=X_h(t-t_0)+\varepsilon X_1^s(t, t_0)+o(\varepsilon^2), \ t\in[t_0, +\infty) \tag{4-38}$$

其中的 $X_1^{u,s}(t, t_0)$ 满足如下的变分式子：

$$\dot{X}_1^u(t, t_0)=DF(X_h(t-t_0))X_1^u(t, t_0)+G(X_h(t-t_0)),\ t\in(-\infty, t_0] \tag{4-39}$$

$$\dot{X}_1^s(t, t_0)=DF(X_h(t-t_0))X_1^s(t, t_0)+G(X_h(t-t_0)),\ t\in[t_0, +\infty) \tag{4-40}$$

考察稳定流形与不稳定流形之间的距离 $X^u(t_0, t_0, \varepsilon)-X^s(t_0, t_0, \varepsilon)$ 在 $F(X_h(t))$ 法向上的投影：

$$\begin{aligned}V(t, t_0)&=F(X_h(t-t_0))\wedge[X^u(t, t_0, \varepsilon)-X^s(t, t_0, \varepsilon)]\\&=F(X_h(t-t_0))\wedge X^u(t, t_0, \varepsilon)-F(X_h(t-t_0))\wedge X^s(t, t_0, \varepsilon)\\&=V^u(t, t_0)-V^s(t, t_0)\end{aligned} \tag{4-41}$$

其中 $\wedge$ 表示楔积运算，即 $\boldsymbol{a}=(a_1, a_2)^{\mathrm{T}}$， $\boldsymbol{b}=(b_1, b_2)^{\mathrm{T}}$，则 $\boldsymbol{a}\wedge\boldsymbol{b}=a_1b_2-a_2b_1$。

$$V^u(t, t_0)=F(X_h(t-t_0))\wedge X^u(t, t_0, \varepsilon)$$

$$V^s(t, t_0)=F(X_h(t-t_0))\wedge X^s(t, t_0, \varepsilon)$$

由(4-37)式，(4-38)式，(4-39)式，(4-40)式，(4-41)式可得

$$\begin{aligned}V(t, t_0)&=F(X_h(t-t_0))\wedge[X^u(t, t_0, \varepsilon)-X^s(t, t_0, \varepsilon)]\\&=\varepsilon F(X_h(t-t_0))\wedge X_1^u(t, t_0, \varepsilon)-\varepsilon F(X_h(t-t_0))\wedge X^s(t, t_0, \varepsilon)\\&=V_1^u(t, t_0)-V_1^s(t, t_0)\end{aligned} \tag{4-42}$$

其中，

$$V_1^u(t, t_0)=\varepsilon F(X_h(t-t_0))\wedge X_1^u(t, t_0, \varepsilon)$$

$$V_1^s(t, t_0)=\varepsilon F(X_h(t-t_0))\wedge X_1^s(t, t_0, \varepsilon)$$

类似于光滑系统的推导，可得

$$\Delta_1^{u,s}(t, t_0)=\varepsilon F(X_h(t-t_0))\wedge G(t, X_h(t-t_0)) \tag{4-43}$$

并且由(4-42)式可得下面的表达式：

$$\begin{aligned}V(t_0, t_0)=V_1^u(t_0, t_0)-V_1^s(t_0, t_0)&\\=[\Delta_1^u(t_0, t_0)-\Delta_1^u(t_0+T_{h,+}, t_0)]&\\+[\Delta_1^u(t_0+T_{h,+}, t_0)-\Delta_1^u(t_0+T_{h,-}, t_0)]&\\+[\Delta_1^u(t_0+T_{h,-}, t_0)-\Delta_1^u(-\infty, t_0)]&\\+[\Delta_1^u(+\infty, t_0)-\Delta_1^s(t_0, t_0)]&\end{aligned} \tag{4-44}$$

由光滑系统的 Melnikov 函数，可得

$$\Delta_1^u(+\infty,\ t_0)-\Delta_1^s(t_0,\ t_0)=\varepsilon\int_0^{+\infty}F(X_h(\tau))\wedge G(\tau+t_0,\ X_h(\tau))\mathrm{d}\tau \tag{4-45}$$

$$\Delta_1^u(t_0,\ t_0)-\Delta_1^u(t_0+T_{h,+},\ t_0)=-\varepsilon\int_0^{\tau_{i0}^+}F(X_h(\tau))\wedge G(\tau+t_0,\ X_h(\tau))\mathrm{d}\tau \tag{4-46}$$

$$\Delta_1^u(t_0+T_{h,-},\ t_0)-\Delta_1^u(-\infty,\ t_0)=\varepsilon\int_{-\infty}^{\tau_{i0}^-}F(X_h(\tau))\wedge G(\tau+t_0,\ X_h(\tau))\mathrm{d}\tau \tag{4-47}$$

下面来推导 $\Delta_1^u(t_0+T_{h,+},\ t_0)-\Delta_1^u(t_0+T_{h,-},\ t_0)$ 的结果。由(4-36)式可得如下的泰勒展开式：

$$\begin{aligned}X^u(t_0+\tau_i^+,\ t_0,\ \varepsilon)&=X^u(t_0+\tau_{i0}^++\varepsilon T_{1+}^u+o(\varepsilon^2),\ t_0,\ \varepsilon)\\&=X^u(t_0+\tau_{i0}^+,\ t_0,\ \varepsilon)+\varepsilon T_{1+}^u\dot{X}^u(t_0+\tau_{i0}^+,\ t_0,\ \varepsilon)+o(\varepsilon^2)\end{aligned} \tag{4-48}$$

由于 $X^u(t_0+\tau_{i0}^+,\ t_0,\ \varepsilon)$ 是系统(4-34)的解，故有

$$\dot{X}^u(t_0+\tau_{i0}^+,\ t_0,\ \varepsilon)=F(X^u(t_0+\tau_{i0}^+,\ t_0,\ \varepsilon))+\varepsilon G(t_0+\tau_{i0}^+,\ X^u(t_0+\tau_{i0}^+,\ t_0,\ \varepsilon))$$

代入(4-48)式可得

$$X^u(t_0+\tau_i^+,\ t_0,\ \varepsilon)=X^u(t_0+\tau_{i0}^+,\ t_0,\ \varepsilon)+\varepsilon T_{1+}^uF(X^u(t_0+\tau_{i0}^+,\ t_0,\ \varepsilon))+o(\varepsilon^2) \tag{4-49}$$

由(4-38)式知

$$X^u(t_0+\tau_{i0}^+,\ t_0,\ \varepsilon)=X_h(\tau_{i0}^+)+\varepsilon X_1^u(t_0+\tau_{i0}^+,\ t_0)+o(\varepsilon^2)$$

从而可有如下的泰勒展开式：

$$F(X^u(t_0+\tau_{i0}^+,\ t_0,\ \varepsilon))=F(X_h(\tau_{i0}^+))+o(\varepsilon) \tag{4-50}$$

由于 $V^{u,s}(t,\ t_0)=F(X_h(t-t_0))\wedge X^{u,s}(t,\ t_0,\ \varepsilon)$ 及(4-36)和(4-49)式知

$$\begin{aligned}V^u(t_0+\tau_{i0}^+,\ t_0)&=F(X_h(\tau_{i0}^+))\wedge X^u(t_0+\tau_{i0}^+,\ t_0,\ \varepsilon)\\&=F(X_h(\tau_{i0}^+))\wedge(X^u(t_0+\tau_i^+,\ t_0,\ \varepsilon)-\varepsilon T_{1+}^uF(X^u(t_0+\tau_{i0}^+,\ t_0,\ \varepsilon)))\\&=F(X_h(\tau_{i0}^+))\wedge(X^u(t_0+\tau_i^+,\ t_0,\ \varepsilon)-\varepsilon T_{1+}^uF(X^u(\tau_{i0}^+,\ t_0,\ \varepsilon)))\\&=\begin{pmatrix}y_h(\tau_{i0}^+)\\f(x_h(\tau_{i0}^+))\end{pmatrix}\wedge\begin{pmatrix}x^u(t_0+\tau_i^+,\ t_0,\ \varepsilon)-\varepsilon T_{1+}^uy_h(\tau_{i0}^+)\\y^u(t_0+\tau_i^+,\ t_0,\ \varepsilon)-\varepsilon T_{1+}^uf(x_h(\tau_{i0}^+))\end{pmatrix}\\&=y_h(\tau_{i0}^+)y^u(t_0+\tau_i^+,\ t_0,\ \varepsilon)-x^u(t_0+\tau_i^+,\ t_0,\ \varepsilon)f(x_h(\tau_{i0}^+))\end{aligned} \tag{4-51}$$

同样的方法可以得到

$$V^u(t_0+\tau_{i0}^-,\ t_0)=y_h(\tau_{i0}^-)y^u(t_0+\tau_i^-,\ t_0,\ \varepsilon)-x^u(t_0+\tau_i^-,\ t_0,\ \varepsilon)f(x_h(\tau_{i0}^-)) \tag{4-52}$$

另一方面，

$$\begin{aligned}
&V^u(t_0+\tau_{i0}^+,\ t_0)-V^u(t_0+\tau_{i0}^-,\ t_0)\\
&=F(X_h(\tau_{i0}^+))\wedge X^u(t_0+\tau_{i0}^+,\ t_0,\ \varepsilon)-F(X_h(\tau_{i0}^-))\wedge X^u(t_0+\tau_{i0}^-,\ t_0,\ \varepsilon)\\
&=F(X_h(\tau_{i0}^+))\wedge(X_h(\tau_{i0}^+)+\varepsilon X_1^u(t_0+\tau_{i0}^+,\ t_0)+o(\varepsilon^2))\\
&-F(X_h(\tau_{i0}^-))\wedge(X_h(\tau_{i0}^-)+\varepsilon X_1^u(t_0+\tau_{i0}^-,\ t_0)+o(\varepsilon^2))\\
&=F(X_h(\tau_{i0}^+))\wedge X_h(\tau_{i0}^+)-F(X_h(\tau_{i0}^-))\wedge X_h(\tau_{i0}^-)\\
&\quad+\varepsilon(F(X_h(\tau_{i0}^+))\wedge X_1^u(t_0+\tau_{i0}^+,\ t_0)-F(X_h(\tau_{i0}^-))\wedge X_1^u(t_0+\tau_{i0}^-,\ t_0))
\end{aligned}$$

其中，

$$\begin{aligned}
&F(X_h(\tau_{i0}^+))\wedge X_h(\tau_{i0}^+)-F(X_h(\tau_{i0}^-))\wedge X_h(\tau_{i0}^-)\\
&=\begin{pmatrix}y_h(\tau_{i0}^+)\\ f(x_h(\tau_{i0}^+))\end{pmatrix}\wedge\begin{pmatrix}x_h(\tau_{i0}^+)\\ y_h(\tau_{i0}^+)\end{pmatrix}-\begin{pmatrix}y_h(\tau_{i0}^-)\\ f(x_h(\tau_{i0}^-))\end{pmatrix}\wedge\begin{pmatrix}x_h(\tau_{i0}^-)\\ y_h(\tau_{i0}^-)\end{pmatrix}\\
&=(y_h(\tau_{i0}^+))^2-(y_h(\tau_{i0}^-))^2-x_h(\tau_{i0}^+)f(x_h(\tau_{i0}^+))+x_h(\tau_{i0}^-)f(x_h(\tau_{i0}^-))=0
\end{aligned}$$

注意到

$$x^u(t_0+\tau_i^+,\ t_0,\ \varepsilon)=x^u(t_0+\tau_i^-,\ t_0,\ \varepsilon),\ x_h(\tau_{i0}^+)=x_h(\tau_{i0}^-)$$

$$f(x_h(\tau_{i0}^+))=f(x_h(\tau_{i0}^-))$$

结合(4-51)式及(4-52)式知道

$$\begin{aligned}
&V^u(t_0+\tau_{i0}^+,\ t_0)-V^u(t_0+\tau_{i0}^-,\ t_0)=V_1^u(t_0+\tau_{i0}^+,\ t_0)-V_1^u(t_0+\tau_{i0}^-,\ t_0)\\
&=y_h(\tau_{i0}^+)y^u(t_0+\tau_i^+,\ t_0,\ \varepsilon)-y_h(\tau_{i0}^-)y^u(t_0+\tau_i^-,\ t_0,\ \varepsilon)
\end{aligned} \tag{4-53}$$

且由

$$y^u(t_0+\tau_{i0}^+,\ t_0,\ \varepsilon)=-(1-\varepsilon\alpha)y^u(t_0+\tau_{i0}^-,\ t_0,\ \varepsilon) \tag{4-54}$$

$$y^u(t_0+\tau_i^+,\ t_0,\ \varepsilon)=y_h(\tau_i^+)+\varepsilon y_1^u(t_0+\tau_i^-,\ t_0,\ \varepsilon)+o(\varepsilon^2) \tag{4-55}$$

其中

$$\begin{aligned}
y_h(\tau_i^+)&=y_h(\tau_{i0}^++\varepsilon T_{1+}^u+o(\varepsilon^2))=y_h(\tau_{i0}^+)+\varepsilon T_{1+}^u\dot{y}_h(\tau_{i0}^+)+o(\varepsilon^2)\\
&=y_h(\tau_{i0}^+)+\varepsilon T_{1+}^u f(x_h(\tau_{i0}^+))+o(\varepsilon^2)
\end{aligned} \tag{4-56}$$

$$\begin{aligned}
y_1^u(t_0+\tau_i^+,\ t_0)&=y_1^u(t_0+\tau_{i0}^++\varepsilon T_{1+}^u+o(\varepsilon^2),\ t_0)\\
&=y_1^u(t_0+\tau_{i0}^+)+\varepsilon T_{1+}^u\dot{y}_1(t_0+\tau_{i0}^+,\ t_0)+o(\varepsilon^2)
\end{aligned} \tag{4-57}$$

将(4-56)式，(4-57)式代入(4-55)式中可得

$$y^u(t_0+\tau_i^+, t_0, \varepsilon)=y_h(\tau_{i0}^+)+\varepsilon T_{1+}^u f(x_h(\tau_{i0}^+))+\varepsilon y_1^u(t_0+\tau_{i0}^+, t_0)+o(\varepsilon^2) \tag{4-58}$$

同理可得

$$y^u(t_0+\tau_i^-, t_0, \varepsilon)=y_h(\tau_{i0}^-)+\varepsilon T_{1+}^u f(x_h(\tau_{i0}^-))+\varepsilon y_1^u(t_0+\tau_{i0}^-, t_0)+o(\varepsilon^2) \tag{4-59}$$

由(4-53)式知道

$$\begin{aligned}
&V_1^u(t_0+\tau_{i0}^+, t_0)-V_1^u(t_0+\tau_{i0}^-, t_0)\\
&=y_h(\tau_{i0}^+)y^u(t_0+\tau_i^+, t_0, \varepsilon)-y_h(\tau_{i0}^-)y^u(t_0+\tau_i^-, t_0, \varepsilon)\\
&=-y_h(\tau_{i0}^-)(\varepsilon\alpha-1)y^u(t_0+\tau_i^-, t_0, \varepsilon)-y_h(\tau_{i0}^-)y^u(t_0+\tau_i^-, t_0, \varepsilon)\\
&=-\varepsilon\alpha y_h(\tau_{i0}^-)y^u(t_0+\tau_i^-, t_0, \varepsilon)=-\varepsilon\alpha\ (y_h(\tau_{i0}^-))^2+o(\varepsilon^2)
\end{aligned} \tag{4-60}$$

且

$$(y_h(\tau_{i0}^-))^2=2\int_{-\infty}^{\tau_{i0}^-} y_h{}'t)y'_h(t)\mathrm{d}t=2\int_{-\infty}^{\tau_{i0}^-} y_h(t)f(x_h(t))\mathrm{d}t$$

从而有

$$V_1^u(t_0+\tau_{i0}^+, t_0)-V_1^u(t_0+\tau_{i0}^-, t_0)=-2\varepsilon\alpha\int_{-\infty}^{\tau_{i0}^-} y_h(t)f(x_h(t))\mathrm{d}t \tag{4-61}$$

由(4-44)式，(4-45)式，(4-46)式，(4-47)式及(4-61)式知

$$\begin{aligned}
V(t_0, t_0)=\varepsilon\Big\{&\int_0^{+\infty} F(X_h(\tau))\wedge G(\tau+t_0, X_h(\tau))\mathrm{d}\tau-\int_0^{\tau_{i0}^+} F(X_h(\tau))\wedge G(\tau+t_0, X_h(\tau))\mathrm{d}\tau\\
&+\int_{-\infty}^{\tau_{i0}^-} F(X_h(\tau))\wedge G(\tau+t_0, X_h(\tau))\mathrm{d}\tau-2\alpha\int_{-\infty}^{\tau_{i0}^-} y_h(\tau)f(x_h(\tau))\mathrm{d}\tau\Big\}\\
=\varepsilon\Big\{&\int_{\tau_{i0}^+}^{+\infty} F(X_h(\tau))\wedge G(\tau+t_0, X_h(\tau))\mathrm{d}\tau+\int_{-\infty}^{\tau_{i0}^-} F(X_h(\tau))\wedge G(\tau+t_0,\\
&X_h(\tau))\mathrm{d}\tau-2\alpha\int_{-\infty}^{\tau_{i0}^-} y_h(\tau)f(x_h(\tau))\mathrm{d}\tau\Big\}
\end{aligned}$$

取

$$\begin{aligned}
M(t_0)=&\int_{\tau_{i0}^+}^{+\infty} F(X_h(\tau))\wedge G(\tau+t_0, X_h(\tau))\mathrm{d}\tau+\int_{-\infty}^{\tau_{i0}^-} F(X_h(\tau))\wedge G(\tau+t_0,\\
&X_h(\tau))\mathrm{d}\tau-2\alpha\int_{-\infty}^{\tau_{i0}^-} y_h(\tau)f(x_h(\tau))\mathrm{d}\tau
\end{aligned} \tag{4-62}$$

由混沌研究中的经典 Melnikov 方法知道[16]，系统(4-34)的 Melnikov 定理如下：

定理 对系统(4-34)及充分小的 ε，系统(4-34)的一阶 Melnikov 函数定义为(4-62)式。若(4-62)式出现简单零点，即存在 t_0，使得 $M(t_0)=0$，$M'(t_0)=0$，由 Smale-Birkhoff 定

理，系统(4-34)的稳定流形与不稳定流形将会横截相交，系统(4-34)将会出现 Smale 马蹄意义下的混沌。

4.6 脉冲信号作用下 Duffing 系统的混沌预测

为验证本节定理的正确性，考察如下脉冲信号作用下的 Duffing 系统：

$$\begin{cases} \dot{X} = F(t, X) + \varepsilon G(t, X), & t \neq \tau_i, \ i = 1, 2, \cdots \\ y(\tau_i^+) = -(1 - \varepsilon\alpha) y(\tau_i^-), & t = \tau_i, \ i = 1, 2, \cdots \end{cases} \tag{4-63}$$

其中，$X = (x, y)^{\mathrm{T}}$，$F(X) = (y, f(x))^{\mathrm{T}} = (y, bx - cx^3)^{\mathrm{T}}$，$\tau_{i+1} - \tau_i = \dfrac{2\pi}{\omega}$，$i = 1, 2, \cdots$，$G(t, x) = (0, g(t, x))^{\mathrm{T}} = (0, -ay + r\cos(\omega t))^{\mathrm{T}}$。当 $\varepsilon = 0$ 时，可得如下的未扰系统：

$$\begin{cases} \dot{X} = F(X), & t \neq \tau_{i0}, \quad i = 1, 2, \cdots \\ y(\tau_i^+) = -y(\tau_i^-), & t = \tau_{i0}, \quad i = 1, 2, \cdots \end{cases} \tag{4-64}$$

系统(4-64)是一个 Hamilton 系统，相应的 Hamilton 函数为 $H(x, y) = \dfrac{1}{2}y^2 - \dfrac{b}{2}x^2 + \dfrac{c}{4}x^4$，系统(4-64)有两个中心 $\left(\sqrt{\dfrac{b}{c}}, 0\right)$，$\left(-\sqrt{\dfrac{b}{c}}, 0\right)$ 及鞍点 (0, 0)。连接鞍点的两条同宿轨 $\Phi(t) = (x_h(t), y_h(t))^{\mathrm{T}}$ 可表示为

$$\Phi(t) = \begin{cases} \widetilde{\Phi}(t + \tau_{i0}^-), & t < 0 \\ \widetilde{\Phi}(t + \tau_{i0}^+), & t \geqslant 0 \end{cases}$$

其中，$\widetilde{\Phi}(t) = (\tilde{x}_h(t), \tilde{y}_h(t))^{\mathrm{T}} = \left(\sqrt{\dfrac{2b}{c}}\operatorname{sech}(\sqrt{b}t), -b\sqrt{\dfrac{2}{c}}\operatorname{sech}(\sqrt{b}t)\tanh(\sqrt{b}t)\right)^{\mathrm{T}}$，$\tau_{i0}^+$，$\tau_{i0}^-$ 是轨道 $(\tilde{x}_h(t), \tilde{y}_h(t))^{\mathrm{T}}$ 发生脉冲的时刻，由工程实际知道，脉冲效应一般是瞬时完成的，故可以设 $\tau_{i0}^+ = \tau_{i0}^- = T_0$。

由(4-62)知道，系统(4-63)的 Melnikov 函数为：

$$M(t_0) = \int_{\tau_{i0}^+}^{+\infty} F(X_h(\tau)) \wedge G(\tau + t_0, X_h(\tau))\mathrm{d}\tau + \int_{-\infty}^{\tau_{i0}^-} F(X_h(\tau)) \wedge G(\tau + t_0, X_h(\tau))\mathrm{d}\tau - 2\alpha\int_{-\infty}^{\tau_{i0}^-} y_h(\tau) f(x_h(\tau))\mathrm{d}\tau$$

$$
\begin{aligned}
&= \int_{\tau_{i0}^{+}}^{+\infty} [-a y_h^2(\tau) + r y_h(\tau)\cos(\omega(\tau + t_0))]\,\mathrm{d}\tau \\
&\quad + \int_{-\infty}^{\tau_{i0}^{-}} [-a y_h^2(\tau) + r y_h(\tau)\cos(\omega(\tau + t_0))]\,\mathrm{d}\tau \\
&\quad - 2\alpha \int_{-\infty}^{\tau_{i0}^{-}} [b x_h(\tau) y_h(\tau) - c x_h^3(\tau) y_h(\tau)]\,\mathrm{d}\tau
\end{aligned}
\tag{4-65}
$$

其中

$$
\begin{aligned}
&-2\alpha \int_{-\infty}^{\tau_{i0}^{-}} [b x_h(\tau) y_h(\tau) - c x_h^3(\tau) y_h(\tau)]\,\mathrm{d}\tau = \left[-b\alpha x_h^2(\tau) + \frac{c\alpha}{2} x_h^4(\tau)\right]\Bigg|_{-\infty}^{\tau_{i0}^{-}} \\
&= \left[-b\alpha \frac{2b}{c}\operatorname{sech}^2\sqrt{b}(\tau - t_0) + \frac{c\alpha}{2}\frac{4b^2}{c^2}\operatorname{sech}^4\sqrt{b}(\tau - t_0)\right]\Bigg|_{-\infty}^{\tau_{i0}^{-}} \\
&= -\frac{2b^2\alpha}{c}\operatorname{sech}^2(2\sqrt{b}\tau_{i0}^{-}) + \frac{2b^2\alpha}{c}\operatorname{sech}^4(2\sqrt{b}\tau_{i0}^{-})
\end{aligned}
\tag{4-66}
$$

$$
\begin{aligned}
&\int_{\tau_{i0}^{+}}^{+\infty} [-a y_h^2(\tau) + r y_h(\tau)\cos(\omega(\tau + t_0))]\,\mathrm{d}\tau + \int_{-\infty}^{\tau_{i0}^{-}} [-a y_h^2(\tau) + r y_h(\tau)\cos(\omega(\tau + t_0))]\,\mathrm{d}\tau \\
&= \left[\int_{+\infty}^{\tau_{i0}^{-}} -a y_h^2(\tau)\,\mathrm{d}\tau + \int_{\tau_{i0}^{+}}^{+\infty} -a y_h^2(\tau)\,\mathrm{d}\tau\right] \\
&\quad + r\left[\int_{-\infty}^{\tau_{i0}^{-}} y_h(\tau)\cos(\omega(\tau + t_0))\,\mathrm{d}\tau + \int_{\tau_{i0}^{+}}^{+\infty} y_h(\tau)\cos(\omega(\tau + t_0))\,\mathrm{d}\tau\right]
\end{aligned}
\tag{4-67}
$$

(4-67)式中

$$
\begin{aligned}
&\int_{+\infty}^{\tau_{i0}^{-}} -a y_h^2(\tau)\,\mathrm{d}\tau + \int_{\tau_{i0}^{+}}^{+\infty} -a y_h^2(\tau)\,\mathrm{d}\tau \\
&= -a\left[\int_{+\infty}^{\tau_{i0}^{-}} \frac{2b^2}{c}\tanh^2(\sqrt{b}(\tau + \tau_{i0}^{-}))\operatorname{sech}^2(\sqrt{b}(\tau + \tau_{i0}^{-}))\,\mathrm{d}\tau\right. \\
&\quad \left. + \int_{\tau_{i0}^{+}}^{+\infty} \frac{2b^2}{c}\tanh^2(\sqrt{b}(\tau + \tau_{i0}^{+}))\operatorname{sech}^2(\sqrt{b}(\tau + \tau_{i0}^{+}))\,\mathrm{d}\tau\right] \\
&= -\frac{2ab\sqrt{b}}{3c}\left[\tanh^3(\sqrt{b}(\tau + \tau_{i0}^{-}))\Big|_{-\infty}^{\tau_{i0}^{-}} + \tanh^3(\sqrt{b}(\tau + \tau_{i0}^{+}))\Big|_{\tau_{i0}^{+}}^{+\infty}\right] \\
&= -\frac{2ab\sqrt{b}}{3c}\left[\tanh^3(2\sqrt{b}\tau_{i0}^{-}) - \tanh^3(2\sqrt{b}\tau_{i0}^{+})\right] - \frac{4ab\sqrt{b}}{3c} \\
&= -\frac{4ab\sqrt{b}}{3c}
\end{aligned}
\tag{4-68}
$$

综合以上分析可知，系统(4-63)的 Melnikov 函数为：

$$M(t_0) = -\frac{2b^2\alpha}{c}\operatorname{sech}^2(2\sqrt{b}\tau_{i0}^{+}) + \frac{2b^2\alpha}{c}\operatorname{sech}^4(2\sqrt{b}\tau_{i0}^{+}) - \frac{4ab\sqrt{b}}{3c}$$

$$-rb\sqrt{\frac{2}{c}}\int_{-\infty}^{+\infty}\operatorname{sech}(\sqrt{b}(\tau+\tau_{i0}^{+}))\tanh(\sqrt{b}(\tau+\tau_{i0}^{+}))\cos(\omega(\tau+t_0))\mathrm{d}\tau\Big]$$

令 $M(t_0)=0$，可得

$$a = \frac{-6b^2\alpha\operatorname{sech}^2(2\sqrt{b}\tau_{i0}^{+}) + 6b^2\alpha\operatorname{sech}^4(2\sqrt{b}\tau_{i0}^{+}) - \Delta}{4b\sqrt{b}}$$

其中 $\Delta = 3rb\sqrt{2c}\int_{-\infty}^{+\infty}\operatorname{sech}(\sqrt{b}(\tau+\tau_{i0}^{+}))\tanh(\sqrt{b}(\tau+\tau_{i0}^{+}))\cos(\omega(\tau+t_0))\mathrm{d}\tau$

令

$$\tilde{a} = \frac{-6b^2\alpha\operatorname{sech}^2(2\sqrt{b}\tau_{i0}^{+}) + 6b^2\alpha\operatorname{sech}^4(2\sqrt{b}\tau_{i0}^{+})}{4b\sqrt{b}}$$

根据本书定理，当 $a > \tilde{a}$ 时，将会出现混沌现象。

为验证上述理论结果的正确性，取 $a=1.5$，$b=0.35$，$c=2.325$，$\tau=1.0$，$\omega=1.025$，此时 $\tilde{a}=0.125+0.0369\alpha$，画出此时的阈值曲线图，如图 4.13 所示。

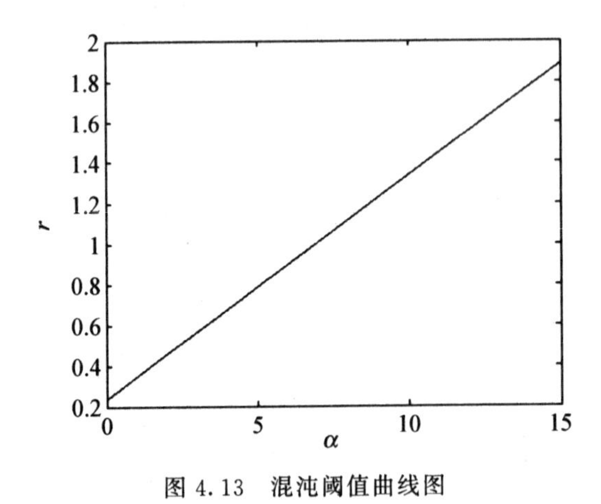

图 4.13　混沌阈值曲线图

根据本节的定理，在图 4.13 曲线之下的参数组合是稳定状态下的参数组合，系统(4-63)将处于周期运动状态；而在图 4.13 曲线之上的参数组合是混沌状态的参数组合。取参数 $\alpha=13.5$，画出分岔图，如图 4.14 所示。

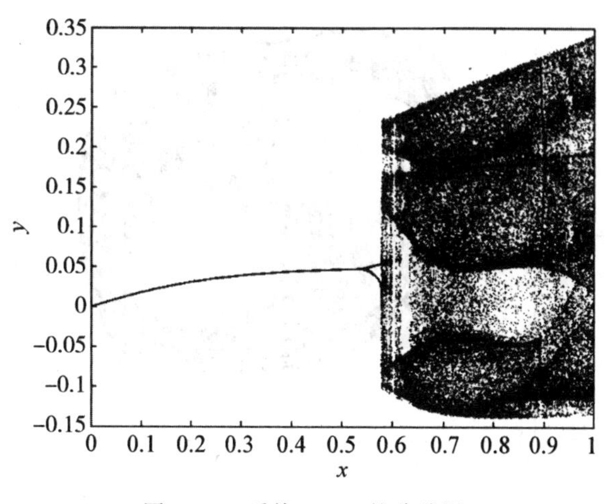

图 4.14 系统(4-63)的分岔图

取参数组合 $\alpha=13.5$，$r=1.4$，该组合在图 4.13 曲线之下，应为周期运动，画出此时的相图，为周期 1 运动，如图 4.15 所示。从图中可以看出，数值模拟结果与理论推导结果符合较好。

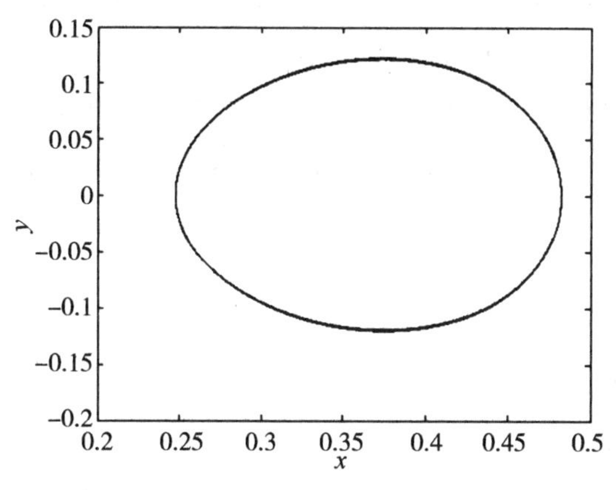

图 4.15 系统(4-63)周期状态下的相图

取参数组合 $\alpha=13.5$，$r=0.8$，这在阈值曲线之上，应为混沌运动，画出此时的相图，如图 4.16 所示。从图中可以看出，数值模拟结果与理论推导结果符合较好。

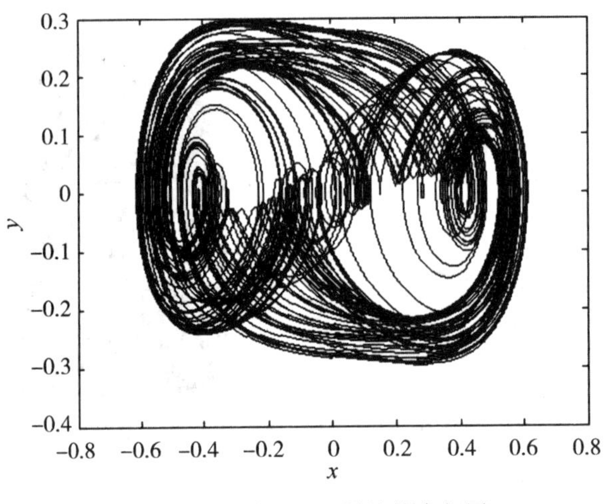

图 4.16　系统(4-63)混沌状态相图

4.7 结　　论

本章研究了定点脉冲系统及一般脉冲系统的 Melnikov 函数，分别给出了它们的 Melnikov 函数的计算方法，并在定点脉冲信号及一般脉冲信号作用下 Duffing 系统和 Duffing-Rayleigh 系统的混沌预测中应用，推导出了系统出现混沌的解析条件，最后用数值模拟验证了理论结果的正确性，说明了本章中 Melnikov 函数的有效性及方便实用性。

第5章 随机脉冲系统的 p 阶矩稳定性

5.1 引 言

脉冲微分系统是一种常见的动力系统，例如脉冲电路系统、脉冲武器系统、航空航天中的脉冲控制系统、生物及医学试验中的脉冲给药，等等。其中，脉冲控制方法的大致原理是，在一些时间点上给被控系统施加外部信号，使得系统达到预期的运动目标。脉冲系统原则上来说属于一种非光滑系统，系统会在某些时间点上受到外部信号的激励而导致系统的运动轨迹发生跳跃，从而形成一种不连续的运动状态。本书所研究的脉冲控制是对一些混沌系统，为了抑制它的混沌状态，在一些固定的时间点上，给系统以脉冲信号，从而使系统达到稳定的状态。近年来，随着计算机技术的发展，用数值方法实验，可以很容易地用脉冲方法将一些混沌系统用脉冲信号控制在稳定状态，但这只是数值仿真的结果，缺乏严格的数学理论作为保证。特别是随机混沌系统脉冲控制的稳定性问题，更是很少有文献涉及。本章将着重研究随机脉冲微分动力系统的几种典型的随机稳定性，从而为随机混沌系统的脉冲控制与脉冲同步提供理论基础。

关于确定性混沌系统脉冲控制的稳定性问题，近年来已经取得了比较完善的成果。Bainov 等[113],[114]首先在脉冲系统的研究中作出了开创性的工作，提出了脉冲微分方程的基本概念和一些基本的研究方法。Yang 等[115]~[120]着重研究了利用脉冲信号来控制混沌以及实现脉冲同步，通过脉冲系统的稳定性比较定理来判断系统是否为稳定的，进而断定系统能否利用脉冲方法实现稳定控制或者实现同步，从而为脉冲控制及同步理论奠定了基础，大大推动了脉冲微分系统的发展。但是，据作者所知，有关脉冲系统稳定性的研究大多数还集中于确定性脉冲系统，而对于随机脉冲系统稳定性的研究，目前尚处于一个起始阶段。我们知道，随机现象存在于现实生活的每一个物体、每一个事件中，例如机械部件随机受损，强风、强浪、强震以及涡流等严重随机载荷可使高层建筑、大型桥梁、海洋平台、战斗机以及火箭等航空航天、工程结构产生强烈的非线性随机振动、失稳甚至破坏，所以也需要在脉冲系统中充分考虑随机因素的影响。我们感兴趣的是随机脉冲微分系统的稳定性，这将为随机系统的脉冲控制与同步提供理论基础。

对于随机脉冲微分系统，Yang 等[181]研究了一类时滞随机脉冲微分系统的 p 阶矩稳定性问题，提出了判断时滞随机脉冲微分系统 p 阶矩稳定性的判别准则。Wu 等[182],[183]研究了一类具有跳跃性的随机微分系统的 p 阶矩稳定性问题，并给出了相应的判别定理。但是，这篇文章中关于脉冲微分方程解的假设不符合一般习惯，且判定定理的条件过于苛刻，在实际的随机混沌系统中用起来不太方便。本章在以上文献的基础上，考察了随机脉冲微分系统的稳定性问题，在更符合脉冲系统一般假设及较弱的定理条件下，尝试建立随机脉冲微分系统 p 阶矩稳定性的判定定理，并用该判定定理考察了一些常见随机脉冲系统的 p 阶矩稳定性，以检验判定定理的方便实用性。

5.2　随机系统基础知识

为了后面研究方便，下面首先介绍几种重要的随机分布。

5.2.1　正态分布

若随机变量 X 的概率密度函数是 $f(x)=\frac{1}{\sqrt{2\pi}\sigma}\mathrm{e}^{-\frac{(x-\mu)^2}{2\sigma^2}}$，$x\in(-\infty,+\infty)$，则称随机变量 X 服从均值为 μ、方差为 σ^2 的正态分布(高斯分布)，记作 $X\sim N(\mu,\sigma^2)$。数学期望和方差完全规定了正态分布随机变量的特征。正态分布中有一种用得最多的形式，是当 $\mu=0$，$\sigma^2=1$ 时的正态分布，称之为标准正态分布，记作 $X\sim N(0,1)$。

许多物理量常常被假定服从正态分布是因为中心极限定理。假定随机变量 X_i，$i=1,2,\cdots,n$ 相互独立，具有零均值与单位标准差，中心极限定理说，不管 X_i 各自分布如何，和 $S_n=\sum_{i=1}^{n}X_i$ 随 n 趋于无穷而趋向于标准正态随机变量。该定理意味着，若一随机现象是由大量随机因素造成的，且没有一个因素占优势，则可假定它为正态分布。

正态分布流行的另一个理由是它的简单数学性质，其中最重要的性质是它由均值与方差完全确定，另一个重要性质是正态随机变量的线性函数仍为正态随机变量。例如，

若 X 与 Y 是两个正态随机变量，则 $aX+bY$ 仍是正态随机变量。因而，一般的正态分布随机变量 $Y \sim N(\mu, \sigma^2)$ · 总是可由标准正态分布随机变量 $X \sim N(0, 1)$ 表示为 $Y=\sigma X+\mu$。此外，各阶矩之间还存在简单关系：

$$E(X^n)=\mu E(X^{n-1})+(n-1)\sigma^2 E(X^{n-2}), \quad n=2, 3, \cdots \tag{5-1}$$

并且，如果 $X \sim N(0, 1)$，则有

$$E(X^n)=\begin{cases}0, & n\text{ 为奇数}\\ 1\times 3\times\cdots\times(n-1), & n\text{ 为偶数}\end{cases} \tag{5-2}$$

5.2.2 二维正态分布

二维正态分布随机变量 (X_1, X_2) 的概率密度函数为

$$f(x_1, x_2)=\frac{1}{2\pi\sigma_1\sigma_2\sqrt{1-\rho^2}}\exp\left\{\frac{-1}{2(1-\rho^2)}\left[\frac{(x_1-\mu_1)^2}{\sigma_1^2}-\frac{2\rho(x_1-\mu_1)(x_2-\mu_2)}{\sigma_1\sigma_2}+\frac{(x_2-\mu_2)^2}{\sigma_2^2}\right]\right\}$$

通常记为 $(X_1, X_2)\sim N(\mu_1, \mu_2, \sigma_1^2, \sigma_2^2, \rho)$。其中，$\rho$ 称为相关系数。如果 $\rho=0$，则 X_1 与 X_2 相互独立。二维正态分布完全由期望和方差决定。

5.2.3 随机变量的模拟[219]

模拟是在得不到精确解析解时求解随机问题的一种数值手段，其主要思想是将随机问题转换成确定性问题。模拟的过程，先是产生随机变量或随机过程的样本，即将每一样本问题变成确定性的，再用已有的方法解决。因此，只要算得足够数量的解样本，就可得该问题的概率解或统计解。

模拟方法是进行随机动力学分析的常用方法。只要对每个样本可用解析或数值方法作确定性分析，它便可应用于任何随机系统。显然，其统计结果的精度取决于样本数。因此，模拟方法的主要缺点是，对庞大而复杂的系统，计算时间过长。然而，随着计算技术的快速发展，该缺点已经不复存在。

1. 随机数

为模拟已给概率分布的随机变量 X，即产生 X 的样本，首先是产生区间 [0，1] 上均匀分布的随机变量样本。设 ξ 是这样的一个随机变量，即

$$P(\xi)=1, \quad \xi\in[0, 1] \tag{5-3}$$

ξ 的样本称为随机数，记为 ξ_k， $k=1, 2, \cdots$。需要说明的是，虽然他们服从均匀

概率分布(5-3)，但他们不是真正随机的，因为他们是可以重复产生的，他们被称为伪随机数。几乎所有的程序语言与工程软件都有供产生在区间 [0，1] 上服从均匀分布伪随机数的函数。

2. 离散随机变量

设离散型随机变量 X 的分布规律如下：

$$P(X=x_i)=p_i,\quad \sum_{i=1}^{n}p_i=1$$

令 ξ 是在 [0，1] 上服从均匀分布的随机变量，且对 $\alpha\in[0,1]$ 有

$$P(\xi\leqslant\alpha)=\int_0^{\alpha}p(\theta)\mathrm{d}\theta=\alpha \tag{5-4}$$

于是

$$P(X=x_i)=p_i=\sum_{j=1}^{i}p_j-\sum_{j=1}^{i-1}p_j=P\left(\sum_{j=1}^{i-1}p_j\leqslant\xi\leqslant\sum_{j=1}^{i}p_j\right)$$

产生 X 的一个样本 X_k 的步骤是：

①产生随机数 ξ_k；

②按 $\sum_{j=1}^{i-1}p_j\leqslant\xi_k\leqslant\sum_{j=1}^{i}p_j$ 确定 i；

③取 $X_k=X_i$。

在等概率的情形下，有

$$p_1=p_2=\cdots=p_n=\frac{1}{n}$$

X 的样本可按如下方式得到：

$$X_k=x_i,\quad i=[n\xi_k]+1$$

其中，$[\cdot]$ 表示括号中的实数的整数部分。

3. 单个连续随机变量

设 ξ 是在 [0，1] 上服从均匀分布的随机变量，X 是一个分布函数为 $F_X(x)$ 的连续性随机变量，$0\leqslant F_X(x)\leqslant 1$，由(5-4)得

$$F_X(x)=P(\xi\leqslant F_X(x))=P(F_X^{-1}(\xi)\leqslant x) \tag{5-5}$$

由分布函数的定义知道 $X=F_X^{-1}(\xi)$，从而 X 的样本可按以下方式产生：

$$X_k = F_X^{-1}(\xi_k), \quad k = 1, 2, \cdots \tag{5-6}$$

其中，ξ_k 是随机数，即随机变量 ξ 的样本。

对于 $[a, b]$ 上服从均匀分布的随机变量 X，有

①密度函数 $f(x) = \begin{cases} \dfrac{1}{b-a}, & a \leqslant x \leqslant b, \\ 0, & \text{其他}; \end{cases}$

②分布函数 $F_X(x) = \dfrac{x-a}{b-a}$；

③样本 $X_k = a + (b-a)\xi_k$。

对于指数分布，有

①密度函数 $f(x) = \begin{cases} \lambda e^{-\lambda x}, & x \geqslant 0, \\ 0, & x < 0; \end{cases}$

②分布函数 $F_X(x) = 1 - e^{-\lambda x}$；

③样本 $X_k = -\dfrac{1}{\lambda}\ln(1-\xi_k)$。

对于瑞利分布，有

①密度函数 $f(x) = \begin{cases} \dfrac{x}{\sigma^2} e^{-\frac{x^2}{2\sigma^2}}, & x \geqslant 0, \\ 0, & x < 0; \end{cases}$

②分布函数 $F_X(x) = 1 - e^{-\frac{x^2}{2\sigma^2}}$；

③样本 $X_k = \sigma\sqrt{-2\ln(1-\xi_k)}$。

对于标准正态分布 $N(0, 1)$，有

①密度函数 $f(x) = \dfrac{1}{\sqrt{2\pi}} e^{-\frac{1}{2}x^2}$；

②分布函数 $F_X(x) = \dfrac{1}{\sqrt{2\pi}} \int_{-\infty}^{x} e^{-\frac{x^2}{2}} dx$；

③此时不能解析地表示 $X_k = F_X^{-1}(\xi_k)$，只能数值计算。几乎所有的程序语言与工程软件都有产生 $N(0, 1)$ 分布随机变量样本的功能。

5.2.4 随机过程基础知识

考虑一个随时间随机演化的物理现象，如地震中建筑物的振动、海洋上船舶的运动

等。以 $X(t)$ 表示随机现象中所要研究的物理量，则 $X(t_1)$，$X(t_2)$，… 是随机变量。这种随机现象可通过引进随机过程这一概念来研究，它的定义为：随机过程 $X(t)$ 是以属于指数集合 T 的 t 为参数的一簇随机变量，以 $\{X(t), t, T\}$ 表示。虽然指数集合可为各种类型，本书中如果不特殊说明，只有当指数集为时间时才称 $X(t)$ 为随机过程。另一种常见的情形是参数 t 为空间变量，称 $X(t)$ 为随机场，本书不涉及。

严格地说，随机过程是两个自变量的函数，$\{X(t, \omega): t \in T, \omega \in \Omega\}$，其中，$\Omega$ 是样本空间。对一固定时间 t，$X(t, \omega)$ 是定义在样本空间 Ω 上的随机变量；每一个关于 t 的函数 $X(t, \omega)$ 称为样本函数。

一般地说，指数集 T 可以是离散或者连续的，样本空间 Ω 也可以为离散或者连续的。当指数集为时间时，“离散”或“连续”一般是指样本空间。例如，连续随机过程指的是具有连续样本空间的随机过程。除非另有指定，下面只考虑具有连续指数集 T 与连续样本空间 Ω 的随机过程。

按定义，随机过程是一族随机变量，可用描述联合分布的随机变量的方法描述，只是随机变量的数目可能是无限或者是不可计数的。因此，只在十分有限的实际情况下才能对随机过程作完全描述。在大多数情形下，最重要的一些特征，对诸如工程、生物、生态、金融等应用中的分析已经足够使用。

如同随机变量，概率函数只对离散随机过程有意义，而概率分布函数则可同时适用于离散与连续随机过程。更重要的是概率密度函数，只要引进狄拉克 δ 函数，它便可用于描述离散与连续随机过程。

考虑随机过程 $X(t)$。它的一阶、二阶直至 n 阶概率密度函数为

$$p(x, t), p(x_1, t_1, x_2, t_2), \cdots, p(x_1, t_1, x_2, t_2, \cdots, x_n, t_n)$$

低阶概率密度可以从高阶概率密度的积分得到，高阶概率密度比低阶概率密度包含更多的信息。除概率分布外，随机过程也可用相应的特征函数表征：

$$M_X(\theta, t) = E(\mathrm{e}^{\mathrm{i}\theta X(t)})$$

$$M_X(\theta_1, t_1; \theta_2, t_2) = E(\mathrm{e}^{\mathrm{i}[\theta_1 X(t_1) + \theta_2 X(t_2)]})$$

$$\cdots$$

$$M_X(\theta_1, t_1; \theta_2, t_2; \cdots; \theta_n, t_n) = E(\mathrm{e}^{\mathrm{i}[\theta_1 X(t_1) + \theta_2 X(t_2) + \cdots + \theta_n X(t_n)]})$$

随机过程也可以用下列矩函数描述：

$$E(X(t)) = \int x p(x, t) \mathrm{d}x$$

$$E(X(t_1)X(t_2))=\iint x_1x_2p(x_1,t_1,x_2,t_2)\mathrm{d}x_1\mathrm{d}x_2$$

$$E(X(t_1)X(t_2)\cdots X(t_n))=\int\cdots\int x_1x_2\cdots x_np(x_1,t_1;x_2,t_2;\cdots;x_n,t_n)\mathrm{d}x_1\mathrm{d}x_2\cdots\mathrm{d}x_n$$

矩函数与特征函数的关系如下：

$$\begin{aligned}M_X(\theta_1,t_1;\theta_2,t_2;\cdots;\theta_n,t_n)=1&+\sum_{j=1}^{n}\mathrm{i}\theta_jE(X(t_j))\\&+\frac{1}{2!}\sum_{j,k=1}^{n}(\mathrm{i}\theta_j)(\mathrm{i}\theta_k)E(X(t_j)X(t_k))\end{aligned}\tag{5-7}$$

其中，一阶矩函数又被称为数学期望(均值)，二阶矩函数被称为自相关函数。

自协方差函数定义为如下形式：

$$\begin{aligned}\kappa_{XX}(t_1,t_2)&=E\{[X(t_1)-E(X(t_1))][X(t_2)-E(X(t_2))]\}\\&=E(X(t_1)X(t_2))-E(X(t_1))E(X(t_2))\end{aligned}$$

方差函数是当 $t_1=t_2$ 时的自协方差函数，即

$$D_X(t)=E\{[X-E(X)]^2\}$$

自相关系数函数定义为如下形式：

$$\rho_{XX}(t_1,t_2)=\frac{\kappa_{XX}(t_1,t_2)}{\sqrt{D_X(t_1)D_X(t_2)}}$$

显然，$\rho_{XX}(t_1,t_2)\leqslant 1$。

自相关系数函数或者自协方差函数是随机过程在两个不同时刻上相关性的度量，较大的自相关函数值意味着该过程在两个不同时刻上更加紧密相关。

均值与方差函数是随机过程的一阶统计性质，因为它只与一个时刻 t 上的一阶概率分布有关。自相关、自协方差、自相关系数函数则是设计两个不同时刻 t_1 与 t_2 的二阶统计性质。虽然他们不能完全描述一个随机过程，但是在实际中，它们是最重要的统计量。

累积量函数也可以用于描述随机过程，各阶累积量函数表达如下：

$$\kappa_1[X(t)]$$

$$\kappa_2[X(t_1)X(t_2)]$$

$$\cdots$$

$$\kappa_n[X(t_1)X(t_2)\cdots X(t_n)]$$

累积量函数是下列对数特征函数的麦克劳林展开式的系数：

$$\ln M_X(\theta_1,t_1;\theta_2,t_2;\cdots;\theta_n,t_n)=\sum_{j=1}^{n}(\mathrm{i}\theta_j)\kappa_1[X(t_j)]$$

$$+\frac{1}{2!}\sum_{j,\ k=1}^{n}(\mathrm{i}\theta_j)(\mathrm{i}\theta_k)\kappa_2[X(t_j)X(t_k)]+\cdots$$

一阶累积量函数与数学期望相同，二阶、三阶累积量函数等同于二阶、三阶中心矩函数。

$$\kappa_1[X(t)]=E(X(t))$$

$$\kappa_2[X(t_1)X(t_2)]=E\{[X(t_1)-E(X(t_1))][X(t_2)-E(X(t_2))]\}$$

$$\kappa_3[X(t_1)X(t_2)X(t_3)]=E\{[X(t_1)-E(X(t_1))][X(t_2)-E(X(t_2))][X(t_3)-E(X(t_3))]\}$$

考虑两个随机过程 $X_1(t)$ 与 $X_2(t)$，定义如下函数：

互相关函数：

$$R_{X_1X_2}(t_1,\ t_2)=E(X_1(t_1)X_2(t_2))$$

互协方差函数：

$$\begin{aligned}\kappa_{X_1X_2}(t_1,\ t_2)&=E\{[X_1(t_1)-E(X_1(t_1))][X_2(t_2)-E(X_2(t_2))]\}\\&=R_{X_1X_2}(t_1,\ t_2)-E(X_1(t_1))E(X_2(t_2))\end{aligned}$$

互相关系数函数：

$$\rho_{X_1X_2}(t_1,\ t_2)=\frac{\kappa_{X_1X_2}(t_1,\ t_2)}{\sqrt{D(X_1(t_1))D(X_2(t_2))}}$$

随机过程可以按不同的标准进行分类。一个准则是其概率与统计性质是否独立于时间的平移 $t\rightarrow t+\tau$。一个随机过程如果全部概率结构在时间的平移下不变，则该随机过程称为强平稳或者严格意义上的平稳。即

$$P(x_1,\ t_1;\ x_2,\ t_2;\ \cdots;\ x_n,\ t_n)=P(x_1,\ t_1+\tau;\ x_2,\ t_2+\tau;\ \cdots;\ x_n,\ t_n+\tau) \tag{5-8}$$

(5-8)式表示该随机过程的一阶概率密度与时间无关，即 $P(x,\ t+\tau)=P(x,\ t)=P(x)$，高阶概率密度只取决于 τ。(5-8)式只在 $n=1$，2 时成立的随机过程称为弱平稳随机过程，或者广义平稳随机过程，或者弱意义上的平稳随机过程。在大多数实际问题中，一般只涉及弱平稳。因此，通常称弱平稳随机过程为平稳随机过程。

对于弱平稳随机过程，一阶特性与时间无关，即 $E(X^n(t))=E(X^n)$，$D(X(t))=D(X)$。二阶特性只依赖于时差，若令 $\tau=t_2-t_1$，则

$$R_{XX}(t_1,\ t_2)=R_{XX}(\tau)$$

$$\kappa_{XX}(t_1,\ t_2)=\kappa_{XX}(\tau)$$

$$\rho_{XX}(\tau)=\frac{\kappa_{XX}(\tau)}{D(X)}$$

$$R_{XX}(0)=E(X^2(t))=E(X^2)$$

$$\kappa_{XX}(0)=D(X)$$

对平稳随机过程，自相关或者自协方差函数的物理意义，就是对一给定的时差，较大的自相关函数值意味着该过程在两个不同时刻上的关系更紧密。反之，较小的自相关函数值意味着该过程的随机变化更快。随着时差的增大，自相关函数一般变小。

两个随机过程若各自平稳，且对任意的 t_1，t_2 有

$$R_{X_1X_2}(t_1,\ t_2)=R_{X_1X_2}(t_2-t_1)=R_{X_1X_2}(\tau)$$

则称两个随机过程为联合平稳。由自相关与互相关的定义可得

$$R_{XX}(\tau)=R_{XX}(-\tau),\quad R_{X_1X_2}(\tau)=R_{X_2X_1}(-\tau)$$

利用不等式

$$E\left\{\left[\frac{X_1(t_1)}{\sqrt{R_{X_1X_1}(0)}}\pm\frac{X_2(t_2)}{\sqrt{R_{X_2X_2}(0)}}\right]^2\right\}=2\pm 2\frac{R_{X_1X_2}(\tau)}{\sqrt{R_{X_1X_1}(0)R_{X_2X_2}(0)}}\geqslant 0$$

知道

$$|R_{X_1X_2}(\tau)|\leqslant\sqrt{R_{X_1X_1}(0)R_{X_2X_2}(0)}=\sqrt{E(X_1^2)E(X_2^2)}$$

$$|R_{XX}(\tau)|\leqslant R_{XX}(0)=E(X^2) \tag{5-9}$$

不等式(5-9)表明，自相关函数在 $\tau=0$ 时达到最大值，这也是符合实际情况的，因为一个随机变量只有在与它自身相关时是最强的。自协方差与互协方差函数的类似性质为

$$|\kappa_{X_1X_2}(\tau)|\leqslant\sqrt{\kappa_{X_1X_1}(0)\kappa_{X_2X_2}(0)}=\sqrt{D(X_1)D(X_2)},\quad |\kappa_{XX}(\tau)|\leqslant D(X)$$

平稳随机过程相关性的一个重要度量是相关时间，定义为如下形式：

$$\tau_0=\int_0^\infty|\rho_{XX}(\tau)|\mathrm{d}\tau$$

其中，$\rho_{XX}(\tau)$ 是自相关系数函数，当随机过程完全不相关时，$\rho_{XX}(0)=1$，$\rho_{XX}(\tau)=0$，$\tau\neq 0$，$\tau_0=0$。若即使 $\tau\to\infty$ 时 $\rho_{XX}(\tau)\neq 0$，则 τ_0 为无限，表明相关时间为很长。

在实际应用中，要分析一个随机过程，需要找到它的特性，至少需要求得它的均值与相关函数。假定已从测量中得到 N 个样本 $x_i(t)$，　$i=1，2，\cdots，N$，则该过程的均值与相关函数可以从如下集合平均算得：

$$E(X(t))=\frac{1}{N}\sum_{i=1}^{N}x_i(t)$$

$$R_{XX}(t_1, t_2)=E(X(t_1)X(t_2))=\frac{1}{N}\sum_{i=1}^{N}x_i(t_1)x_i(t_2)$$

估计的精确程度取决于样本函数的数目，若样本函数越多，则估计越可靠。然而在许多物理过程中，从测量中得到的样本数目往往不能提供可靠的估计。对于一阶性质与时间无关，高阶性质只取决于时差的平稳过程，这一困难可以克服。此时，足够长时间的单个样本可用于得到随机过程的特性。考虑时间段 $[0, T]$，T 足够大，在这个时间段上的随机过程 $X(t)$ 的样本 $x(t)$，$X(t)$ 的时间平均定义为

$$\langle X(t)\rangle_t=\lim_{T\to\infty}\frac{1}{T}\int_0^T x(t)\mathrm{d}t$$

若对所有的样本，时间平均相同，且与数学期望相同，即 $\langle X(t)\rangle_t=E(X(t))$，则称该随机过程是均值意义上的遍历。

随机过程的遍历性可在不同的水平上定义。若一个随机过程满足

$$\langle X^2(t)\rangle_t=\lim_{T\to\infty}\frac{1}{T}\int_0^T x^2(t)\mathrm{d}t=E(X^2(t))$$

则称该随机过程为均方意义上的遍历。

相关意义上的遍历定义为

$$\langle X(t)X(t+\tau)\rangle_t=\lim_{T\to\infty}\frac{1}{T}\int_0^T x(t)x(t+\tau)\mathrm{d}t=E(X(t)X(t+\tau))=R_{XX}(\tau)$$

它等价于下列协方差意义上的遍历：

$$\langle[X(t)-E(X(t))][X(t+\tau)-E(X(t))]\rangle_t=\lim_{T\to\infty}\frac{1}{T}\int_0^T x(t)x(t+\tau)\mathrm{d}t-[\langle X(t)\rangle]^2$$

$$=E\{[X(t)-E(X(t))][X(t+\tau)-E(X(t))]\}=\kappa_{XX}(\tau)$$

较高阶统计意义上的遍历意味着较低阶意义上的遍历，相关与协方差意义上的遍历意味着弱平稳，但是，这两个结论的逆命题未必成立。

随机过程是时间 t 的函数序列，如果它能在某种意义上收敛于某个随机变量，则称该随机过程是收敛的。在随机过程中，有如下四种形式的收敛定义：

①以概率 1 收敛：$P\{\lim\limits_{n\to\infty}X_n=X\}=1$；

②概率意义上的收敛：$\lim\limits_{n\to\infty}P\{|X_n-X|\geqslant\varepsilon\}=0$，$\forall\varepsilon>0$；

③分布意义上的收敛：$\lim\limits_{n\to\infty}F_{X_n}(x)=F_X(x)$；

④均方收敛：$\lim\limits_{n\to\infty}E((X_n-X)^2)=0$。

其中，以概率 1 收敛也称为几乎肯定收敛。分布意义上的收敛最弱，概率为 1 的收敛

或者均方收敛意味着其余两种收敛，而以概率 1 收敛与均方收敛之间却没有必然的联系。

自相关函数是随机过程的二阶统计特性，由于它涉及两个不同的时刻，且从二阶概率密度得到，与自相关函数等价的另一个统计性质是功率谱密度，它是随机过程最重要的特征量之一。一般只考虑零均值平稳随机过程，此时的自相关函数等同于自协方差函数，只依赖于时差。

考虑零均值平稳随机过程 $X(t)$，一般将 $X(t)$ 的自相关函数的傅里叶变换称为是 $X(t)$ 的功率谱密度函数。即

$$\Phi_{XX}(\omega)=\frac{1}{2\pi}\int_{-\infty}^{+\infty}R_{XX}(\tau)\mathrm{e}^{-\mathrm{i}\omega\tau}\mathrm{d}\tau \tag{5-10}$$

它的逆为

$$R_{XX}(\tau)=\int_{-\infty}^{+\infty}\Phi_{XX}(\omega)\mathrm{e}^{\mathrm{i}\omega\tau}\mathrm{d}\omega \tag{5-11}$$

在(5-11)中令 $\tau=0$ 得

$$R_{XX}(0)=\int_{-\infty}^{+\infty}\Phi_{XX}(\omega)\mathrm{d}\omega=E(X^2(t)) \tag{5-12}$$

(5-12)式描述了均方值在整个频率域上的分布。在许多情形中，均方值是能量的度量，例如，若 $X(t)$ 为机械系统的位移，则 $X^2(t)$ 就正比于势能。在这种情况下，功率谱密度 $\Phi_{XX}(\omega)$ 表示能量在频率域上的分布，因此，功率谱密度也成为均方谱密度。

对两个联合平稳随机过程 $X_1(t)$ 与 $X_2(t)$，互谱密度为互相关函数的傅里叶变换，即

$$\Phi_{X_1X_2}(\omega)=\frac{1}{2\pi}\int_{-\infty}^{+\infty}R_{X_1X_2}(\tau)\mathrm{e}^{-\mathrm{i}\omega\tau}\mathrm{d}\tau$$

$$R_{X_1X_2}(\tau)=\int_{-\infty}^{+\infty}\Phi_{X_1X_2}(\omega)\mathrm{e}^{\mathrm{i}\omega\tau}\mathrm{d}\omega$$

由互相关函数与自相关函数的对称性，可得

$$\Phi_{XX}(\omega)=\Phi_{XX}(-\omega),\quad \Phi_{X_1X_2}(\omega)=\overline{\Phi_{X_2X_1}(\omega)}$$

其中，$\overline{\Phi_{X_2X_1}(\omega)}$ 表示 $\Phi_{X_2X_1}(\omega)$ 的共轭函数。这说明，功率谱密度函数是偶函数，互功率谱密度函数是 Hermit 函数，且有

$$\frac{\mathrm{d}^n}{\mathrm{d}\tau^n}R_{XX}(\tau)=\mathrm{i}^n\int_{-\infty}^{+\infty}\omega^n\Phi_{XX}(\omega)\mathrm{e}^{\mathrm{i}\omega\tau}\mathrm{d}\omega$$

能量在整个频率域上的分布是随机过程的一个重要特征，某些过程的能量集中在一个窄的频带内，称为窄带过程。相反，如果过程的功率谱密度在一个宽的频带上有显著

值，则称为宽带过程。引入一个参数以量化随机过程的带宽是有意义的。鉴于其非负性与可积性，功率谱密度函数可类比于概率密度函数。从概率密度可计算随机变量的矩，包括均值与方差。类似地，可定义谱矩

$$\lambda_n=\int_{-\infty}^{+\infty}|\omega^n|\Phi_{XX}(\omega)\mathrm{d}\omega=2\int_0^{+\infty}\omega^n\Phi_{XX}(\omega)\mathrm{d}\omega$$

特别地，

$$\lambda_0=D(X(t))$$

用一阶谱矩定义中心频率：

$$\gamma_1=\frac{\lambda_1}{\lambda_0}=\frac{2}{D(X)}\int_0^{\infty}\omega\Phi_{XX}(\omega)\mathrm{d}\omega$$

一阶谱矩类比于均值。定义谱方差参数 δ 如下：

$$\delta=\frac{\sqrt{\frac{\lambda_2}{\lambda_0}-\left(\frac{\lambda_1}{\lambda_0}\right)^2}}{\frac{\lambda_1}{\lambda_0}}=\sqrt{\frac{\lambda_0\lambda_2}{\lambda_1^2}-1}$$

δ 描述了 $\Phi_{XX}(\omega)$ 偏离中心频率的程度，类比于方差系数。用许尔瓦兹不等式可以证明

$$\lambda_0\lambda_2\geqslant\lambda_1^2\text{ 和 }0\leqslant\delta<\infty$$

较大的 δ 值对应于较宽的频带。另一个宽带参数 ε 定义为

$$\varepsilon=\sqrt{1-\frac{\lambda_2^2}{\lambda_0\lambda_4}}$$

用许尔瓦兹不等式可以证明

$$\lambda_0\lambda_4\geqslant\lambda_2^2\text{ 与 }0\leqslant\varepsilon\leqslant1$$

较大的 ε 对应于较宽的频带。

一个随机过程，若它是正态分布，零均值，且在全频域 $(-\infty,\ +\infty)$ 上功率谱密度为常数，则称它为高斯白噪声。以 $W(t)$ 表示高斯白噪声，它的功率谱密度与自相关函数分别为

$$\Phi_{WW}(\omega)=K,\ R_{WW}(\tau)=2\pi K\delta(\tau)$$

上式意味着 $D(W(t))=R_{WW}(0)=\infty$，且对任何的 $\tau\neq0$，$R_{WW}(\tau)=0$，$D(W(\tau))=\infty$，这表明高斯白噪声有无穷大的能量。$\tau\neq0$，$R_{WW}(\tau)=0$ 表明它变化极快，所有的谱矩皆不存在。显然，现实中不存在这样的过程。然而，鉴于高频范围内系统对白噪声的响应

迅速衰减，它常用于近似许多具有宽频带的物理过程。

由于高斯白噪声在现实中不存在，特引入以下更加实际的窄带白噪声。窄带白噪声的功率谱密度函数是

$$\Phi_{XX}(\omega)=\begin{cases}S_0, & \omega_0-\dfrac{B}{2}\leqslant|\omega|\leqslant\omega_0+\dfrac{B}{2}\\ 0, & \text{其他}\end{cases}$$

相关函数为

$$R_{XX}(\tau)=\frac{2S_0}{\tau}\cos(\omega_0\tau)\sin\left(\frac{1}{2}B\tau\right)$$

其中，ω_0 为中心频率，B 为宽带，且 $B\leqslant 2\omega_0$。谱矩为

$$\lambda_n=2S_0\int_{\omega_0-\frac{B}{2}}^{\omega_0+\frac{B}{2}}\omega^n\mathrm{d}\omega=\frac{2S_0}{n+1}\left[\left(\omega_0+\frac{B}{2}\right)^{n+1}-\left(\omega_0-\frac{B}{2}\right)^{n+1}\right]$$

方差参数 δ 为

$$\delta=\frac{B}{2\sqrt{3}\,\omega_0}$$

宽带参数 ε 为

$$\varepsilon=\frac{B^2(15\omega_0^2+B^2/4)}{9(5\omega_0^4+5\omega_0^2B^2/2+B^4/16)}$$

随机过程 $X(t)$ 是以 t 为参数的一族随机变量。若所有不同时刻上的随机变量联合正态分布，就称随机过程为高斯分布。高斯分布的随机变量可用概率密度函数或特征函数定义。高斯随机过程也可用概率密度函数或特征函数来定义。高斯随机过程 $X(t)$，$t\in T$ 的一个特征函数定义如下：

$$M_X[\theta(t)]=\exp\left\{\mathrm{i}\int_T E(X(t))\theta(t)\mathrm{d}t-\frac{1}{2}\iint_T\kappa_{XX}(t_1,\ t_2)\theta(t_1)\theta(t_2)\mathrm{d}t_1\mathrm{d}t_2\right\}$$

其中，$E(X(t))$，$\kappa_{XX}(t_1,\ t_2)$ 分别是 $X(t)$ 的均值与协方差函数。高斯随机过程的一阶概率密度函数为

$$f(x,\ t)=\frac{1}{\sqrt{2\pi D(X(t))}}\exp\left\{-\frac{[x-E(X(t))]^2}{2D(X(t))}\right\}$$

高斯随机过程是弱平稳的。其均值函数 $X(t)$ 为常数，协方差函数 $\kappa_{XX}(t_1,\ t_2)$ 只依赖于时差 $\tau=t_2-t_1$。因为高斯随机过程完全由均值函数与协方差函数确定，弱平稳就意味着强平稳。类似于高斯随机变量情形，高斯随机过程的线性代数运算可导得另一个高斯随机

过程。这一结论可推广至线性非代数运算，包括微分和积分。

在随机动力学中，马尔柯夫过程是一类特别重要的过程，这是因为：

①它能作为许多实际随机过程的模型；

②可应用已有的马尔柯夫过程数学理论解决各种困难；

③易产生与模拟。

以 $X(t)$ 表示马尔柯夫过程。若过程 X 之值与参数 t 都是离散的，则称它为马尔柯夫链。若 X 之值连续，而 t 是离散的，则称它为马尔柯夫序列。在许多应用中，X 之值与参数 t 都是连续的，称之为马尔柯夫过程。

一个随机过程只有短暂记忆，现时状态只受最近历史的影响，这类过程统称为马尔柯夫过程。严格定义如下：

一个随机过程 $X(t)$ 称为马尔柯夫过程，若其条件概率满足

$$P[X(t_n)\leqslant x_n\,|\,X(t_{n-1})\leqslant x_{n-1},\ \cdots,\ X(t_1)\leqslant x_1]=P[X(t_n)\leqslant x_n\,|\,X(t_{n-1})\leqslant x_{n-1}]$$

其中，$t_1<t_2<\cdots<t_n$。随机过程 $X(t)$ 为马尔柯夫过程的充分条件是它在不重叠的两个时间区间上的增量独立。即若 $t_1<t_2\leqslant t_3<t_4$，则 $X(t_2)-X(t_1)$ 与 $X(t_4)-X(t_3)$ 独立。若 $X(t)$ 是高斯过程，则充分条件为两个增量不相关，即

$$E\{[X(t_2)-X(t_1)][X(t_4)-X(t_3)]\}=0,\quad t_1<t_2\leqslant t_3<t_4$$

显然，马尔柯夫过程只是真实随机过程的数学理想化。尽管如此，许多随机过程可用马尔柯夫过程表示。物理中布朗运动是马尔柯夫过程，各种领域如工程、通信、生态、生物中，许多噪声与信号过程常模型化为马尔柯夫过程或借用马尔柯夫过程。

马尔柯夫过程也可以用概率密度函数表示如下：

$$P(x_n,\ t_n\,|\,x_{n-1},\ t_{n-1},\ \cdots,\ x_1,\ t_1)=P(x_n,\ t_n\,|\,x_{n-1},\ t_{n-1})$$

由条件概率密度函数的性质可得

$$P(x_1,\ t_1;\ x_2,\ t_2;\ \cdots;\ x_n,\ t_n)=P(x_n,\ t_n\,|\,x_{n-1},\ t_{n-1})P(x_{n-1},\ t_{n-1}\,|\,x_{n-2},\ t_{n-2})\cdots P(x_1,\ t_1)$$

上式表明高阶概率密度可从初始概率密度与条件概率密度得到。换言之，马尔柯夫过程完全由其条件概率密度与初始概率密度表征。后者包括初始状态为固定，即初始概率密度为狄拉克 δ 函数之情形。因此，对量化马尔柯夫过程 $X(t)$，条件概率密度 $P(x_k,\ t_k\,|\,x_j,\ t_j)$ 是最重要的。条件概率密度又称转移概率密度。若其转移概率密度不随时间平移而不变，则称马尔柯夫过程为平稳，即对任一 τ，

$$P(x_k,\ t_j+\tau\,|\,x_j,\ t_j)=P(x_k,\ t_k+\tau\,|\,x_j,\ t_j+\tau)=P(x_k,\ \tau\,|\,x_j,\ 0)$$

此时，平稳概率密度可在上式中令转移时间区间趋于无穷得到，即

$$p(x)=\lim_{\tau\to\infty}p(x, \tau|x_0)$$

上述标量马尔柯夫过程的概念易推广到矢量马尔柯夫过程。设 n 维马尔柯夫过程 $X(t)=(X_1(t), X_2(t), \cdots, X_n(t))^{\mathrm{T}}$ 满足

$$P(x_n, t_n|x_{n-1}, t_{n-1}, \cdots, x_1, t_1)=P(x_n, t_n|x_{n-1}, t_{n-1})$$

注意，矢量马尔柯夫过程的分量可以是也可以不是标量马尔柯夫过程。

考虑三个时刻 $t_1<t_2<t_3$，$P(x_2, t_2; y, t|x_1, t_1)=P(x_2, t_2|y, t)P(y, t|x_1, t_1)$，对 y 积分有

$$P(x_2, t_2|x_1, t_1)=\int P(x_2, t_2|y, t)P(y, t|x_1, t_1)\mathrm{d}y$$

这就是著名的切普曼-柯尔莫哥洛夫-斯莫拉伍斯基(CKS)方程，它是支配转移概率密度的积分方程。为便于分析，积分的 CKS 方程可转换成等价的微分方程，即著名的福克-普朗克-柯尔莫哥洛夫(FPK)方程

$$\frac{\partial}{\partial t}p+\sum_{j=1}^{n}\frac{\partial}{\partial x_j}(a_jp)-\frac{1}{2}\sum_{j,k=1}^{n}\frac{\partial^2}{\partial x_j\partial x_k}(b_{jk}p)+\frac{1}{3!}\sum_{j,k,l=1}^{n}\frac{\partial^3}{\partial x_j\partial x_k\partial x_l}(c_{jkl}p)-\cdots=0 \tag{5-13}$$

其中，$p=P(x, t|x_0, t_0)$，是转移概率密度；

$$a_j=a_j(x, t)=\lim_{\Delta t\to 0}\frac{1}{\Delta t}E[X_j(t+\Delta t)-X_j(t)|X(t)=x];$$

$$b_{jk}=b_{jk}(x, t)=\lim_{\Delta t\to 0}\frac{1}{\Delta t}E\{[X_j(t+\Delta t)-X_j(t)][X_k(t+\Delta t)-X_k(t)]|X(t)=x\};$$

$$\begin{aligned}c_{jkl}&=c_{jkl}(x, t)\\&=\lim_{\Delta t\to 0}\frac{1}{\Delta t}E\{[X_j(t+\Delta t)-X_j(t)][X_k(t+\Delta t)-X_k(t)]\times[X_l(t+\Delta t)-X_l(t)]|X(t)=x\}\end{aligned}$$

…

函数 a_j，b_{jk}，c_{jkl}，… 称为导数矩，它给出在 $X(t)=x$ 条件下、t 时刻上 $X(t)$ 的各增量矩的速率。从切普曼－柯尔莫哥洛夫－斯莫拉伍斯基方程推导 FPK 方程的详细步骤可见 Lin 与 Cai 的专著。

在许多实际问题中，高于二阶的导数矩为 0，于是 FPK 方程化为

$$\frac{\partial}{\partial t}p+\sum_{j=1}^{n}\frac{\partial}{\partial x_j}(a_jp)-\frac{1}{2}\sum_{j,k=1}^{n}(b_{jk}p)=0 \tag{5-14}$$

此时的马尔柯夫过程称为马尔柯夫扩散过程，或者简称扩散过程。FPK 方程可以重写为

$$\frac{\partial}{\partial t}p+\sum_{j=1}^{n}\frac{\partial}{\partial x_j}G_j=0$$

其中，$G_j=a_j p-\frac{1}{2}\sum_{k=1}^{n}\frac{\partial}{\partial x_k}(b_{jk}p)$。重写的 FPK 方程类比于流体力学中表示流体质量守恒的连续方程，因此，它可解释为概率守恒方程，而 G_j 为概率流矢量 $G(x, t|x_0, t_0)$ 的第 j 个分量。该重写的 FPK 方程是关于时间 t 为一阶、关于状态变量 X 为二阶的偏微分方程。对实际问题，导数矩 $a_j(x, t)$ 与 $b_{jk}(x, t)$ 可由系统的运动方程确定。此外，为求解 FPK 方程，尚需根据实际问题导出的恰当的初始条件与边界条件。在许多问题中，初始状态是固定的，初始条件为

$$P(x, t_0|x_0, t_0)=\delta(x-x_0)=\prod_{j=1}^{n}\delta(x_j-x_{j0})$$

边界条件取决于系统的样本形态。对非无穷远处边界，有若干典型边界：反射边界、吸收边界及周期边界。对许多工程问题，无穷远处边界很重要。在无穷远处边界，概率流为零，即

$$\lim_{x_j\to\pm\infty}G(x, t|x_0, t_0)=0$$

由于总概率有限，有

$$\lim_{x_j\to\pm\infty}P(x, t|x_0, t_0)=0$$

而且它至少如 $|x_j|^{-\alpha}$ 趋于零，其中 $\alpha>1$，由具体系统确定。当马尔柯夫扩散过程达到平稳状态时，其平稳概率密度为转移概率密度的极限。此时，(5-14)式中时间导数为零，从而得到所谓简化 FPK 方程

$$\sum_{j=1}^{n}\frac{\partial}{\partial x_j}(a_j p)-\frac{1}{2}\sum_{j, k=1}^{n}(b_{jk}p)=0$$

上式中，$p=P(X)$ 为平稳概率密度，a_j 和 b_{jk} 与时间 t 无关，从而上式又可改写为

$$\sum_{j=1}^{n}\frac{\partial}{\partial x_j}G_j=0,\ G_j=a_j p-\frac{1}{2}\sum_{k=1}^{n}\frac{\partial}{\partial x_k}(b_{jk}p) \tag{5-15}$$

在 FPK 方程中，未知的 $P(x, t|x_0, t_0)$ 是 x，t 的函数，而 x_0，t_0 被看作参数。FPK 方程又称为柯尔莫哥洛夫前向方程，因为其中 $\frac{\partial p}{\partial t}$ 是关于后一时间 t 的导数，与后一时间 t 相应的状态变量 x 称为前向变量。反之，$P(x, t|x_0, t_0)$ 也可以看作是 x_0，t_0 的函数，而把 x，t 看作参数，从而(5-13)式相应的另一个方程是

$$\frac{\partial}{\partial t_0}p+\sum_{j=1}^{n}a_j\frac{\partial p}{\partial x_{j_0}}+\frac{1}{2}\sum_{j,k=1}^{n}b_{jk}\frac{\partial^2 p}{\partial x_{j_0}\partial x_{k_0}}+\frac{1}{3!}\sum_{j,k,l=1}^{n}c_{jkl}\frac{\partial^3 p}{\partial x_{j_0}\partial x_{k_0}\partial x_{l_0}}+\cdots=0 \tag{5-16}$$

其中的 a_j，b_{jk}，c_{jkl} 是导数矩，只是它们是 x_0，t_0 的函数。方程(5-16)称为后向方程。

对马尔柯夫扩散过程，(5-16)可以化为

$$\frac{\partial}{\partial t_0}p+\sum_{j=1}^{n}a_j(x_0,t_0)\frac{\partial p}{\partial x_{j_0}}+\frac{1}{2}\sum_{j,k=1}^{n}b_{jk}(x_0,t_0)\frac{\partial^2 p}{\partial x_{j_0}\partial x_{k_0}}=0 \tag{5-17}$$

(5-16)式与(5-17)式称为柯尔莫哥洛夫后向方程，x_0 为后向变量。FPK 方程(前向方程）通常用于求概率密度，而后向方程可用于研究首次穿越问题。后向方程的初始条件与前向方程的初始条件相同。显然，初始状态变量 x_{j0}，$j=1, 2, \cdots, n$ 不可能在无穷远处。类似于前向方程，后向方程的有限边界也可分为反射、吸收及周期。

5.2.5 维纳过程

最简单的马尔柯夫扩散过程是维纳过程，又称为布朗运动过程，以 $B(t)$ 表示。一个随机过程 $B(t)$ 称为维纳过程，若下列条件满足：

① $B(t)$ 是高斯过程；

② $B(0)=0$；

③ $E(B(t))=0$；

④ $E(B(t_1)B(t_2))=\sigma^2\min\{t_1, t_2\}$

其中，σ^2 称为维纳过程的强度。4 表明，维纳过程不是平稳过程。设 $t_1<t_2\leqslant t_3<t_4$，由④得到，

$$\begin{aligned}&E\{[B(t_2)-B(t_1)][B(t_4)-B(t_3)]\}\\&=E[B(t_2)B(t_4)-B(t_1)B(t_4)-B(t_2)B(t_3)+B(t_1)B(t_3)]\\&=\sigma(t_2-t_1-t_2+t_1)=0\end{aligned}$$

所以，维纳过程是马尔柯夫过程。

可从维纳过程导出更多性质。首先，如④所示，其相关函数在对角线 $t_1=t_2$ 上连续，因此 $B(t)$ 在 L_2 上连续。此外，用(5-15)式可求得导数 $\dot{B}(t)$ 的相关函数

$$\begin{aligned}E[\dot{B}(t_1)\dot{B}(t_2)]&=\frac{\partial^2}{\partial t_1\partial t_2}E[B(t_1)B(t_2)]=\sigma^2\frac{\partial^2}{\partial t_1\partial t_2}\min\{t_1, t_2\}\\&=\sigma^2\frac{\partial H(t_2-t_1)}{\partial t_2}=\sigma^2\delta(t_2-t_1)\end{aligned}$$

该式表明了 $B(t)$ 在 L_2 意义上不可微，因为相关函数的混合偏导数在 $t_1=t_2$ 上无界。其中的 $H(t)$ 是海文塞德单位阶跃函数，

$$H(t)=\begin{cases}1, & t>0\\ 0, & t<0\end{cases}$$

$B(t)$ 的微增量记为

$$\mathrm{d}B(t)=B(t+\mathrm{d}t)-B(t)$$

且有

$$E[\mathrm{d}B(t_1)\mathrm{d}B(t_2)]=\begin{cases}\sigma^2\mathrm{d}t, & t_1=t_2\\ 0, & t_1\neq t_2\end{cases}$$

从而

$$E[B(t+\mathrm{d}t)-B(t)]=0$$

$$E\{[B(t+\mathrm{d}t)-B(t)]^2\}=\sigma^2\mathrm{d}t$$

维纳过程 $B(t)$ 是高斯过程，所有高于二阶的导数矩均为零，FPK 方程为

$$\frac{\partial}{\partial t}p-\frac{1}{2}\frac{\partial^2 p}{\partial z^2}=0$$

其中，z 是 $B(t)$ 的状态变量，$p=P(z,\ t\,|\,z_0,\ t_0)$ 是转移概率密度。若初始条件与边界条件为

$$\lim_{t\to t_0}P(z,\ t\,|\,z_0,\ t_0)=\delta(z-z_0)$$

$$\lim_{z\to\pm\infty}\frac{\partial}{\partial z}P(z,\ t\,|\,z_0,\ t_0)=0$$

则 FPK 方程的解为

$$P(z,\ t\,|\,z_0,\ t_0)=\frac{1}{\sqrt{2\pi(t-t_0)}\sigma}\exp\left\{-\frac{(z-z_0)^2}{2\sigma^2(t-t_0)}\right\}$$

$B(t)$ 为具有均值 z_0 与标准差 $\sigma\sqrt{t-t_0}$ 的高斯过程。

维纳过程的另外一个重要性质是著名的列维震荡性。设 $B(t)$ 是定义在有限区间 $[a,\ b]$ 上的维纳过程，将 $[a,\ b]$ 分成 n 个子区间：$a=t_0<t_1<\cdots<t_{n-1}<t_n=b$，记 $\Delta t_j=t_j-t_{j-1}$，$\Delta_n=\max\limits_{1\leqslant j\leqslant n}\Delta t_j$，则列维震荡性指的是

$$\lim_{\substack{n\to\infty\\ \Delta_n\to 0}}\sum_{j=1}^{n}[B(t_j)-B(t_{j-1})]^2=\sigma^2(b-a)$$

上式指的是在 L_2 意义上收敛。已知列维震荡性在几乎肯定即概率为 1 意义上有效。这意

味着

$$dB(t_1)dB(t_2)=\begin{cases}\sigma^2 dt, & t_1=t_2\\ 0, & t_1\neq t_2\end{cases}$$

该式表明 $dB(t)$ 具有 $\sqrt{dt}$ 量级。从而 $\frac{dB(t)}{dt}$ 随 $dt\to 0$ 变成无界，$B(t)$ 在 L_2 意义上不可微。

除了 $B(t)$ 在 L_2 意义上不可微之外，还可证 $B(t)$ 在任一有限时间区间内有无界的变化。因此，维纳过程只是一类物理过程的理想化数学模型。

维纳过程和白噪声之间有很重要的联系。考虑如下方程：

$$\frac{dX(t)}{dt}=W(t),\quad X(0)=0$$

其中，$W(t)$ 是具有谱密度 K 的高斯白噪声，即

$$E[W(t)]=0,\quad E[W(t)W(t+\tau)]=2\pi K\delta(\tau)$$

$X(t)$ 可表示为 $W(t)$ 的斯蒂吉斯积分：

$$X(t)=\int_0^t W(u)du$$

从而有

$$E[X(t)]=\int_0^t E[W(u)]du=0$$

$$E[X(t_1)X(t_2)]=\int_0^{t_1}\int_0^{t_2}E[W(u)W(v)]du\,dv=2\pi K\int_0^{t_1}\int_0^{t_2}\delta(u-v)du\,dv$$

不失一般性，假定 $t_1<t_2$，则上式最后一个积分可按下式计算得出：

$$\int_0^{t_1}\int_0^{t_2}\delta(u-v)du\,dv=\int_0^{t_1}\int_0^{t_1}\delta(u-v)du\,dv+\int_0^{t_1}\int_{t_1}^{t_2}\delta(u-v)du\,dv=\int_0^{t_1}dv=t_1$$

于是有

$$E[X(t_1)X(t_2)]=2\pi K\min(t_1,\ t_2)$$

按照维纳过程的定义，$X(t)$ 是维纳过程，可得

$$\frac{dB(t)}{dt}=W(t)$$

而维纳过程的强度 σ^2 与高斯白噪声的谱密度之间的关系为

$$\sigma^2=2\pi K$$

需要指出的是，这种关系仅仅是一种形式上的关系，因为维纳过程 $B(t)$ 在 L_2 意义上不

可微。

从而得到，维纳过程的导数 $\dot{B}(t)$ 与高斯白噪声 $W(t)$ 的相关函数同为 δ 函数。

5.2.6　高斯白噪声的模拟

随机过程的模拟就是按该过程的特性产生样本函数，而最重要的特性就是功率谱密度与概率密度。在平稳和遍历过程激励下的系统，只要这个样本时间足够长，便可从这个样本中获得系统响应的统计量。

数学上理想白噪声 $W(t)$ 在全频带上有常数谱密度，即 $\Phi_{WW}(W)=K$，$-\infty<W<\infty$。高斯白噪声是 $\sigma^2=2\pi K$ 的维纳过程的形式导数，σ^2 是维纳过程的强度。因此，对小时间步长 Δt，可将白噪声离散化为

$$W(t_i)=\frac{\Delta B(t_i)}{\Delta t}=\sqrt{\frac{2\pi K}{\Delta t}}U_i$$

式中，U_i 是等同 $N(0,1)$ 分布的随机变量，对不同 i，U_i 独立。由上式有

$$E[W(t_i)]=0,\ E[W^2(t_i)]=\frac{2\pi K}{\Delta t},\ E[W(t_i)W(t_j)]=0,\ i\neq j$$

考虑两个时刻 t_i 与 $t_{i+\tau}$，$\tau>0$。若 $\tau\leqslant\Delta t$，$t+\tau$ 上随机变量可由 $W(t_i)$ 与 $W(t_{i+1})$ 线性内插得到

$$W(t_i+\tau)=W(t_i)+[W(t_{i+1})-W(t_i)]\frac{\tau}{\Delta t}$$

而相关函数可按下式得到：

$$R_{WW}(\tau)=E[W(t_i)W(t_i+\tau)]=E\left\{W(t_i)\left(W(t_i)+[W(t_{i+1})-W(t_i)]\frac{\tau}{\Delta t}\right)\right\}=\frac{2\pi K}{\Delta t}\left(1-\frac{\tau}{\Delta t}\right)$$

对于 $\tau>\Delta t$，线性内插可在不同于 $[W(t_i),W(t_{i+1})]$ 的区间上进行，导致

$$W(t_i+\tau)=W(t_j)+[W(t_{j+1})-W(t_j)]\frac{\tau}{\Delta t},\ j>i$$

相关函数则按下式得到：

$$R_{WW}(\tau)=E[W(t_i)W(t_i+\tau)]=E\left\{W(t_i)\left(W(t_j)+[W(t_{j+1})-W(t_j)]\frac{\tau}{\Delta t}\right)\right\}=0$$

注意，上面两个相关函数的计算方法只适用于 $\tau>0$，相关函数为偶函数，而功率谱密度则为

$$\Phi_{WW}(\omega)=\frac{1}{2\pi}\int_{-\infty}^{\infty}R_{WW}(\tau)\mathrm{e}^{-\mathrm{i}\omega\tau}\mathrm{d}\tau=\frac{1}{\pi}\int_{0}^{\infty}R_{WW}(\tau)\cos(\omega\tau)\mathrm{d}\tau$$

$$=\frac{1}{\pi}\int_{0}^{\Delta t}\frac{2\pi K}{\Delta t}\left(1-\frac{\tau}{\Delta t}\right)\cos(\omega\tau)\mathrm{d}\tau=\frac{2K}{(\omega\Delta t)^{2}}(1-\cos(\omega\Delta t))$$

上式表明，离散化 $W(t_i)=\frac{\Delta B(t_i)}{\Delta t}=\sqrt{\frac{2\pi K}{\Delta t}}U_i$ 给出的模拟过程的谱密度不是常数，但是

$$\lim_{\omega\Delta t\to 0}\frac{2K}{(\omega\Delta t)^{2}}(1-\cos(\omega\Delta t))=K$$

这表明，若 $\omega\Delta t$ 很小，则谱密度近似为常数。对一固定 $\omega\Delta t$ 值，较小的 Δt 允许较大的 ω 即较宽的频带。

众所周知，理想白噪声并不存在，因为它的均方值为无穷大，意味着无穷大的能量。理想白噪声在模拟中也不能实现，因为 $W(t_i)=\frac{\Delta B(t_i)}{\Delta t}=\sqrt{\frac{2\pi K}{\Delta t}}U_i$ 中 Δt 必须取非零值。显然，在用 $W(t_i)=\frac{\Delta B(t_i)}{\Delta t}=\sqrt{\frac{2\pi K}{\Delta t}}U_i$ 模拟白噪声时，时间步长 Δt 是最重要的参数，较小的 Δt 导致在较宽的频带上谱密度为常数。在涉及振动系统时，模拟的白噪声的带宽应比系统重要固有频率大得多。因此，Δt 应比所有重要系统固有周期短得多。一般地，Δt 应不大于系统最小固有周期的 1/20。

试产生两个具有下列谱密度的高斯白噪声：

$$E[W_j(t)W_k(t+\tau)]=K_{jk}\delta(\tau),\quad j,k=1,2$$

考虑两个具有下列相关系数的等同 $N(0,1)$ 分布的随机变量 U 与 V：

$$\rho=\frac{K_{12}}{\sqrt{K_{11}K_{22}}}$$

首先，用前面的方法产生两个相关随机变量序列 U_i 与 V_i，对不同 i 保持每个 U_i 与 V_i 序列独立，且对 $i\neq j$，U_i 与 V_j 独立。然后，两个白噪声过程可模拟如下：

$$W_1(t_i)=\sqrt{\frac{2\pi K_{11}}{\Delta t}}U_i,\ W_2(t_i)=\sqrt{\frac{2\pi K_{22}}{\Delta t}}V_i$$

5.3　脉冲系统的基础知识和重要引理

本节首先介绍一些符号的含义，$\mathbf{R}^n$ 表示 n 维欧氏空间，$\|\cdot\|$ 表示 $\mathbf{R}^n$ 中的欧几里得模。$\mathbf{R}^{n\times m}$ 表示 n 行 m 列的矩阵空间，记 $\mathbf{R}_+=\{x\mid x\in\mathbf{R},\ x\geqslant 0\}$，$\mathbf{R}_{t_0}=\{t\mid t\in\mathbf{R}_+,\ t\geqslant t_0\}$，$S_{\rho_0}=\{X\in\mathbf{R}^n\mid\|X\|<\rho_0\}$，$C^{1,2}(\mathbf{R}_{t_0}\times\mathbf{R}^n,\ \mathbf{R}_+)$ 表示对第一个变量一阶连

续可导、对第二个变量二阶连续可导的非负函数族。

考察如下参激白噪声作用下的脉冲微分系统：

$$\begin{cases} dX(t)=f(t,\ X(t))dt+g(t,\ X(t))dw(t), & t\neq\tau_i \\ \Delta X|_{t=\tau_i}=U(i,\ X)=X(\tau_i^+)-X(\tau_i^-), & t=\tau_i \\ X(t_0^+)=X_0, & i=0,\ 1,\ 2,\ \cdots \end{cases} \tag{5-18}$$

其中，$f(\cdot,\cdot)\in C[\mathbf{R}_{t_0}\times\mathbf{R}^n,\ \mathbf{R}^n]$，$g(\cdot,\cdot)\in C[\mathbf{R}_{t_0}\times\mathbf{R}^n,\ \mathbf{R}^{n\times m}]$，$w(t)$ 是 m 维标准 Wiener 过程，其中 τ_i 表示脉冲发生时刻，记

$$\Gamma=\{\tau_i\mid i=1,\ 2,\ \cdots,\ t_0=\tau_0<\tau_1<\tau_2<\cdots<\tau_i<\tau_{i+1}<\cdots\}$$

满足 $\lim\limits_{i\to\infty}\tau_i=+\infty$，且假设 $f(t,\ 0)=0$，$g(t,\ 0)=0$，$U(t,\ 0)=0$，故系统(5-18)有平凡解。在本书中，总假设存在唯一的随机过程 $X(t)$ 满足系统(5-18)，且 $X(t)$ 左连续，即

$$X(\tau_i^-)=\lim_{t\to\tau_i-0}X(t)=X(\tau_i)$$

且每一点处右侧极限存在，即

$$X(\tau_i^+)=\lim_{t\to\tau_i+0}X(t)$$

且由系统(5-18)的第二个式子和关于脉冲方程解的假设，可以得到

$$X(\tau_i^+)=X(\tau_i^-)+U(i,\ X)=X(\tau_i)+U(i,\ X)$$

定义 5.1　设 $p>0$，则称系统(5-18)的平凡解是 p 阶矩稳定的，如果对任意 $\varepsilon>0$，存在 $\delta>0$，使得当 $\|x_0\|^p<\delta$ 时，有 $E(\|x(t)\|^p)<\varepsilon$，$t>t_0$。

定义 5.2　对于任意 $V(t,\ X)\in C^{1,2}(\mathbf{R}_{t_0}\times\mathbf{R}^n,\ \mathbf{R}_+)$，定义算子 L：$\mathbf{R}_{t_0}\times\mathbf{R}^n\to\mathbf{R}$ 如下：

$$LV(t,\ X)=V_t(t,\ X)+V_X(t,\ X)f(t,\ X)+\frac{1}{2}\mathrm{trace}(g^{\mathrm{T}}(t,\ X)V_{XX}g(t,\ X))$$

其中，$V_t(t,\ X)=\dfrac{\partial V(t,\ X)}{\partial t}$，$V_{XX}(t,\ X)=\left(\dfrac{\partial^2V(t,\ X)}{\partial x_i\partial x_j}\right)_{n\times n}$，$V_X(t,\ X)=\left(\dfrac{\partial V(t,\ X)}{\partial x_1},\ \dfrac{\partial V(t,\ X)}{\partial x_2},\ \cdots,\ \dfrac{\partial V(t,\ X)}{\partial x_n}\right)$。

定义 5.3　称随机微分系统

$$\begin{cases} dY(t)=f(t,\ Y)dt+g(t,\ Y)dw(t) \\ Y(t_0)=Y_0 \end{cases} \tag{5-19}$$

为系统(5-18)的伴随系统，其中，$t>t_0$，f，g 与系统(5-18)的相同。

引理 5.1(Gronwall 不等式) 设 K 为非负常数，$f(t)$，$g(t)$ 均为区间 $a \leqslant t \leqslant b$ 上的非负连续函数，且满足

$$f(t) \leqslant K + \int_a^t f(s)g(s)\mathrm{d}s$$

则有 $f(t) \leqslant K\exp\left(\int_a^t g(s)\mathrm{d}s\right)$。

引理 5.2 对于系统(5-19)，如果存在 $V(t, Y) \in C^{1,2}(\mathbf{R}_{t_0} \times \mathbf{R}^n, \mathbf{R}_+)$ 使得

①存在 $0 < c_1 < c_2$，使得 $c_1 \| Y \|^p \leqslant V(t, Y) \leqslant c_2 \| Y \|^p$；

②存在 $\mu > 0$，$\lambda: \mathbf{R}_{t_0} \to \mathbf{R}$，使得当 $E(\| Y(t) \|^p) < \mu$ 及 $t > t_0$ 时有

$$E(\mathrm{L}(V(t, Y))) \leqslant \lambda(t)E(V(t, Y))$$

记 $\lambda^+(t) = \max\{\lambda(t), 0\}$，则对任意给定的 $T \in \mathbf{R}_{t_0}$，$\delta < \frac{c_1}{c_2}\mu\exp\left\{-\int_{t_0}^t \lambda^+(s)\mathrm{d}s\right\}$，当 $\| Y_0 \|^p < \delta$ 时有

$$E(V(t, Y(t))) < E(V(t_0, Y_0))\exp\left\{\int_{t_0}^t \lambda(s)\mathrm{d}s\right\} = V(t_0, Y_0)\exp\left\{\int_{t_0}^t \lambda(s)\mathrm{d}s\right\}$$

其中，$t \in [t_0, T]$。

证 取 $\delta < \frac{c_1}{c_2}\mu\exp\left\{-\int_{t_0}^t \lambda^+(s)\mathrm{d}s\right\}$，由 $0 < c_1 < c_2$ 知 $\frac{c_1}{c_2} < 1$，且由 $\exp\left\{-\int_{t_0}^t \lambda^+(s)\mathrm{d}s\right\} < 1$，知 $0 < \delta < \mu$。我们首先提出如下的命题：

命题 在本引理的条件下，如果 $\| Y_0 \|^p < \delta$，则对所有的 $t_0 \leqslant t \leqslant T$ 有

$$E(V(t, Y(t))) < c_1\mu \tag{5-20}$$

下面首先利用反证法来证明该命题。

由 $\| Y_0 \|^p < \delta$ 以及引理条件①知道

$$V(t_0, Y_0) \leqslant c_2 \| Y_0 \|^p < c_2\delta < c_2 \frac{c_1}{c_2}\mu\exp\left\{-\int_{t_0}^t \lambda^+(s)\mathrm{d}s\right\} = c_1\mu\exp\left\{-\int_{t_0}^t \lambda^+(s)\mathrm{d}s\right\}$$

如果命题的结论不成立，设 $t_1 \in [t_0, T]$ 是第一个使命题不成立的时间点，即 $E(V(t_1, Y(t_1))) \geqslant c_1\mu$，且对所有的 $t_0 \leqslant y < t_1$ 有 $E(V(t, Y(t))) < c_1\mu$。此时对所有的 $t \in [t_0, t_1]$，结合该引理的条件①不等式的左半部，有 $E(\| Y(t) \|^p) \leqslant \mu$，再由引理的条件②，对所有的 $t \in [t_0, t_1]$ 有

$$E(\mathrm{L}V(t, Y(t))) \leqslant \lambda(t)E(V(t, Y(t)))$$

由 Itô 公式，有

$$\mathrm{d}(V(t, Y(t))) = \mathrm{L}(V(t, V(t))) + \frac{\partial V(t, Y(t))}{\partial Y} g(t, Y(t))\mathrm{d}W(t)$$

从而有

$$V(t, Y(t)) = V(t_0, Y_0) + \int_{t_0}^{t} \mathrm{L}(V(s, Y(s)))\mathrm{d}s + \int_{t_0}^{t} \frac{\partial V(s, Y(s))}{\partial Y} g(s, Y(s))\mathrm{d}W(s)$$

$$\begin{aligned}
E(V(t, Y(t))) &= V(t_0, Y_0) + E\left(\int_{t_0}^{t} \mathrm{L}(V(s, Y(s)))\mathrm{d}s\right) + E\left(\int_{t_0}^{t} \frac{\partial V(s, Y(s))}{\partial Y} g(s, Y(s))\mathrm{d}W(s)\right) \\
&= V(t_0, Y_0) + E\left(\int_{t_0}^{t} \mathrm{L}(V(s, Y(s)))\mathrm{d}s\right) \\
&\leqslant V(t_0, Y_0) + \int_{t_0}^{t} \lambda(s) E(V(s, Y(s)))\mathrm{d}s
\end{aligned}$$

由引理 5.1 知道，对所有的 $t \in [t_0, t_1]$ 有

$$\begin{aligned}
E(V(t, Y(t))) &\leqslant V(t_0, Y(t_0))\exp\left\{\int_{t_0}^{t} \lambda(s)\mathrm{d}s\right\} \leqslant V(t_0, Y(t_0))\exp\left\{\int_{t_0}^{t} \lambda^{+}(s)\mathrm{d}s\right\} \\
&\leqslant c_2 \|Y_0\|^p \exp\left\{\int_{t_0}^{t} \lambda^{+}(s)\mathrm{d}s\right\} < c_2\delta \exp\left\{\int_{t_0}^{t} \lambda^{+}(s)\mathrm{d}s\right\} \\
&< c_2 \frac{c_1}{c_2}\mu \exp\left\{-\int_{t_0}^{t} \lambda^{+}(s)\mathrm{d}s\right\} \cdot \exp\left\{\int_{t_0}^{t} \lambda^{+}(s)\mathrm{d}s\right\} \\
&= c_1\mu
\end{aligned}$$

特别地，有 $E(V(t_1, Y(t_1))) < c_1\mu$，这与前面的假设 $E(V(t_1, Y(t_1))) = c_1\mu$ 矛盾，从而知道命题的成立。故对任意的 $t \in [t_0, T]$，当 $\|Y_0\|^p < \delta$ 时，有 $E(\|Y(t)\|^p) < \mu$。从而由引理的条件②知道，对所有的 $t \in [t_0, T]$，有

$$E(\mathrm{L}V(t, Y(t))) \leqslant \lambda(t) E(V(t, Y(t)))。$$

由 Itô 公式，类似于前面的步骤，有

$$\begin{aligned}
E(V(t, Y(t))) &= V(t_0, Y_0) + E\left(\int_{t_0}^{t} \mathrm{L}(V(s, Y(s)))\mathrm{d}s\right) + E\left(\int_{t_0}^{t} \frac{\partial V(s, Y(s))}{\partial Y} g(s, Y(s))\mathrm{d}W(s)\right) \\
&\leqslant V(t_0, Y_0) + \int_{t_0}^{t} \lambda(s) E(V(s, Y(s)))\mathrm{d}s
\end{aligned}$$

$$E(V(t, Y(t))) \leqslant V(t_0, Y(t_0))\exp\left\{\int_{t_0}^{t} \lambda(s)\mathrm{d}s\right\}$$

从而引理得到证明。

注： 由条件 $Y_{t_0}^{+} = Y_0$，知引理 3.2 对任意 $t \in (t_0, T]$ 也成立。

5.4　随机脉冲微分系统的 p 阶矩稳定性

下面考察随机脉冲微分系统(5-18)的 p 阶矩稳定性，关于这个问题，文献[182]，[183]等都有比较详尽的描述。但是，在这些文献中，关于系统(5-18)的解的假设与脉冲微分方程解的习惯性假设相反，且判断随机脉冲微分系统 p 阶矩稳定性的判定定理条件太过苛刻，在实际的混沌系统中应用起来并不方便。本节将在前人工作的基础上，在较弱的条件下建立随机脉冲微分方程 p 阶矩稳定性的判别定理，并在后面章节中应用到一些典型随机混沌系统中加以验证。

定理 5.1　对随机脉冲微分系统(5-18)，若存在 $V(t, X) \in C^{1,2}(\mathbf{R}_{t_0} \times \mathbf{R}^n, \mathbf{R}_+)$，使得

①存在 $0 < c_1 < c_2$，使得 $c_1 \| X \|^p \leqslant V(t, X) \leqslant c_2 \| X \|^p$；

②存在 $\mu_1 > 0$，$\lambda_1: \mathbf{R}_{t_0} \to \mathbf{R}$，$M > 0$，使得 $\int_{\tau_i}^{\tau_{i+1}} \lambda_1^+(s)\mathrm{d}s \leqslant M$，$i=0, 1, 2, \cdots$，且当 $E(\| X(t) \|^p) \leqslant \mu_1$ 时有

$$E(\mathrm{L}(V(t, X(t)))) \leqslant \lambda_1(t)E(V(t, X(t))), \quad t \in \mathbf{R}_{t_0} \setminus \Gamma$$

③存在 $\mu_2 > 0$，$\lambda_2: \Gamma \to \mathbf{R}_+$，使得当 $E(\| X(\tau_i) \|^p) \leqslant \mu_2$ 时，有

$$E(V(\tau_i, X(\tau_i^+))) \leqslant \lambda_2(\tau_i)E(V(\tau_i, X(\tau_i))), \quad i=0, 1, 2, \cdots$$

其中，对 $i=0, 1, 2, \cdots$，

$$\hat{\lambda}^+(\tau_i) = \max\{\hat{\lambda}(\tau_i), 0\}, \quad \hat{\lambda}(\tau_i) = \ln(\lambda_2(\tau_i)) + \int_{\tau_i}^{\tau_{i+1}} \lambda_1^+(s)\mathrm{d}s$$

则系统(5-18)的平凡解是 p 阶矩稳定的。

证　取 $\mu = \min\{\mu_1, \mu_2\}$，对任意 ε，设 $0 < \varepsilon \leqslant \frac{c_1}{c_2}\mu$，容易看出 $\varepsilon \leqslant \mu$。取

$$\delta = \frac{c_1}{c_2}\varepsilon \exp\left(-M - \sum_{i=0}^{+\infty} \hat{\lambda}^+(\tau_i)\right)$$

易见，δ 与 t_0 无关，且 $\delta \leqslant \frac{c_1}{c_2}\mu\exp(-M)$。由 $\int_{\tau_i}^{\tau_{i+1}} \lambda_1^+(s)\mathrm{d}s \leqslant M$，知对任意的 $t \in [t_0, \tau_1]$，有

$$\delta \leqslant \frac{c_1}{c_2}\mu\exp\left(-\int_{t_0}^{t} \lambda_1^+(s)\mathrm{d}s\right)$$

所以，当 $\|X_0\|^p < \delta$ 时，由引理 3.2 知对任意 $t \in [t_0, \tau_1]$ 有

$$E(V(t, X(t))) \leqslant V(t_0, X_0)\exp\left(\int_{t_0}^{t} \lambda_1(s)\mathrm{d}s\right) \leqslant V(t_0, X_0)\exp\left(\int_{t_0}^{t} \lambda_1^{+}(s)\mathrm{d}s\right)$$
$$\leqslant V(t_0, X_0)\exp\left(\int_{t_0}^{\tau_1} \lambda_1^{+}(s)\mathrm{d}s\right) \tag{5-21}$$

由 $c_1 \|X\|^p \leqslant V(t, X) \leqslant c_2 \|X\|^p$，当 $\|X_0\|^p < \delta$ 时有

$$0 \leqslant V(t_0, X_0) \leqslant c_2 \|X_0\|^p \leqslant c_2\delta = c_2 \cdot \frac{c_1}{c_2}\varepsilon\exp\left(-M - \sum_{i=0}^{+\infty} \hat{\lambda}^{+}(\tau_i)\right)$$
$$= c_1\varepsilon\exp\left(-M - \sum_{i=0}^{+\infty} \hat{\lambda}^{+}(\tau_i)\right) \tag{5-22}$$

由 $0 \leqslant \int_{\tau_i}^{\tau_{i+1}} \lambda_1^{+}(s)\mathrm{d}s \leqslant M$ 知

$$\exp\left(\int_{\tau_0}^{\tau_1} \lambda_1^{+}(s)\mathrm{d}s\right) \leqslant \exp(M) \tag{5-23}$$

将(5-22)式与(5-23)式相乘，结合(5-21)得

$$E(V(t, X(t))) \leqslant c_1\varepsilon\exp\left(-\sum_{i=0}^{+\infty} \hat{\lambda}^{+}(\tau_i)\right) \leqslant c_1\varepsilon\exp\left(-\sum_{i=1}^{+\infty} \hat{\lambda}^{+}(\tau_i)\right) \leqslant c_1\varepsilon \tag{5-24}$$

由 $c_1 \|X\|^p \leqslant V(t, X)$ 知

$$c_1 E(\|X\|^p) \leqslant E(V(t, X)) \leqslant c_1\varepsilon$$

即对任意 $\varepsilon > 0$，存在 δ，当 $\|X_0\|^p \leqslant \delta$ 时，$E(\|X(t)\|^p) \leqslant \varepsilon$。即在 $t \in [t_0, \tau_1]$ 时，$X(t)$ 是 p 阶矩稳定的。

由条件③以及(5-24)，知

$$E(V(\tau_1, X(\tau_1^{+}))) \leqslant \lambda_2(\tau_1)E(V(\tau_1, X(\tau_1)))$$
$$\leqslant \lambda_2(\tau_1)c_1\varepsilon\exp\left(-\sum_{i=1}^{+\infty} \hat{\lambda}^{+}(\tau_i)\right)$$
$$= c_1\varepsilon\exp\left(\ln(\lambda_2((\tau_1))) - \sum_{i=1}^{+\infty} \hat{\lambda}^{+}(\tau_i)\right)$$
$$= c_1\varepsilon\exp\left(\hat{\lambda}(\tau_1) - \int_{\tau_1}^{\tau_2} \lambda_1^{+}(s)\mathrm{d}s - \sum_{i=1}^{+\infty} \hat{\lambda}^{+}(\tau_i)\right)$$
$$\leqslant c_1\varepsilon\exp\left(\hat{\lambda}^{+}(\tau_1) - \int_{\tau_1}^{\tau_2} \lambda_1^{+}(s)\mathrm{d}s - \sum_{i=1}^{+\infty} \hat{\lambda}^{+}(\tau_i)\right)$$
$$= c_1\varepsilon\exp\left(-\int_{\tau_1}^{\tau_2} \lambda_1^{+}(s)\mathrm{d}s - \sum_{i=2}^{+\infty} \hat{\lambda}^{+}(\tau_i)\right) \tag{5-25}$$

且由(5-25)式还可以得到

$$E(V(\tau_1, X(\tau_1^+))) \leqslant c_1 \varepsilon \exp\left(-\int_{\tau_1}^{\tau_2} \lambda_1^+(s) \mathrm{d}s\right) \tag{5-26}$$

则由 $c_1 E(\| X(\tau_1^+) \|^p) \leqslant E(V(\tau_1, X(\tau_1^+)))$ 知

$$E(\| X(\tau_1^+) \|^p) \leqslant \varepsilon \exp\left(-\int_{\tau_1}^{\tau_2} \lambda_1^+(s) \mathrm{d}s\right) < \frac{c_1}{c_2} \mu \exp\left(-\int_{\tau_1}^{\tau_2} \lambda_1^+(s) \mathrm{d}s\right)$$

由引理 3.2 及其注，知对任意的 $t \in (\tau_1, \tau_2]$，有

$$\begin{aligned} E(V(t, X(t))) &\leqslant E(V(\tau_1, X(\tau_1^+)))\exp\left(\int_{\tau_1}^{t} \lambda_1(s) \mathrm{d}s\right) \\ &\leqslant E(V(\tau_1, X(\tau_1^+)))\exp\left(\int_{\tau_1}^{t} \lambda_1^+(s) \mathrm{d}s\right) \\ &\leqslant E(V(\tau_1, X(\tau_1^+)))\exp\left(\int_{\tau_1}^{\tau_2} \lambda_1^+(s) \mathrm{d}s\right) \end{aligned} \tag{5-27}$$

结合(5-26)式可得

$$E(V(t, X(t))) \leqslant c_1 \varepsilon \exp\left(-\sum_{i=2}^{+\infty} \hat{\lambda}^+(\tau_i)\right) \leqslant c_1 \varepsilon$$

同样地，由 $c_1 \| X \|^p \leqslant V(t, X) \leqslant c_2 \| X \|^p$ 知

$$c_1 E(\| X(t) \|^p) \leqslant E(V(t, X(t))) \leqslant c_1 \varepsilon$$

即对任意 $t \in (\tau_1, \tau_2]$，有 $E(\| X(t) \|^p) \leqslant \varepsilon$，从而 $X(t)$ 在 $t \in (\tau_1, \tau_2]$ 是 p 阶矩稳定的。

重复以上步骤即可证明定理 5.1。

作为该定理的应用，下面我们考察脉冲信号作用下一些典型随机混沌系统在 p 阶矩意义下是否为稳定的问题。

5.5 参激白噪声作用下 Lorenz 系统的 p 阶矩稳定性

参激白噪声作用下的 Lorenz 系统可以表示为

$$\begin{cases} \dot{x} = -\sigma x + \sigma y + \beta x \dfrac{\mathrm{d}w_t}{\mathrm{d}t} \\ \dot{y} = rx - y - xz + \beta y \dfrac{\mathrm{d}w_t}{\mathrm{d}t} \\ \dot{z} = xy - bz + \beta z \dfrac{\mathrm{d}w_t}{\mathrm{d}t} \end{cases} \tag{5-28}$$

其中，σ，r，b，β 为非负参数，w_t 为标准 Wiener 过程。系统(5-28)在一种脉冲信号作用

下可以表示为

$$
\begin{cases}
\left.\begin{aligned}
\dot{x} &= -\sigma x + \sigma y + \beta x \frac{\mathrm{d}w_t}{\mathrm{d}t} \\
\dot{y} &= rx - y - xz + \beta y \frac{\mathrm{d}w_t}{\mathrm{d}t} \\
\dot{z} &= xy - bz + \beta z \frac{\mathrm{d}w_t}{\mathrm{d}t}
\end{aligned}\right\} \quad t \neq \tau_i \\
\left.\begin{aligned}
x(\tau_i^+) &= (1+k_1)x(\tau_i) \\
y(\tau_i^+) &= (1+k_1)y(\tau_i) \\
z(\tau_i^+) &= (1+k_1)z(\tau_i)
\end{aligned}\right\} \quad i = 1,\ 2,\ \cdots
\end{cases}
\tag{5-29}
$$

其中，k_1，k_2，k_3 是控制参数。下面考察脉冲信号作用下随机 Lorenz 系统的 p 阶矩稳定性问题，即考察系统(5-29)是否满足定理 5.1 的条件。

记 $D=\max\{d_i \mid d_i=\tau_{i+1}-\tau_i,\ i=0,\ 1,\ 2,\ \cdots\}$，取 $V(t,\ X)=x^2+y^2+z^2$，容易看出定理 5.1 的第一个条件满足。且当 $t \neq \tau_i$ 时，

$$
\begin{aligned}
E(\mathrm{L}(V(t,\ X))) &= E((\beta^2-4\sigma)x^2+(\beta^2-4)y^2+(\beta^2-4b)z^2+4(\sigma+r)xy) \\
&\leqslant E((\beta^2-2\sigma+2r)x^2+(\beta^2-4+2\sigma+2r)y^2+(\beta^2-4b)z^2)
\end{aligned}
\tag{5-30}
$$

取 $\lambda_1(t)=\max\{|\beta^2-2\sigma+2r|,\ |\beta^2-4+2\sigma+2r|,\ |\beta^2-4b|\}$，$M=\lambda_1 D$，则对所有的 $i=0,\ 1,\ 2,\ \cdots$，有 $\int_{\tau i}^{\tau i+1}\lambda_1^+(s)\mathrm{d}s \leqslant M$。且由(5-30)式知对所有的 $t \in \mathbf{R}_{t_0} \setminus \Gamma$ 有

$$
E(\mathrm{L}(V(t,\ X(t)))) \leqslant \lambda_1(t)E(V(t,\ X(t)))
$$

从而定理 5.1 的第二个条件成立。记

$$
\lambda_2(t)=(1+k)^2=\max\{(1+k_1)^2,\ (1+k_2)^2,\ (1+k_3)^2\}
$$

则有

$$
\begin{aligned}
E(V(\tau_i,\ X(\tau_i^+))) &= E((1+k_1)^2x^2(\tau_i)+(1+k_2)^2y^2(\tau_i)+(1+k_3)^2z^2(\tau_i)) \\
&\leqslant \lambda_2(\tau_i)E(V(\tau_i,\ X(\tau_i)))
\end{aligned}
$$

从而定理 5.1 的第三个条件成立。故由定理 5.1 知道，随机脉冲系统(5-30)在 p 阶矩的意义下是稳定。

5.6　随机 Chen 系统的 p 阶矩稳定性

作为 p 阶矩稳定性的应用，考察如下参激白噪声作用下的 Chen 系统的 p 阶矩稳定

性：

$$\begin{cases} \dot{x} = -ax + ay + \beta x \dfrac{dw_t}{dt} \\ \dot{y} = (c-a)x + cy - xz + \beta y \dfrac{dw_t}{dt} \\ \dot{z} = xy - bz + \beta z \dfrac{dw_t}{dt} \end{cases} \tag{5-31}$$

其中，a，b，c，β 是系统参数，w_t 为标准 Wiener 过程。系统(5-31)在一种脉冲信号作用下的微分方程为

$$\begin{cases} \left.\begin{aligned} \dot{x} &= -ax + ay + \beta x \dfrac{dw_t}{dt} \\ \dot{y} &= (c-a)x - y - xz + \beta y \dfrac{dw_t}{dt} \\ \dot{z} &= xy - bz + \beta z \dfrac{dw_t}{dt} \end{aligned}\right\} \quad t \neq \tau_i \\ \left.\begin{aligned} x(\tau_i^+) &= (1+k_1)x(\tau_i) \\ y(\tau_i^+) &= (1+k_1)y(\tau_i) \\ z(\tau_i^+) &= (1+k_1)z(\tau_i) \end{aligned}\right\} \quad i = 1, 2, \cdots \end{cases} \tag{5-32}$$

其中，k_1，k_2，k_3 是控制参数。下面考察脉冲信号作用下随机 Chen 的 p 阶矩稳定性问题，即考察系统(5-32)是否满足定理 5.1 的条件。

类似于上例，$D = \max\{d_i \mid d_i = \tau_{i+1} - \tau_i,\ i = 0, 1, 2, \cdots\}$，$V(t, X) = x^2 + y^2 + z^2$，容易看出定理 5.1 的第一个条件满足。且当 $t \neq \tau_i$ 时，有

$$\begin{aligned} E(\mathrm{L}(V(t, X))) &= E((\beta^2 - 4a)x^2 + (\beta^2 - 4)y^2 + (\beta^2 - 4b)z^2 + 4cxy) \\ &\leqslant E((\beta^2 - 4a + 2c)x^2 + (\beta^2 - 4 + 2c)y^2 + (\beta^2 - 4b)z^2) \end{aligned} \tag{5-33}$$

取 $\lambda_1(t) = \max\{|\beta^2 - 4a + 2c|, |\beta^2 - 4 + 2c|, |\beta^2 - 4b|\}$，$M = \lambda_1 D$，则对所有的 $i = 0, 1, 2, \cdots$，有

$$\int_{\tau_i}^{\tau_{i+1}} \lambda_1^+(s) ds \leqslant M$$

且由(5-30)式知对所有的 $t \in \mathbf{R}_{t_0} \setminus \Gamma$ 有

$$E(\mathrm{L}(V(t, X(t)))) \leqslant \lambda_1(t) E(V(t, X(t)))$$

从而定理 5.1 的第二个条件成立。记

$$\lambda_2(t)=(1+k)^2=\max\{(1+k_1)^2,\ (1+k_2)^2,\ (1+k_3)^2\}$$

则有

$$\begin{aligned}E(V(\tau_i,\ X(\tau_i^+)))&=E((1+k_1)^2x^2(\tau_i)+(1+k_2)^2y^2(\tau_i)+(1+k_3)^2z^2(\tau_i))\\&\leqslant\lambda_2(\tau_i)E(V(\tau_i,\ X(\tau_i)))\end{aligned}$$

从而定理 5. 1 的第三个条件成立。故由定理 5.1 知道，随机脉冲系统(5-32)在 p 阶矩的意义下稳定。

本章研究了随机脉冲微分方程的一种随机稳定性——p 阶矩稳定性，并在前人工作的基础上以及更符合脉冲微分系统一般假设条件和较弱的条件下，给出了随机脉冲微分方程 p 阶矩稳定性的判定定理。与文献[182]，[183]相比较，本节定理 5.1 的条件较弱，在实际的混沌系统中也更加容易实现。作为应用，我们考察了一些典型随机混沌系统在脉冲信号作用下的 p 阶矩稳定性问题，实例说明，该判定定理在判断随机脉冲微分方程 p 阶矩稳定性时很便利。本章为后面章节研究的基础研究。

第6章　随机脉冲系统的渐近 p 阶矩稳定性及其在混沌控制中的应用

6.1 引　　言

许多连续渐变的过程或者系统，由于某种原因，在极短的时间内遭受突然的改变或者干扰，从而改变原来的运动轨迹，发生跳跃，这种现象被称为脉冲效应。而在实际的生产生活中，脉冲效应往往是作为一种工具，用来主动地改变目标的运动，使之达到理想的运动状态。例如火箭及卫星在轨运行时对其施加脉冲信号，使之改变运动轨迹；武器系统中的脉冲武器、电子电路系统中的脉冲电路、生物医学试验中的脉冲给药试验、通信中的调频、控制理论中的脉冲控制方法等。特别是在控制理论中，往往是在控制时间点上，给予系统一个突然的外界信号，从而使系统达到预期的运动状态。这个外界信号可以是一次的或者多次的，且脉冲时间点可以是等间隔或者不等间隔的，或者脉冲时间点是随机的。并且脉冲控制具有达到目标运动状态的速度快、鲁棒性较强等优点，特别适用于一些经不起长期外在信号激励或者外在信号代价高昂的控制问题。

在混沌控制与同步的研究中，往往需要判断控制系统或者同步误差系统的稳定性问题，我们可以根据控制系统的平凡解是否为渐近稳定的，来判定该系统是否能够被控制在零点；也可以根据同步误差系统是否渐近稳定来判断两个系统能否实现同步。对于随机动力系统的相应问题，我们则需要考虑随机意义下的稳定性。而随机意义下的稳定有很多标准，稳定的强弱程度也不一样，这就使得随机意义下的稳定性非常复杂。特别是对于随机微分系统的脉冲控制问题的稳定性，就更加复杂。关于随机脉冲微分系统的稳定性问题，现有的文章研究得很少。其中需要特别提出的是，Wu[182],[183]研究了一个随机跳过程的 p 阶矩稳定性问题，但是对于随机脉冲微分方程解的假设与习惯性的不一样，且判断随机脉冲微分方程 p 阶矩稳定性的判定定理条件苛刻，在实际系统中不太容易得到满足，因而显得不太方便。Li [184] 研究了随机脉冲微分方程的渐近 p 阶矩稳定性，建立了随机脉冲微分方程渐近 p 阶矩稳定性判定定理，并在一个特殊混沌系统中的脉冲控制、脉冲同步以及神经网络中加以应用。本章在以上文献的基础上，更进一步考察了随机脉冲微分方程的渐近 p 阶矩稳定性问题，简化了文献[184]中判定定理的条件，且给出了自己的证明。并将这些判定定理应用到一些典型三维随机混沌系统的脉冲控制中去，得到能够实现脉冲控制的稳定性区域，并用数值方法验证了理论结果的正确性。

6.2　基础知识及重要引理

这一章的符号如果没有特殊说明，所代表的意义和第三章相同。考察如下参激白噪声作用下的脉冲微分系统：

$$\begin{cases} dX(t)=f(t,\ X(t))dt+g(t,\ X(t))dw(t), & t\neq\tau_i \\ \Delta X|_{t=\tau_i}=U(i,\ X)=X(\tau_i^+)-X(\tau_i^-), & t=\tau_i \\ X(t_0^+)=X_0, & i=0,\ 1,\ 2,\ \cdots \end{cases} \tag{6-1}$$

这个随机脉冲微分方程和第 5 章的一样，假设条件在此就不再赘述了。系统(6-1)的伴随系统为

$$\begin{cases} dY(t)=f(t,\ Y)dt+g(t,\ Y)dw(t) \\ Y(t_0)=Y_0 \end{cases} \tag{6-2}$$

下面引入系统(6-2)的辅助系统

$$\dot{u}=H(u,\ t),\ u(t_0)=u_0\geqslant 0 \tag{6-3}$$

并且假设

(1) $H\in C[\mathbf{R}_+\times\mathbf{R}_+,\ \mathbf{R}]$，$H(u,\ t)$ 对每一个 t 关于 u 为单调非降的凹函数；

(2)系统(6-3)在 $t\geqslant t_0$ 时存在最大解 $\Upsilon(t,\ u_0,\ t_0)$。

下面介绍一些本章将要用到的基本概念和引理。

定义 6.1　设 $p>0$，则系统(6-1)的平凡解称为是 p 阶矩稳定的，如果对任意 $\varepsilon>0$，存在 $\delta>0$，使得当 $\|x_0\|^p<\delta$ 时，有 $E(\|x(t)\|^p)<\varepsilon$，$t>t_0$；

称(6-1)的平凡解为一致 p 阶矩稳定的，如果平凡解是 p 阶矩稳定的，且 δ 的取值与 t_0 无关。

特别地，如果系统(6-1)的平凡解是 p 阶矩稳定的，且对任意 $X=0$ 附近的初值 X_0 有

$$\lim_{t\to\infty} E(\| X(t) \|^p)=0$$

则称系统(6-1)的平凡解是渐近 p 阶矩稳定的。

定义 6.2 我们称一个连续函数 $\phi: \mathbf{R}_+ \to \mathbf{R}_+$ 是一个凸函数(凹函数)，如果对所有的 x，$y\in \mathbf{R}_+$ 以及 $0\leqslant \alpha \leqslant 1$，都有

$$\phi(\alpha x+(1-\alpha)y)\leqslant \alpha\phi(x)+(1-\alpha)\phi(y),$$

$$\phi(\alpha x+(1-\alpha)y)\geqslant \alpha\phi(x)+(1-\alpha)\phi(y)$$

若 $f(x)$ 是凸函数(凹函数)，则有如下关于数学期望的 Jensen 不等式：

$$f(E(X))\leqslant E(f(X)),\quad f(E(X))\geqslant E(f(X))$$

定义 6.3(局部 Lipschitz 条件) 对于 G 内任一点 (t_0, X_0)，存在闭邻域 $R\subset \mathbf{G}$，

$$R: |t-t_0|\leqslant a,\ \|X-X_0\|\leqslant b$$

我们称一个函数 $f(t, X)$ 在域 G 内关于 X 满足局部 Lipschitz 条件是指，存在常数 $L>0$，使得不等式

$$\| f(t, \widetilde{X})-f(t, \overline{X})\| \leqslant L \| \widetilde{X}-\overline{X} \|$$

对所有的 $(t, \widetilde{X})$，$(t, \overline{X})\in R$ 都成立，其中的 L 称为 Lipschitz 常数。

定义 6.4 函数 $V(t, X): \mathbf{R}_{t_0}\times \mathbf{R}^n \to \mathbf{R}_+$ 称作属于族 V_0，如果

(1) V 在每一个集合 $(\tau_{k-1}, \tau_k]\times \mathbf{R}^n$ 上连续，对所有的 $t\geqslant 0$，有 $V(t, 0)=0$，且 $\lim\limits_{(t, y)\to(\tau_k^+, x)} V(t, y)=V(\tau_k^+, x)$；

(2) $V(t, X)$ 在 $x\in \mathbf{R}^n$ 时关于 X 满足局部 Lipschitz 条件。

定义 6.5 我们称一个连续函数 ϕ：$[0, r]\to \mathbf{R}_+$ 属于族 K，如果 $\phi(0)=0$，且 ϕ 在区间 $[0, r]$ 上严格递增。

定义 6.6(比较系统) 设 $V(t, X)\in V_0$，并有

$$\mathrm{L}V(t, X)\leqslant H(t, V(t, X)),\quad t\neq \tau_k$$

$$V(t, X+U(k, X))\leqslant \psi_k(V(t, X)),\quad t=\tau_k$$

其中，H：$\mathbf{R}_{t_0}\times \mathbf{R}^n\to \mathbf{R}_+$ 是 $(\tau_{k-1}, \tau_k]\times \mathbf{R}^n$ 上关于每一个 $X\in \mathbf{R}^n$ 连续非降的凹函数，$k=1, 2, \cdots$，且 $\lim\limits_{(t, y)\to(\tau_k^+, x)} V(t, y)=V(\tau_k^+, x)$，$\psi_k$：$\mathbf{R}_{t_0}\times \mathbf{R}^n\to \mathbf{R}_+$ 是一个非降的凹函数，则下面的系统称为系统(6-1)的比较系统：

$$\begin{cases}\dot{\omega}=H(t,\ \omega), & t\neq\tau_k\\ \omega(\tau_k^+)=\psi_k(\omega(\tau_k)), & k=1,\ 2,\ \cdots\\ \omega(\tau_0^+)=\omega_0\geqslant 0\end{cases}\tag{6-4}$$

定义 6.7　设 $\omega_{\max}(t)=\omega_{\max}(t,\ t_0,\ \omega_0)$ 是系统(6-4)的一个解，如果关于系统(6-4)的任意一个解 $\omega(t)=\omega(t,\ t_0,\ \omega_0)$，都有 $\omega(t)\leqslant\omega_{\max}(t)$，则 $\omega_{\max}(t)$ 称为系统(6-4)在 $[t_0,\ t_0+T)$ 上的最大解。

引理 6.1[185],[186]　对于系统(6-2)及其辅助系统(6-3)，若满足如下条件：

(H_1)　$LV(t,\ Y)\leqslant H(t,\ V(t,\ Y))$；

(H_2)　$V_0=V(t_0,\ Y_0)\leqslant u_0$，

则有 $E(V(t,\ Y))\leqslant\Upsilon(t,\ u_0,\ t_0)$。

证　取 $m(t)=E(V(t,\ Y))$，则 $m(t_0)=V(t_0,\ Y_0)=V_0$。由 Itô 公式可得

$$dV(t,\ Y(t))=L(V(t,\ Y(t)))+g(t,\ Y(t))\frac{\partial V(t,\ Y)}{\partial Y}dw(t)$$

从而有

$$V(t,\ Y(t))=V(t_0,\ Y_0)+\int_{t_0}^{t}L(V(s,\ Y(s)))ds+\int_{t_0}^{t}g(s,\ Y(s))\frac{\partial V(t,\ Y)}{\partial Y}dw(s)$$

可得 $E(V(t,\ Y(t)))=V(t_0,\ Y_0)+E\left(\int_{t_0}^{t}L(V(s,\ Y(s)))ds\right)$，即

$$\begin{aligned}m(t)&=m(t_0)+\int_{t_0}^{t}E(L(V(s,\ Y(s))))ds\\&\leqslant m(t_0)+\int_{t_0}^{t}E(H(s,\ V(s,\ Y(s))))ds\end{aligned}$$

由于函数 $H(s)$ 是一个凹函数，由 Jensen 不等式可得

$$\begin{aligned}m(t)&\leqslant m(t_0)+\int_{t_0}^{t}H(s,\ E(V(s,\ Y(s))))ds\\&=m(t_0)+\int_{t_0}^{t}H(s,\ m(s))ds\end{aligned}$$

令 $n(t)=m(t_0)+\int_{t_0}^{t}H(s,\ m(s))ds$，则当 $t\geqslant t_0$ 时有 $m(t)\leqslant n(t)$，且由 $H(s)$ 是一个单调的非降函数可知

$$n'(t)=H(t,\ m(t))\leqslant H(t,\ n(t)),\quad t\geqslant t_0$$

从而有微分不等式：$n'(t)\leqslant H(t,\ n(t))$，$t\geqslant t_0$。

再由 $n(t_0)=m(t_0)=V(t_0, Y_0)\leqslant u_0$，根据经典的比较定理有

$$m(t)\leqslant n(t)\leqslant \Upsilon(t, u_0, t_0), t\geqslant t_0$$

即 $E(V(t, Y(t)))\leqslant \Upsilon(t, u_0, t_0)$，$t\geqslant t_0$。

6.3 随机脉冲系统的渐近 p 阶矩稳定性

关于随机脉冲微分方程的渐近 p 阶矩稳定性，文献[184]里面已经有一定的描述，但是在该文献中关于随机脉冲微分方程解的假设与脉冲微分方程解的习惯性假设不一致，且判定定理的条件在现实的脉冲微分系统中不容易实现。本章将在更符合脉冲微分方程解的假设条件情况下，给出随机脉冲微分方程渐近 p 阶矩稳定性简单易行的判定定理，并给出详细的证明过程。

定理 6.1 对随机脉冲微分系统(6-1)及其比较系统(6-4)，记 $\omega_{\max}(t)$ 为系统(6-4)在 $[t_0, +\infty)$ 上的最大解，则对系统(6-1)的任一解 $X(t)=X(t, t_0, X_0)$，对所有的 $t\geqslant t_0$，由 $V(t_0, X_0)\leqslant \omega_0$ 可以得到 $E(V(t, X(t)))\leqslant \omega_{\max}(t)$。

证 我们利用数学归纳法来证明这个定理。当 $t\in[t_0, \tau_1]$ 时，由引理 6.1 有

$$E(V(t, X(t)))\leqslant \omega_{\max}(t)$$

特别地，有 $E(V(\tau_1, X(\tau_1)))\leqslant \omega_{\max}(\tau_1)$。注意到 $\psi(\cdot)$ 是非降函数及凹函数，由 Jensen 不等式可以得到

$$\begin{aligned}E(V(\tau_1^+, X(\tau_1^+)))&\leqslant E(\psi_1(V(\tau_1, X(\tau_1))))\leqslant \psi_1(E(V(\tau_1, X(\tau_1))))\\&\leqslant \psi_1(\omega_{\max}(\tau_1))\leqslant \omega_{\max}(t)\end{aligned}$$

当 $t\in(\tau_1, \tau_2]$ 时，由引理 6.1 知道

$$E(V(t, X(t)))\leqslant \omega_{\max}(t)$$

下面假设定理 1 的结论对 $t\in(\tau_{i-1}, \tau_i]$ 成立，即对 $t\in(\tau_{i-1}, \tau_i]$ 时有

$$E(V(t, X(t)))\leqslant \omega_{\max}(t)$$

特别地，有 $E(V(\tau_i, X(\tau_i)))\leqslant \omega_{\max}(\tau_i)$，则当 $t\in(\tau_i, \tau_{i+1}]$ 时，注意到 $\psi(\cdot)$ 是非降函数及凹函数，由 Jensen 不等式可以得到

$$\begin{aligned}E(V(\tau_i^+, X(\tau_i^+)))&\leqslant E(\psi_i(V(\tau_i, X(\tau_i))))\leqslant \psi_i(E(V(\tau_i, X(\tau_i))))\\&\leqslant \psi_i(\omega_{\max}(\tau_i))\leqslant \omega_{\max}(t)\end{aligned}$$

对于 $t\in(\tau_i, \tau_{i+1}]$，由引理 6.1 知道，$E(V(t, X(t)))\leqslant \omega_{\max}(t)$。

从而由数学归纳法的原理知道，定理的结论成立。

定理 6.2　设存在一个函数 $V(t, X) \in C^{1,2}(\mathbf{R}_{t_0} \times \mathbf{R}^n, \mathbf{R}_+)$ 满足

(H_1)　$\beta(\|X(t)\|^p) \leqslant V(t, X) \leqslant \alpha(\|X(t)\|^p)$，其中的 $\alpha(\cdot)$，$\beta(\cdot) \in K$，且 $\beta(\cdot)$ 是凸函数；

(H_2)　当 $t \neq \tau_k$ 时，有 $LV(t, X) \leqslant H(t, V(t, X))$；

(H_3)　存在一个 $\rho_0 > 0$，使得当 $X \in S_{\rho_0}$ 时，有 $X + U(k, X) \in S_{\rho_0}$，且当 $t = \tau_k$ 时，有 $V(t, X + U(k, X)) \leqslant \psi_k(V(t, X))$。

则比较系统(6-4)平凡解的稳定性蕴含着系统(6-1)平凡解相应的 p 阶矩稳定性。

证　该定理的证明分两个步骤。

第一步，证明系统(6-4)平凡解的稳定性蕴含着系统(6-1)平凡解的 p 阶矩稳定性。假设系统(6-4)的平凡解是稳定的，即对任意 $\varepsilon > 0$，存在 $\delta = \delta(t_0, \varepsilon) > 0$，使得当 $0 \leqslant \omega_0 < \delta$ 时有

$$\omega(t, t_0, \omega_0) < \beta(\varepsilon), \quad t > t_0$$

特别地，

$$\omega_{\max}(t, t_0, \omega_0) < \beta(\varepsilon), \tag{6-5}$$

其中，$\omega(t, t_0, \omega_0)$ 是系统(6-4)的平凡解。记 $\omega_0 = \alpha(\|X_0\|^p)$，我们首先提出下面的命题：

命题 6.1　对于系统(6-1)平凡解 $X(t) = X(t, t_0, X_0)$，当 $\|X_0\|^p < \delta$ 时，有

$$E(\|X_t\|^p) < \varepsilon, \quad t \geqslant t_0。$$

下面利用反证法来证明这个命题。

如果该命题不成立，即存在一个 $k \in \mathbf{N}$，$t_1 > t_0$，系统(6-1)的一个平凡解 $X_1(t) = X_1(t, t_0, X_0)$，使得当 $t_1 \in (\tau_{k-1}, \tau_k]$ 及 $\|X_0\|^p < \delta$ 时，有 $E(\|X_1(t_1)\|^p) \geqslant \varepsilon$。取 $\omega_0 = \alpha(\|X_0\|^p) \geqslant V(t_0, X_0)$，由定理 6.1 有

$$E(V(t_1, X(t_1))) \leqslant \omega_{\max}(t_1) \leqslant \omega_{\max}(t) \tag{6-6}$$

由本定理的条件、Jensen 不等式以及(6-5)式和(6-6)式，有

$$\begin{aligned} \beta(\varepsilon) &\leqslant \beta(E(\|X_1(t_1)\|^p)) \leqslant E(\beta(\|X_1(t_1)\|^p)) \leqslant E(V(t_1, X_1(t_1))) \\ &\leqslant \omega_{\max}(t, t_0, \omega_0) < \beta(\varepsilon) \end{aligned} \tag{6-7}$$

出现矛盾，则假设不成立，从而命题 6.1 成立。也就是说，系统(6-1)的平凡解是 p 阶矩稳定的。

第二步，证明系统(6-4)平凡解的渐近稳定性蕴含着系统(6-1)平凡解的渐近 p 阶矩稳定性。首先假设系统(6-4)的平凡解是渐近稳定的，即它的平凡解是稳定的和吸引的。由第一步的证明可知，系统(6-1)的平凡解是 p 阶矩稳定的。即对任意的 $\varepsilon > 0$，存在 $\delta_1 > 0$，使得由 $\| X_0 \| < \delta_1$ 得

$$E(\| X(t) \|^p) < \varepsilon,\ t > t_0 \tag{6-8}$$

由系统(6-4)平凡解的吸引性，即对上述的 $\varepsilon > 0$，存在 $\delta_2 > 0$，$T > 0$ 使得当 $0 \leqslant \omega_0 \leqslant \delta_2$ 时，对所有的 $t \geqslant t_0 + T$，有

$$\omega(t) = \omega(t,\ t_0,\ \omega_0) < \beta(\varepsilon) \tag{6-9}$$

取 $\delta_0 = \min\{\delta_1,\ \delta_2\}$，则当 $\| X_0 \| < \delta_0$，$0 \leqslant \omega_0 = \alpha(\| X_0 \|^p) \leqslant \delta_0$，$t \geqslant t_0 + T$ 时，(6-8)式与(6-9)式同时成立。由定理 6.1 及 $V(t_0,\ X_0) \leqslant \alpha(\| X_0 \|^p)$ 知道

$$E(V(t,\ X)) \leqslant \omega_{\max}(t,\ t_0,\ \alpha(\| X_0 \|^p)) = \omega_{\max}(t) \tag{6-10}$$

由(6-9)式，(6-10)式及 Jensen 不等式可得

$$\beta(E(\| X(t) \|^p)) \leqslant E(\beta(\| X(t) \|^p)) \leqslant E(V(t,\ X)) \leqslant \omega_{\max}(t) < \beta(\varepsilon)$$

同时注意到 $\beta(\cdot)$ 是非降函数，故对任意的 $\varepsilon > 0$，取 $\delta_0 = \min\{\delta_1,\ \delta_2\}$，当 $\| X_0 \| < \delta_0$，$t \geqslant t_0 + T$ 时，有

$$E(\| X(t) \|^p) < \varepsilon$$

即系统(6-1)的平凡解是吸引的。从而系统(6-1)的平凡解是渐近 p 阶矩稳定的。

注：在渐近 p 阶矩稳定性中，当 $p=2$ 时，渐近 2 阶矩稳定性也称为均方稳定性。由文献[154]知，如果一个系统的平凡解是均方稳定的，那么这个系统的平凡解一定是随机渐近稳定的。所以，在定理 6.2 的条件下也可得出系统(6-1)的平凡解是随机渐近稳定的结论来。

定理 6.3[115]　设 $H(t,\ \omega) = \lambda(t)\omega$，$\lambda \in C^1(\mathbf{R}_+,\ \mathbf{R}_+)$，$\lambda(t) \geqslant 0$，$\psi_k(\omega(\tau_k)) = d_k\omega$，$d_k \geqslant 0$，则系统(6-4)的平凡解是：

(1)稳定的，如果对所有的 k，有

$$\lambda(\tau_{k+1}) + \ln(d_k) \leqslant \lambda(\tau_k);$$

(2)渐近稳定的，如果对所有的 k，且 $\gamma > 1$，有

$$\lambda(\tau_{k+1}) + \ln(\gamma d_k) \leqslant \lambda(\tau_k)。$$

6.4　一些典型随机混沌系统的脉冲控制

作为上节随机脉冲微分方程渐近 p 阶矩稳定性的应用，本节研究一些典型随机混沌

系统在 p 阶矩意义下的脉冲控制问题。通过考察施加脉冲信号后的随机系统是否满足上节提出的判定定理的条件，来判断该随机系统能否在 p 阶矩的意义下用脉冲方法实现混沌控制，并从理论上得到能使脉冲系统稳定的参数区域，即在该区域内的参数取值，都能够用脉冲方法对随机混沌系统实现混沌控制，而在区域之外的参数取值却不一定能实现混沌控制。通过数值模拟验证了理论结果的正确性。

6.4.1　参激白噪声作用下 Lorenz 系统的脉冲控制

参激白噪声作用下的 Lorenz 系统可以表示为：

$$\begin{cases} \dot{x} = -\sigma x + \sigma y + \beta x \dfrac{\mathrm{d}w_t}{\mathrm{d}t} \\ \dot{y} = rx - y - xz + \beta y \dfrac{\mathrm{d}w_t}{\mathrm{d}t} \\ \dot{z} = xy - bz + \beta z \dfrac{\mathrm{d}w_t}{\mathrm{d}t} \end{cases} \tag{6-11}$$

其中，σ，r，b，β 为非负参数，w_t 为标准 Wiener 过程。当 $\sigma=10.0$，$r=28$，$b=\dfrac{8}{3}$，$\beta=0.01$ 时，Lorenz 系统为混沌状态，画出此时的 t-y 时间历程图，如图 6.1 所示。

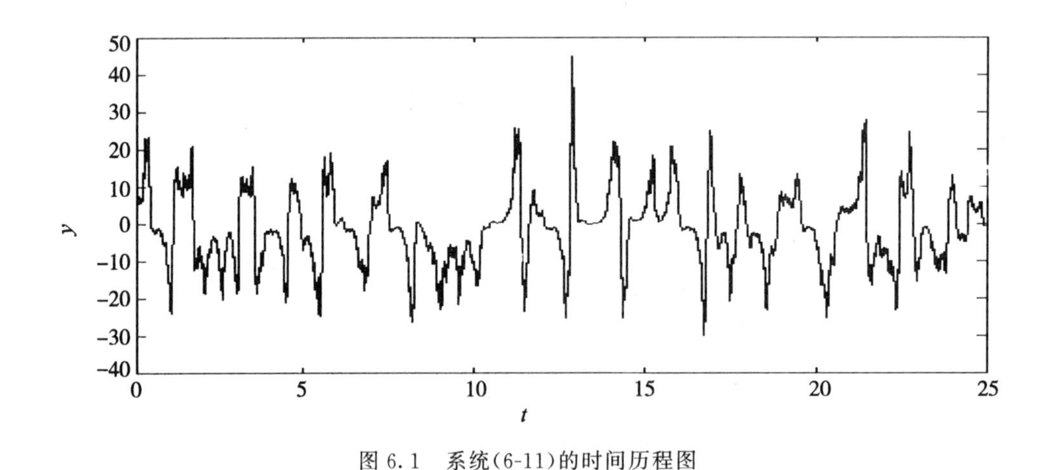

图 6.1　系统(6-11)的时间历程图

系统(6-11)的一种脉冲控制系统为：

$$\begin{cases}\left.\begin{aligned}&\dot{x}=-\sigma x+\sigma y+\beta x\frac{\mathrm{d}w_t}{\mathrm{d}t}\\&\dot{y}=rx-y-xz+\beta y\frac{\mathrm{d}w_t}{\mathrm{d}t}\\&\dot{z}=xy-bz+\beta z\frac{\mathrm{d}w_t}{\mathrm{d}t}\end{aligned}\right\}\quad t\neq\tau_i\\\left.\begin{aligned}&x(\tau_i^+)=(1+k_1)x(\tau_i)\\&y(\tau_i^+)=(1+k_2)x(\tau_i)\\&z(\tau_i^+)=(1+k_3)x(\tau_i)\end{aligned}\right\}\quad i=1,\ 2,\ \cdots\end{cases}\tag{6-12}$$

为方便研究，不妨假设脉冲时间间隔是等距的，即存在一个常数 $\delta>0$，使得 $\tau_{i+1}-\tau_i=\delta$，$i=0,\ 1,\ 2,\ \cdots$。下面考察系统(6-12)是否满足定理 6.2 的条件，即看系统(6-12)是否为渐近 p 阶矩稳定的，从而判断系统(6-11)是否能够在 p 阶矩的意义下用脉冲方法实现混沌控制。

取 $V(t,\ X)=x^2+y^2+z^2$。容易验证，定理 6.2 的第一个条件满足。当 $t\neq\tau_i$ 时，

$$\begin{aligned}\mathrm{L}(V(t,\ X))&=(\beta^2-2\sigma)x^2+(\beta^2-2)y^2+(\beta^2-2b)z^2+2\sigma xy+2rxy\\&\leqslant(\beta^2-\sigma+r)x^2+(\beta^2+\sigma+r-2)y^2+(\beta^2-2b)z^2\end{aligned}$$

取 $\dot{\lambda}(t)=\max\{|\beta^2-\sigma+r|,\ |\beta^2+\sigma+r-2|,\ |\beta^2-2b|\}$，则当 $t\in\mathbf{R}_{t_0}\setminus\Gamma$ 时，有

$$L(V(t,\ X))\leqslant\dot{\lambda}(t)V(t,\ X)$$

故在定理 6.2 中，取 $H(t,\ V(t,\ X))=\dot{\lambda}(t)V(t,\ X)$，即知该定理的第二个条件满足。当 $t=\tau_k$ 时，有

$$V(t,\ X+U(k,\ X))=(1+k_1)^2x^2(\tau_i)+(1+k_2)^2y^2(\tau_i)+(1+k_3)^2z^2(\tau_i)$$

取 $d_k=(1+k)^2=\max\{(1+k_1)^2,\ (1+k_2)^2,\ (1+k_3)^2\}$，且 $-2<k<0$，在定理 6.2 中取 $\Psi_k(V(t,\ X))=d_kV(\tau_k,\ X(\tau_k))$，从而有 $V(t,\ X+U(k,\ X))\leqslant\psi_k(V(t,\ X))$。故取系统(6-12)的比较系统为

$$\begin{cases}\dot{\omega}=\dot{\lambda}(t)\omega, & t\neq\tau_i\\\omega(\tau_i^+)=d_k\omega(\tau_i), & i=1,\ 2,\ \cdots\\\omega(t_0^+)=\omega_0\geqslant 0\end{cases}\tag{6-13}$$

其中，$\omega=(\omega_1,\ \omega_2,\ \omega_3)^{\mathrm{T}}$，从而由定理 6.2 可知系统(6-13)的稳定性蕴含着系统(6-12)相应的 p 阶矩稳定性。

由定理 6.3 知，当 $\dot{\lambda}(t)\delta+\ln(\gamma\,(1+k)^2)\leqslant 0$ 满足，即

$$0 \leqslant \delta \leqslant -\frac{\ln\gamma + 2\ln(1+k)}{\dot{\lambda}(t)} \tag{6-14}$$

时，系统(6-13)是渐近稳定的，从而由定理 6.2 可知系统(6-12)是渐近 p 阶矩稳定的。

当 $\sigma=10.0$，$r=28$，$b=\frac{8}{3}$，$\beta=0.1$ 时，$\lambda_1(t)=36.01$。由(6.14)得出系统(6-12)的稳定区域，画出相应的稳定区域图，如图 6.2 所示。曲线以下的部分为系统(6-12)的稳定区域。

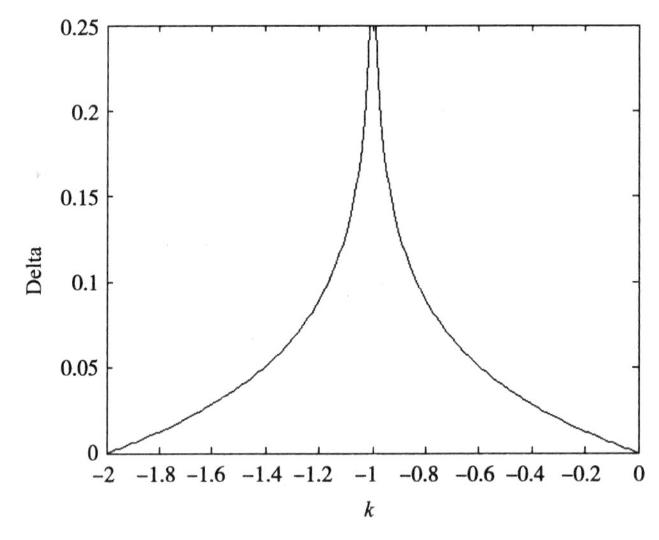

图 6.2　系统(6-12)的稳定区域图

数值模拟的结果如图 6.3 所示，其中的参数 $\delta=0.05$，$k_1=-1.3$，$k_2=k_3=-1.1$。该参数组合在图 6.2 的稳定区域内，按照上面的理论结果，此时系统的平凡解应是稳定的。

而在图 6.2 稳定区域之外的参数取值，却不一定能使系统的平凡解趋于稳定，也就是说在这些参数取值下，同样的方法不能对原随机混沌系统实现脉冲控制。例如，取 $\delta=0.1$，$k_1=-1.8$，$k_2=k_3=-1.1$，这些点组合在图 6.2 的稳定区域之外。其他的参数取值不变，画出施加控制后的时间历程图，如图 6.4 所示。从图中可以看出，在这些参数条件下，不能对系统(6-11)用脉冲方法实现混沌控制。

从图 6.3 中可以看出，脉冲方法可以很快地对系统(6-11)实现混沌控制。这就从数值上验证了本章定理 6.2 的有效性。

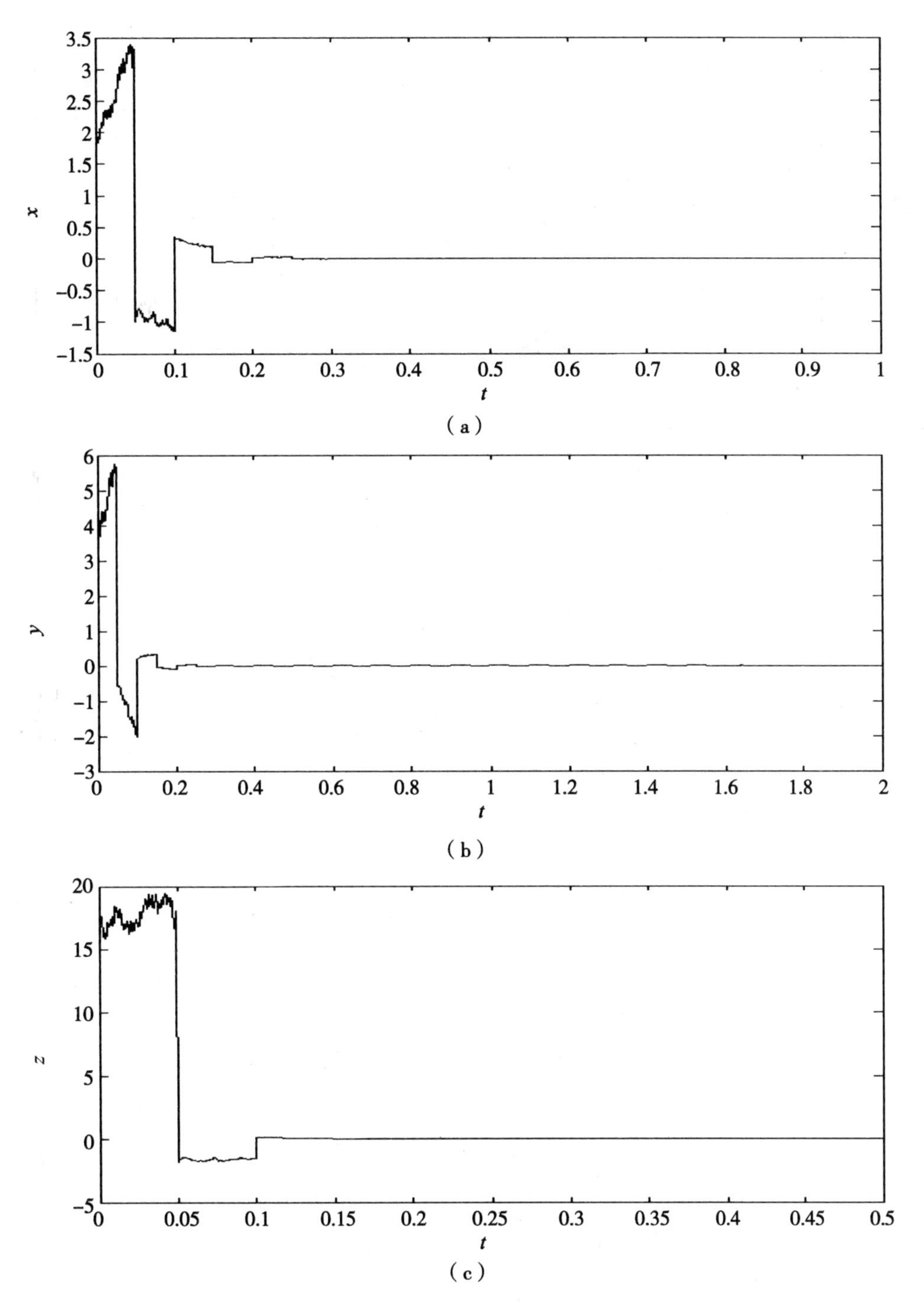

图 6.3　系统(6-12)在稳定状态下的时间历程图

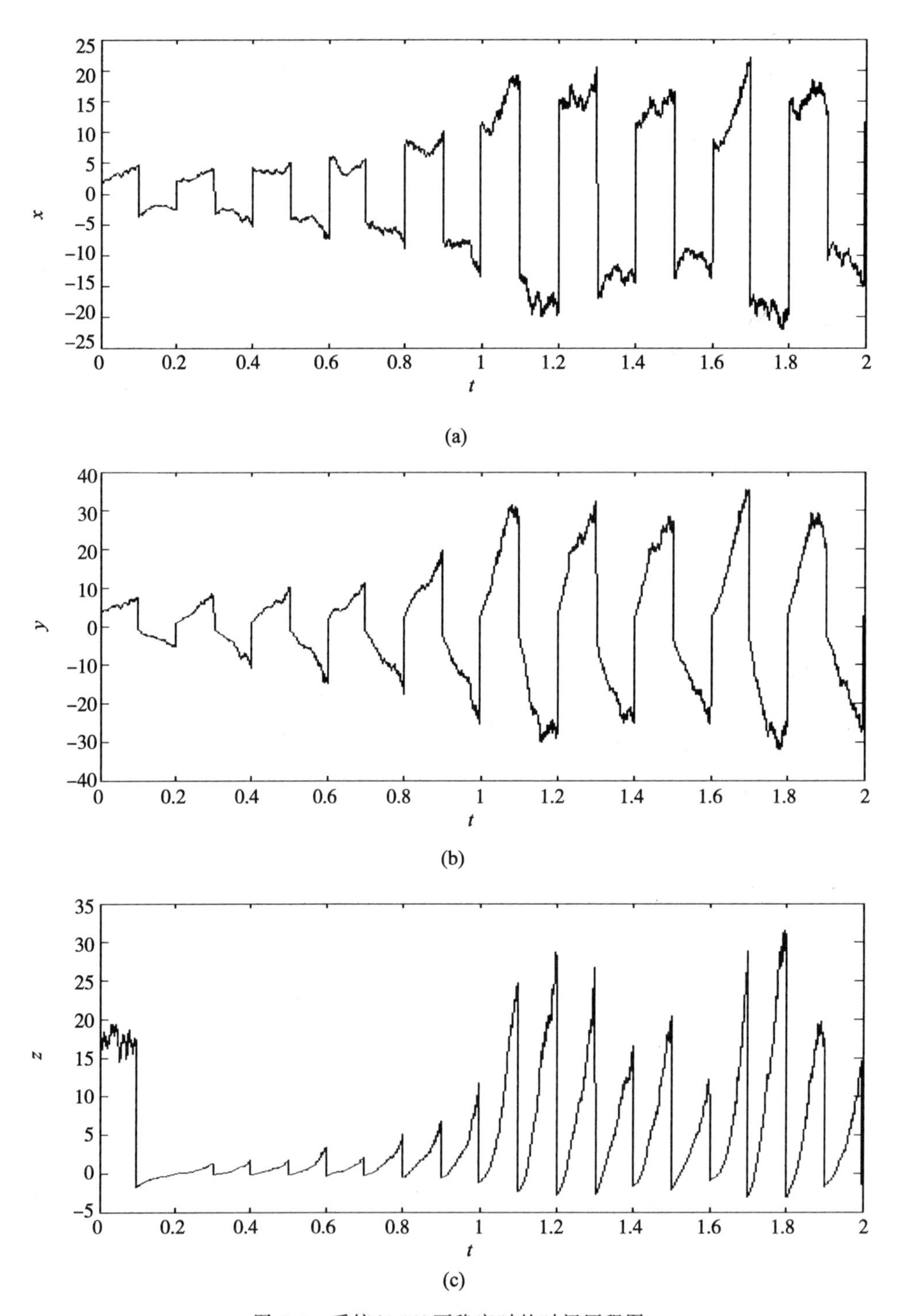

图 6.4　系统(6-12)不稳定时的时间历程图

6.4.2　参激白噪声作用下 Chen 系统的脉冲控制

参激白噪声作用下的 Chen 系统可以表示为：

$$\begin{cases}\dot{x}=-ax+ay+\beta x\dfrac{\mathrm{d}w_t}{\mathrm{d}t}\\ \dot{y}=(c-a)x+cy-xz+\beta y\dfrac{\mathrm{d}w_t}{\mathrm{d}t}\\ \dot{z}=xy-bz+\beta z\dfrac{\mathrm{d}w_t}{\mathrm{d}t}\end{cases}\tag{6-15}$$

其中，a，b，c，β 为非负参数，w_t 为标准 Wiener 过程。当 $a=35.0$，$b=3.0$，$c=28.0$，$\beta=0.01$ 时，Chen 系统为混沌状态，画出此时的时间历程图，如图 6.5 所示。

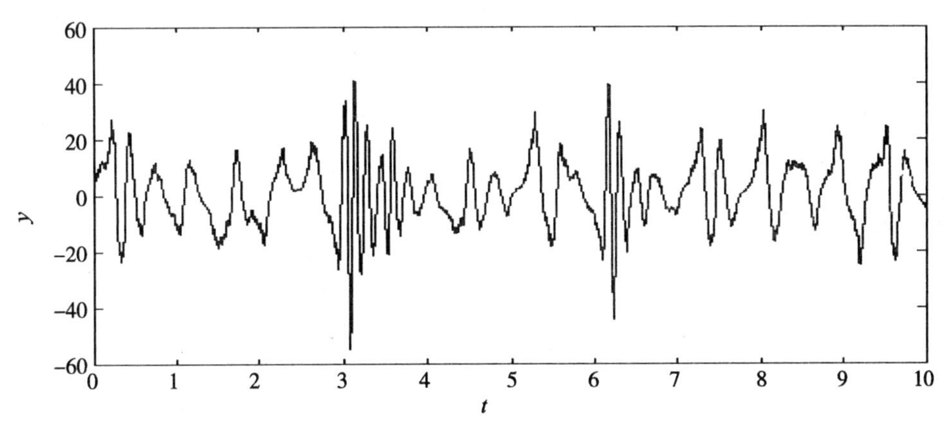

图 6.5　系统(6-15)的时间历程图

相应的脉冲控制系统为：

$$\begin{cases}\left.\begin{aligned}&\dot{x}=-ax+ay+\beta x\dfrac{\mathrm{d}w_t}{\mathrm{d}t}\\ &\dot{y}=(c-a)x+cy-xz+\beta y\dfrac{\mathrm{d}w_t}{\mathrm{d}t}\\ &\dot{z}=xy-bz+\beta z\dfrac{\mathrm{d}w_t}{\mathrm{d}t}\end{aligned}\right\} & t\neq\tau_i\\ \left.\begin{aligned}&\dot{x}(\tau_i^+)=(1+k_1)x(\tau_i)\\ &\dot{y}(\tau_i^+)=(1+k_2)y(\tau_i)\\ &\dot{z}(\tau_i^+)=(1+k_3)z(\tau_i)\end{aligned}\right\} & i=1,\ 2,\ \cdots\end{cases}\tag{6-16}$$

与前面的研究类似，不妨假设脉冲时间间隔是等距的，即存在一个常数 $\delta > 0$，使得有 $\tau_{i+1} - \tau_i = \delta$，$i = 0, 1, 2, \cdots$。下面考察系统(6-16)是否满足定理 6.2 的条件，即考察系统(6-16)是否为渐近 p 阶矩稳定的，从而判断系统(6-15)是否能够在 p 阶矩的意义下用脉冲方法实现混沌控制。

取 $V(t, X) = x^2 + y^2 + z^2$。容易验证，定理 6.2 的第一个条件满足。当 $t \neq \tau_i$ 时，

$$
\begin{aligned}
\mathrm{L}(V(t, X)) &= (\beta^2 - 2a)x^2 + (\beta^2 + 2c)y^2 + (\beta^2 - 2b)z^2 + 2cxy \\
&\leqslant (\beta^2 - 2a + c)x^2 + (\beta^2 + 3c)y^2 + (\beta^2 - 2b)z^2
\end{aligned}
$$

取 $\dot{\lambda}(t) = \max\{|\beta^2 - 2a + c|, |\beta^2 + 3c|, |\beta^2 - 2b|\}$，则当 $t \in \mathbf{R}_{t_0} \setminus \Gamma$ 时，有

$$
L(V(t, X)) \leqslant \dot{\lambda}(t)V(t, X)
$$

故在定理 6.2 中取 $H(t, V(t, X)) = \lambda(t)V(t, X)$，即知该定理的第二个条件满足。

当 $t = \tau_k$ 时，有

$$
V(t, X + U(k, X)) = (1 + k_1)^2 x^2(\tau_i) + (1 + k_2)^2 y^2(\tau_i) + (1 + k_3)^2 z^2(\tau_i)
$$

取 $d_k = (1 + k)^2 = \max\{(1 + k_1)^2, (1 + k_2)^2, (1 + k_3)^2\}$，且 $-2 < k < 0$，在定理 6.2 中取

$$
\psi_k(V(t, X)) = d_k V(\tau_k, X(\tau_k))
$$

从而有 $V(t, X + U(k, X)) \leqslant \psi_k(V(t, X))$。故取系统(6-16)的比较系统为

$$
\begin{cases}
\dot{\omega} = \dot{\lambda}(t)\omega, & t \neq \tau_i \\
\omega(\tau_i^+) = d_k \omega(\tau_i), & i = 1, 2, \cdots \\
\omega(t_0^+) = \omega_0 \geqslant 0
\end{cases}
\tag{6-17}
$$

其中，$\omega = (\omega_1, \omega_2, \omega_3)^{\mathrm{T}}$，从而由定理 6.2 可知系统(6-17)的稳定性蕴含着系统(6-16)相应的 p 阶矩稳定性。

由定理 6.3 知道，当 $\dot{\lambda}(t)\delta + \ln(\gamma(1 + k)^2) \leqslant 0$ 满足，即

$$
0 \leqslant \delta \leqslant -\frac{\ln\gamma + 2\ln(1 + k)}{\dot{\lambda}(t)}
\tag{6-18}
$$

时，系统(6-17)是渐近稳定的，从而由定理 6.2 可知系统(6-16)是渐近 p 阶矩稳定的。

当 $a = 35.0$，$b = 3.0$，$c = 28$，$\beta = 0.1$ 时，$\lambda_1(t) = 84.01$。由(6.18)得出系统(6-17)的稳定区域，画出相应的稳定区域图，如图 6.6 所示。曲线以下的部分为系统(6-17)的稳

定区域。

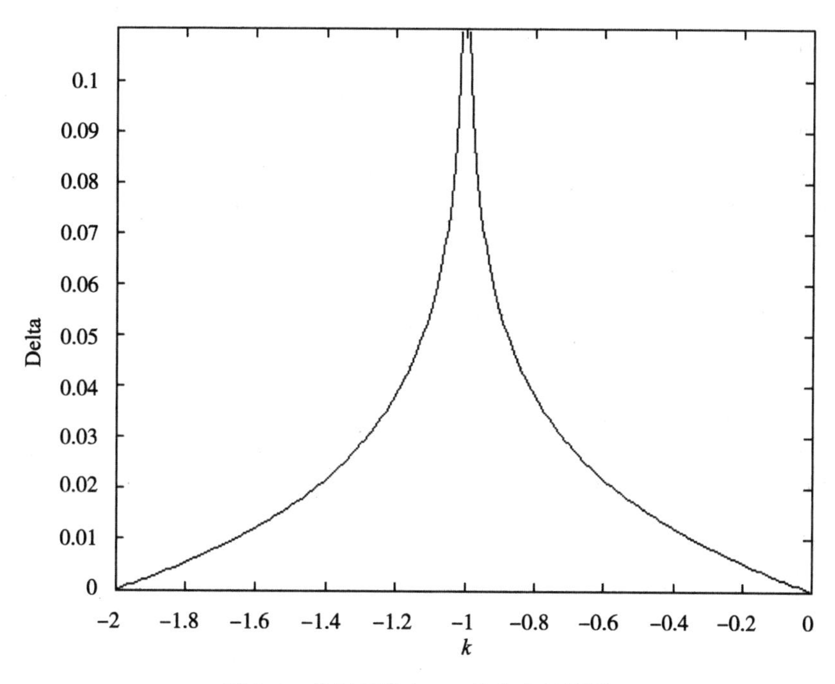

图 6.6 控制系统(6-16)的稳定区域图

数值模拟的结果如图 6.7 所示，其中的参数 $\delta=0.01$，$k_1=-1.5$，$k_2=k_3=-1.1$。该参数组合在图 6.6 的稳定区域内，按照上面的理论结果，此时系统的平凡解应是稳定的。画出实施脉冲控制后的时间历程图，如图 6.7 所示。

而在图 6.6 稳定区域之外的参数取值，却不一定能使系统的平凡解趋于稳定，也就是说在这些参数取值下，同样的方法不能对原随机混沌系统实现脉冲控制。例如，取 $\delta=0.0325$，$k_1=-1.6$，$k_2=k_3=-1.5$，这些点组合在图 6.6 的稳定区域之外。其他的参数取值不变，画出施加控制后的时间历程图，如图 6.8 所示。从图中可以看出，在这些参数条件下，不能对系统(6-16)用脉冲方法实现混沌控制。

从图 6.7 和图 6.8 中可以看出，在稳定的参数取值范围内取值的参数，用脉冲方法可以很快地对系统(6-15)实现混沌控制。这也从数值上验证了本章定理 6.2 的有效性，同时验证了稳定参数趋势范围曲线(6.18)式的准确性。

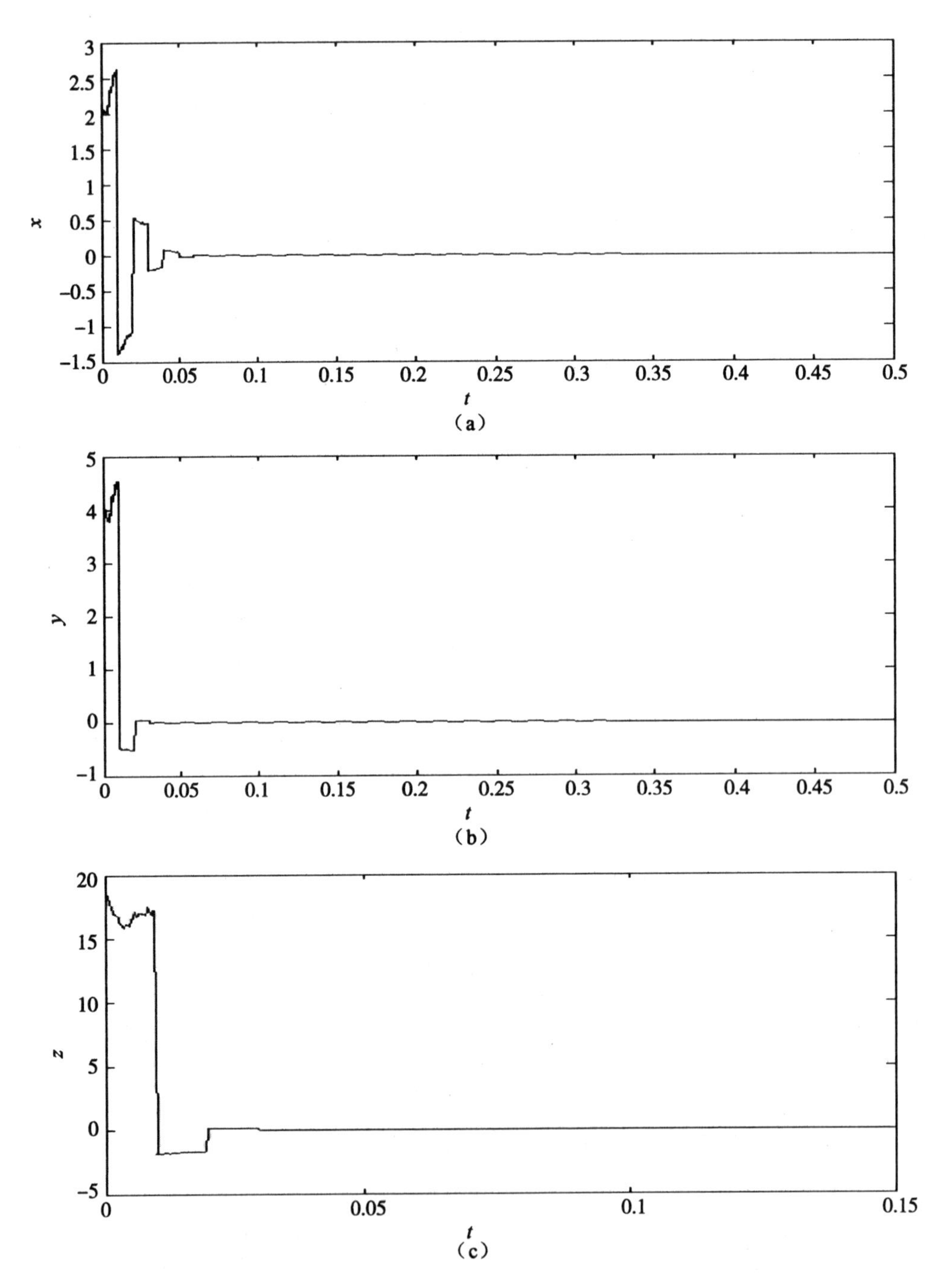

图 6.7　系统(6-16)在稳定状态下的时间历程图

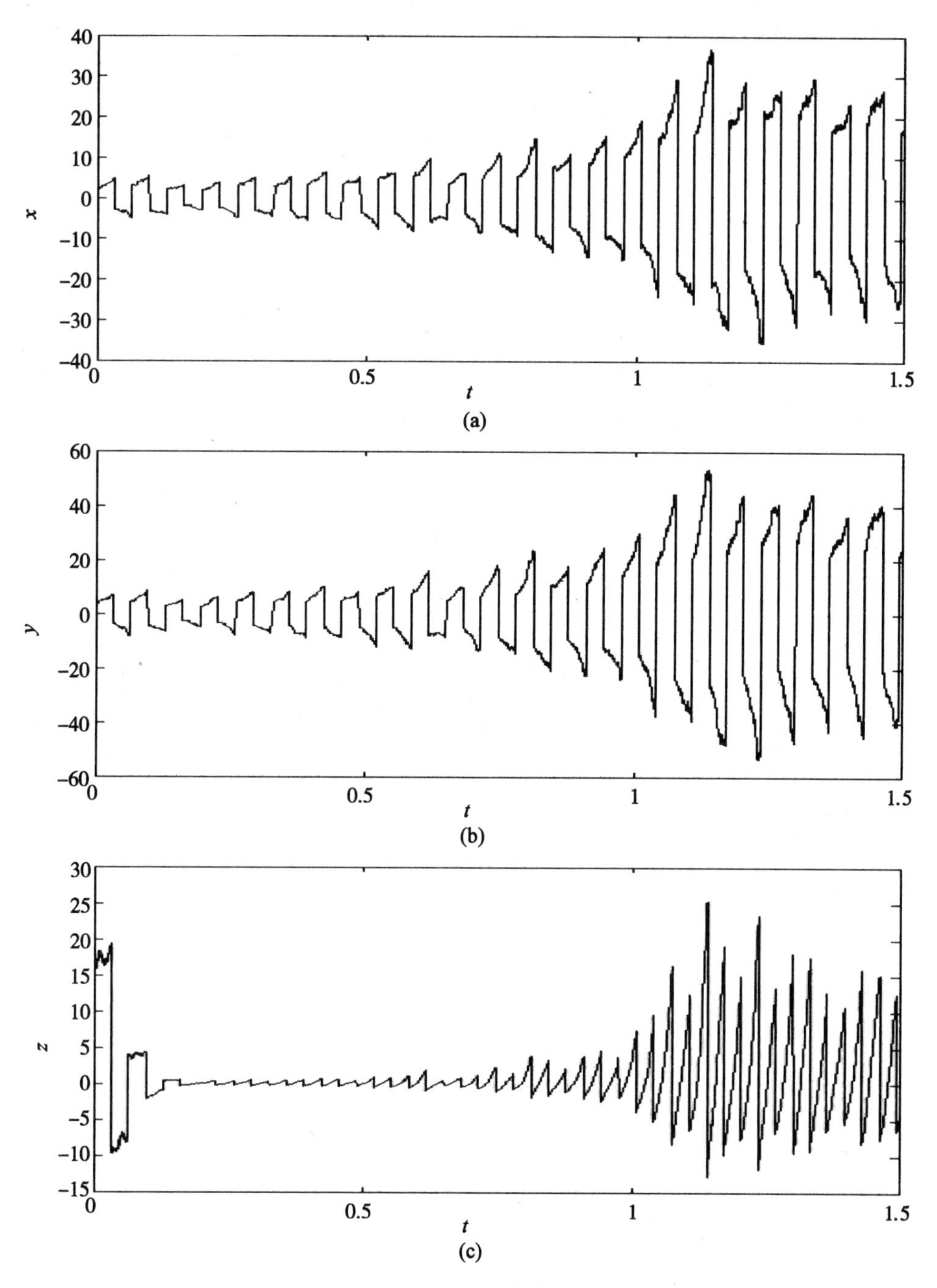

图 6.8 系统(6-16)在不稳定状态下的时间历程图

6.4.3　参激白噪声作用下 Lü 系统的脉冲控制

参激白噪声作用下的 Lü 系统可以表示为：

$$\begin{cases}\dot{x}=-ax+ay+\beta x\dfrac{\mathrm{d}w_t}{\mathrm{d}t}\\ \dot{y}=cy-xz+\beta y\dfrac{\mathrm{d}w_t}{\mathrm{d}t}\\ \dot{z}=xy-bz+\beta z\dfrac{\mathrm{d}w_t}{\mathrm{d}t}\end{cases} \tag{6-19}$$

其中，a，b，c，β 为非负参数，w_t 为标准 Wiener 过程。当 $a=36$，$b=3.0$，$c=28.0$，$\beta=0.01$ 时，Lü 系统为混沌状态，画出此时的时间历程图，如图 6.9 所示。

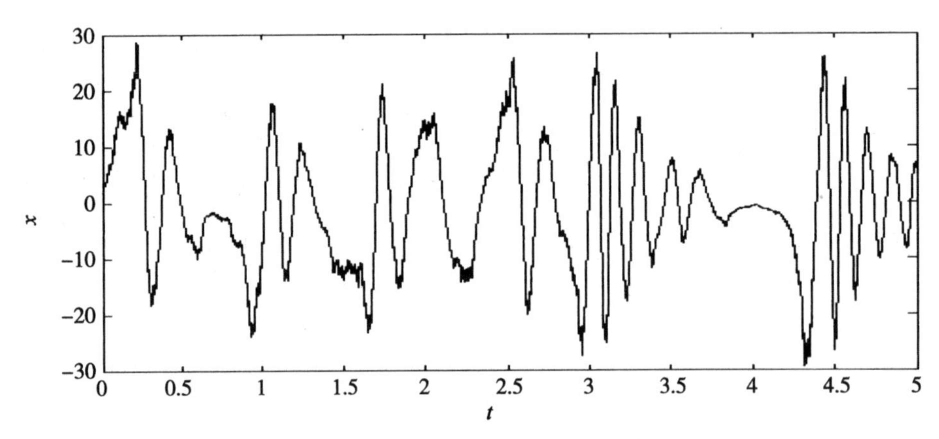

图 6.9　系统(6-19)的时间历程图

相应的脉冲控制系统为：

$$\begin{cases}\left.\begin{array}{l}\dot{x}=-ax+ay+\beta x\dfrac{\mathrm{d}w_t}{\mathrm{d}t}\\ \dot{y}=cy-xz+\beta y\dfrac{\mathrm{d}w_t}{\mathrm{d}t}\\ \dot{z}=xy-bz+\beta z\dfrac{\mathrm{d}w_t}{\mathrm{d}t}\end{array}\right\}\quad t\neq\tau_i\\ \left.\begin{array}{l}\dot{x}(\tau_i^+)=(1+k_1)x(\tau_i)\\ \dot{y}(\tau_i^+)=(1+k_2)y(\tau_i)\\ \dot{z}(\tau_i^+)=(1+k_3)z(\tau_i)\end{array}\right\}\quad i=1,2,\cdots\end{cases} \tag{6-20}$$

与前面的研究类似，不妨假设脉冲时间间隔是等距的，即存在一个常数$\delta>0$，使得有$\tau_{i+1}-\tau_i=\delta$，$i=0, 1, 2, \cdots$。下面考察系统(6-20)是否满足定理6.2的条件，即系统(6-20)是否为渐近p阶矩稳定的，从而来判断系统(6-19)是否能够在p阶矩的意义下用脉冲方法实现混沌控制。

取$V(t, X)=x^2+y^2+z^2$。容易验证，定理6.2的第一个条件满足。当$t\neq\tau_i$时，

$$\begin{aligned}L(V(t, X))&=(\beta^2-2a)x^2+(\beta^2+2c)y^2+(\beta^2-2b)z^2+2axy\\&\leqslant(\beta^2-a)x^2+(\beta^2+2c+a)y^2+(\beta^2-2b)z^2\end{aligned}$$

取$\dot{\lambda}(t)=\max\{|\beta^2-a|, |\beta^2+2c+a|, |\beta^2-2b|\}$，则当$t\in\mathbf{R}_{t_0}\setminus\Gamma$时，有

$$L(V(t, X))\leqslant\dot{\lambda}(t)V(t, X)$$

故在定理6.2中取$H(t, V(t, X))=\lambda(t)V(t, X)$，即知该定理的第二个条件满足。

当$t=\tau_k$时，有

$$V(t, X+U(k, X))=(1+k_1)^2x^2(\tau_i)+(1+k_2)^2y^2(\tau_i)+(1+k_3)^2z^2(\tau_i)$$

取$d_k=(1+k)^2=\max\{(1+k_1)^2, (1+k_2)^2, (1+k_3)^2\}$，且$-2<k<0$，并在定理6.2中取

$$\Psi_k(V(t, X))=d_kV(\tau_k, X(\tau_k))$$

从而有$V(t, X+U(k, X))\leqslant\psi_k(V(t, X))$。故取系统(6-20)的比较系统为

$$\begin{cases}\dot{\omega}=\dot{\lambda}(t)\omega, & t\neq\tau_i\\ \omega(\tau_i^+)=d_k\omega(\tau_i), & i=1, 2, \cdots\\ \omega(t_0^+)=\omega_0\geqslant0\end{cases}\tag{6-21}$$

其中，$\omega=(\omega_1, \omega_2, \omega_3)^{\mathrm{T}}$，从而由定理6.2可知系统(6-21)的稳定性蕴含着系统(6-20)相应的p阶矩稳定性。

由定理6.3知道，当$\dot{\lambda}(t)\delta+\ln(\gamma(1+k)^2)\leqslant0$满足，即

$$0\leqslant\delta\leqslant-\frac{\ln\gamma+2\ln(1+k)}{\dot{\lambda}(t)}\tag{6-22}$$

时，系统(6-21)是渐近稳定的，从而由定理6.2可知系统(6-20)是渐近p阶矩稳定的。

当$a=36.0$，$b=3.0$，$c=28$，$\beta=0.1$时，$\lambda_1(t)=92.01$。由(6.22)得出系统(6-20)的稳定区域，画出相应的稳定区域图，如图6.10所示。曲线以下的部分为系统(6-20)的稳定区域。

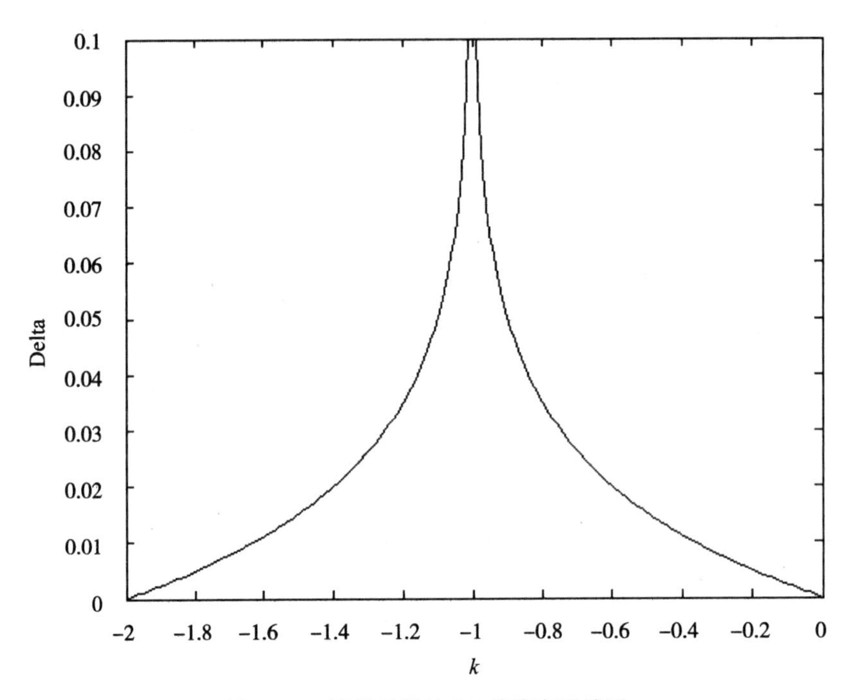

图 6.10　控制系统(6-20)的稳定区域图

数值模拟的结果如图 6.9 所示，其中的参数 $\delta=0.01$，$k_1=-1.2$，$k_2=k_3=-1.3$，该参数组合在图 6.8 的稳定区域内，按照上面的理论结果，此时系统的平凡解应是稳定的。画出实施脉冲控制后的时间历程图，如图 6.11 所示。

而在图 6.10 稳定区域之外的参数取值，却不一定能使系统的平凡解趋于稳定。也就是说，在这些参数取值下，同样的方法不能对原随机混沌系统实现脉冲控制。例如，取 $\delta=0.03$，$k_1=-1.5$，$k_2=k_3=-1.6$，这些点组合在图 6.10 的稳定区域之外。其他的参数取值不变，画出施加控制后的时间历程图，如图 6.12 所示。从图中可以看出，在这些参数条件下，不能对系统(6-19)用脉冲方法实现混沌控制。

从图 6.11 中可以看出，脉冲方法可以很快地对系统(6-19)实现混沌控制。这也从数值上验证了本章定理 6.2 的有效性。为计算更加准确，本章中数值模拟的步长都取为 $\delta=0.00025$。

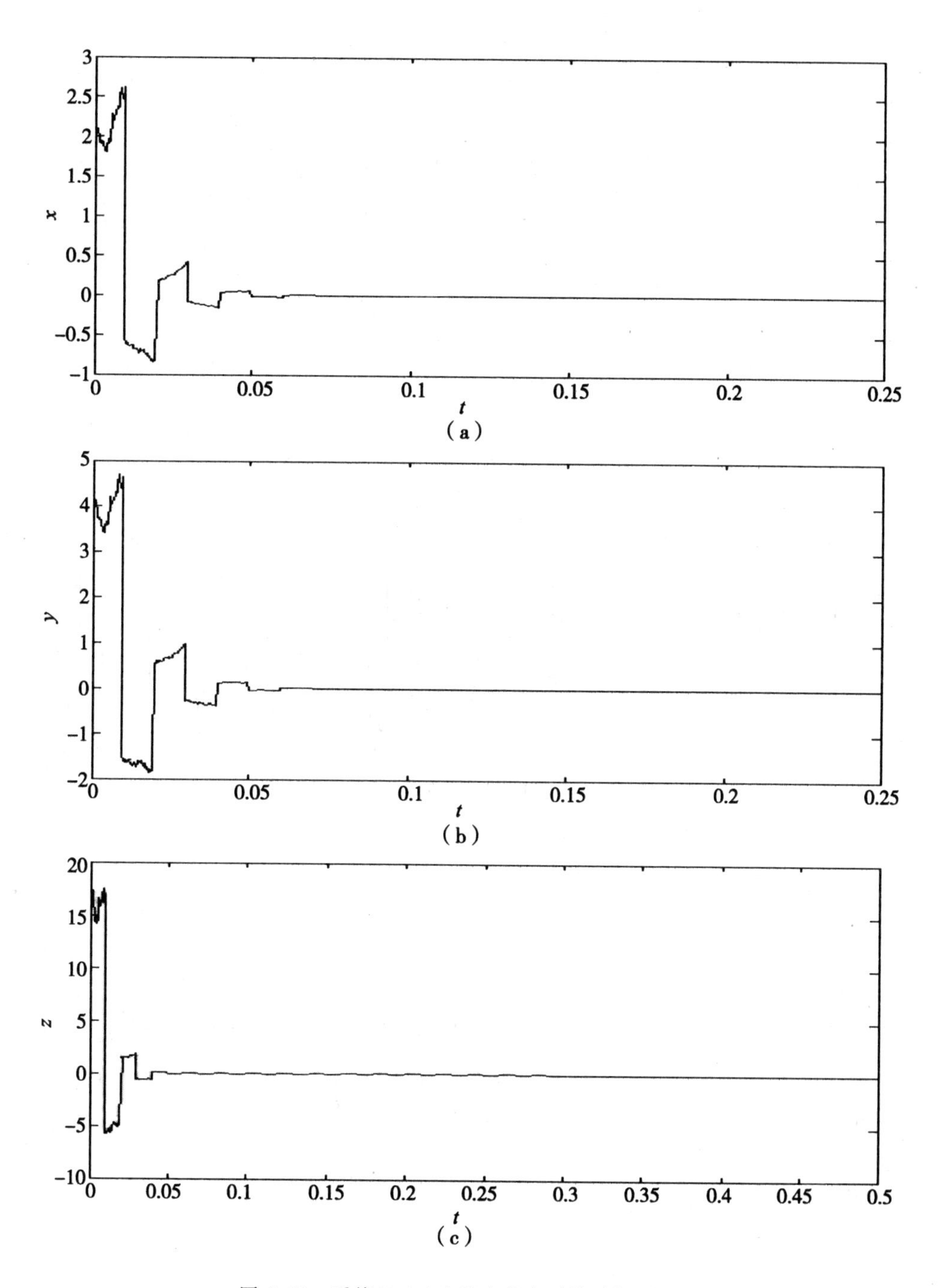

图 6.11　系统(6-20)在稳定状态下的时间历程图

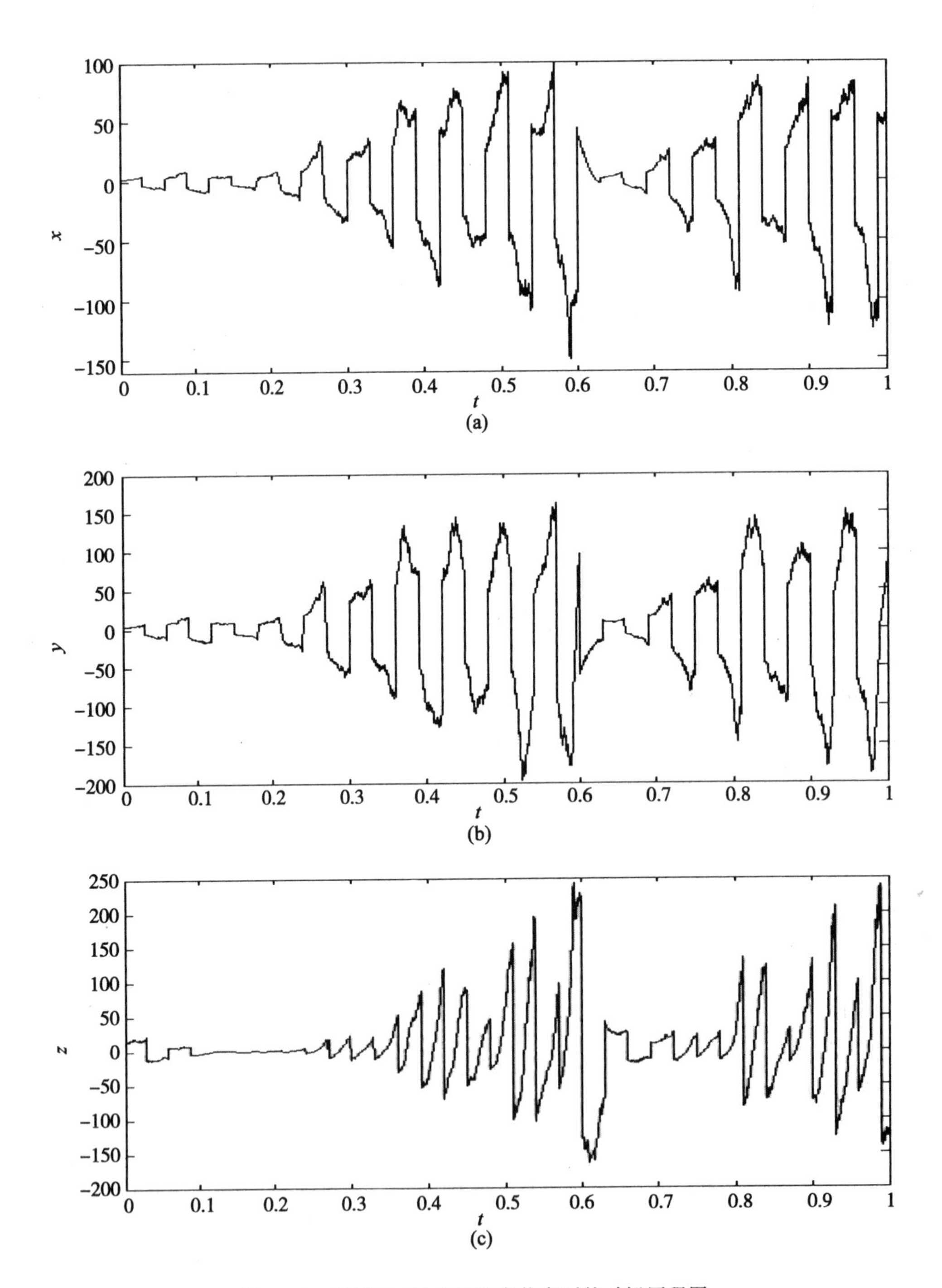

图 6.12　系统(6-20)在不稳定状态下的时间历程图

6.5 本章小结

本章研究了随机脉冲微分系统的渐近 p 阶矩稳定性问题，在较弱的条件下，详细地证明了随机脉冲微分方程的渐近 p 阶矩稳定性判定定理，建立了判断随机脉冲微分方程渐近 p 阶矩稳定性的比较定理，这样我们可以通过一个确定性比较系统的稳定性来判断对应的随机脉冲微分方程相应的 p 阶矩稳定性。作为应用，考察了参激白噪声和脉冲信号作用下的 Lorenz 系统、Chen 系统和 Lü 系统的渐近 p 阶矩稳定性，分别给出了这三个系统渐近 p 阶矩稳定的参数取值范围，即在此范围内取值的参数都可以用脉冲方法对原混沌系统实现控制，也即脉冲信号能够较好地控制系统的混沌运动并使之稳定化。而在稳定区域之外的参数取值，却不一定能够使系统实现稳定。对这三个系统，我们用数值方法验证了上面的理论论断，说明了随机混沌系统脉冲控制混沌的可行性。

本章的数值模拟仅仅研究了一些典型随机混沌系统的脉冲控制问题，取得了较好的效果。当然，我们可以相应地研究这些混沌系统的脉冲同步问题。但是我们知道，混沌同步是一种广义的混沌控制，它们的基本原理相同。所以，本章只研究了在 p 阶矩意义下随机混沌系统的脉冲控制问题，而脉冲同步的问题将留在下一章随机渐近稳定的意义下考虑。

第7章　随机脉冲系统的随机渐近稳定性及其在混沌同步中的应用

7.1 引　　言

同步是自然界的一种基本现象，是指至少两个振动系统相位间协调一致的现象。混沌同步最早被提出是基于美国海军实验室的佩考拉(Pecora)和卡罗尔(Carroll)的工作，他们于1990年首次提出了一种称为驱动-响应的混沌同步方案并在电子线路上首次观察到混沌同步现象。他们的工作和OGY混沌控制的工作一起，极大地推动了混沌控制和混沌同步理论的发展，拉开了利用混沌的序幕。近年来，不同的混沌同步方法被提出，其中特别要提出的有，Pecora和Carroll在1990年首先提出的驱动-响应同步法；Grekhov及其合作者在研究流体湍流时提出来的耦合同步法[187]~[189]；Pyragas提出的通过与时间有关小微扰连续反馈方法而出现的变量反馈同步法[190]~[192]；Fahy和Hamann等提出的外部随机驱动法[193]~[197]。其他的还有诸如脉冲同步法、自适应控制同步法、基于观测器的同步方法、滑模变结构同步方法等。其中，脉冲同步法以其实现同步的速度快、鲁棒性较强、达到同步所需的能量少等优点，受到人们的青睐。

目前，看一个混沌系统是否能实现混沌同步的一般判据[198]~[202]有两个：基于Lyapunov指数的判据和基于Lyapunov函数的判据。基于Lyapunov指数的混沌同步判据是由Pecora和Carroll根据驱动-响应系统的稳定性理论发展而来的。文献[209]的研究表明，当响应系统的最大Lyapunov指数均小于零时，驱动系统与响应系统可以达到混沌同步。由于在实现混沌同步的过程中，响应系统要受到驱动系统的影响，从而上述Lyapunov指数是指在驱动系统的作用下，响应系统的条件Lyapunov指数。需要说明的是，条件Lyapunov指数的负值性是实现混沌同步的必要条件。

基于 Lyapunov 函数的混沌同步判据是指将混沌同步问题转化为驱动和响应系统之误差系统的稳定性来研究[204]~[210]，通过 Lyapunov 函数法判断误差系统的稳定性，从而判断混沌系统是否达到同步。此判据简单实用，是判断两个混沌系统能否实现混沌同步的有力工具。本章将采用 Lyapunov 函数判据法来研究随机混沌系统的随机渐近稳定性问题。

$$\begin{cases}\mathrm{d}X(t)=f(t,\ X(t))\mathrm{d}t+g(t,\ X(t))\mathrm{d}w(t), & t\neq\tau_i,\ i=1,\ 2,\ \cdots\\ \Delta X=U(i,\ X)=X(\tau_i^+)-X(\tau_i^-), & t=\tau_i,\ i=1,\ 2,\ \cdots\\ X(t_0^+)=X_0, & i=1,\ 2,\ \cdots\end{cases}\tag{7-1}$$

前面两章，我们研究了随机脉冲微分系统(7-1)的 p 阶矩稳定性和渐近 p 阶矩稳定性，建立了判断系统(7-1)p 阶矩稳定性的判定定理。并且，为了给脉冲方法控制随机混沌系统提供理论保证，我们考察了系统(7-1)的渐近 p 阶矩稳定性问题，建立了判定渐近 p 阶矩稳定性的比较定理。由该定理，我们可以通过确定性比较系统的渐近稳定性来判断系统(7-1)是否为渐近 p 阶矩稳定的，这样我们就为 p 阶矩意义下随机混沌系统的脉冲控制提供了理论保证。本章将研究系统(7-1)的另一种概率意义下的稳定性——随机渐近稳定性(或称为以概率渐近稳定性)，尝试建立判断系统(7-1)随机渐近稳定性的比较定理。作为应用，文章最后考察了一些典型的三维混沌系统随机渐近意义下的脉冲同步问题，通过研究两个混沌系统的误差系统的随机渐近稳定性，从而判断该系统是否能在概率的意义下实现混沌同步。

下面介绍一些本章将要用到的基本概念、基本假设条件和重要引理。这其中有一些已经在前面几章出现过，但是为了让本章独立易懂，不至于为了某个概念或者假设条件而往前翻页，此处把本章所需的基本概念罗列下来。

7.2 基本概念和引理

在本章中，$\mathbf{R}^n$ 表示 n 维欧氏空间，$\|\cdot\|$ 表示 $\mathbf{R}^n$ 中的欧几里得模。$\mathbf{R}^{n\times m}$ 表示 n 行 m 列的矩阵，$\mathbf{R}_+=\{x\mid x\in\mathbf{R},\ x\geqslant 0\}$，$\mathbf{R}_{t_0}=\{t\mid t\in\mathbf{R}_+,\ t\geqslant t_0\}$，$C^{1,2}(\mathbf{R}_{t_0}\times\mathbf{R}^n,\ \mathbf{R}_+)$ 表示对第一个变量一阶连续可导、对第二个变量二阶连续可导的非负函数族。$S_\rho=\{X:\ |X|\leqslant\rho,\ X\in\mathbf{R}^n\}$。在系统(7-1)中，$f(\cdot,\cdot)\in C[\mathbf{R}_{t_0}\times\mathbf{R}^n,\ \mathbf{R}^n]$，$g(\cdot,\cdot)\in C[\mathbf{R}_{t_0}\times\mathbf{R}^n,\ \mathbf{R}^{n\times m}]$，$w(t)$ 是 m 维标准 Wiener 过程，记 $\Gamma=\{\tau_i\mid i=1,\ 2,\ \cdots,\ t_0=\tau_0$

$<\tau_1<\tau_2<\cdots<\tau_i<\tau_{i+1}<\cdots\}$，$\lim\limits_{i\to\infty}\tau_i=+\infty$，其中，$\tau_i$ 表示脉冲发生时刻。且假设 $f(t,0)=0$，$g(t,0)=0$，$U(t,0)=0$，则系统(7-1)有解。在文中，总假设存在唯一的随机过程 $X(t)$ 满足系统(7-1)，且 $X(t)$ 左连续，即 $X(\tau_i^-)=\lim\limits_{t\to\tau_i-0}X(t)=X(\tau_i)$，每一点处右侧极限存在，$X(\tau_i^+)=\lim\limits_{t\to\tau_i+0}X(t)$。

定义 7.1　定义系统(7-1)的解过程 $X(t)$ 自 t_0 后首次离开 S_ρ 的时刻

$$\tau_{t_0}(\rho)=\begin{cases}\inf\{t\mid t\geqslant t_0,\ X(t)\notin S_\rho\}, & \text{若对应的 } t \text{ 值集合非空}\\ \infty, & \text{对所有的 } t<\infty,\ X(t)\in S_\rho\end{cases}$$

则 $\tau_{t_0}(\rho)$ 是停时，且 $t\wedge\tau_{t_0}(\rho)=\min\{t,\tau_{t_0}(\rho)\}$ 也是停时。令

$$\widetilde{x}(t)=x(t\wedge\tau_{t_0}(\rho))。$$

定义 7.2　称系统

$$\begin{cases}\mathrm{d}Y(t)=f(t,Y)\mathrm{d}t+g(t,Y)\mathrm{d}w(t)\\ Y(t_0)=Y_0\end{cases}\tag{7-2}$$

为系统(7-1)的伴随系统，其中，$t>t_0$，f，g 与系统(7-1)的相同。称

$$\begin{cases}\dot{u}=F(t,u)\\ u(t_0)=u_0\end{cases}\tag{7-3}$$

为系统(7-2)的辅助系统，并对(7-2)作如下的假设：

(H_1) $F\in C[\mathbf{R}_+\times\mathbf{R}_+,\mathbf{R}]$，$F(t,u)$ 对每一个 t 关于 u 为单调非降的凹函数；

(H_2) 系统(7-3)在 $t\geqslant t_0$ 时存在最大解 $\Upsilon(t,u_0,t_0)$。

定义 7.3(随机稳定，或以概率稳定)　如果对每个 $\varepsilon>0$，$\varepsilon'>0$，$t_0\geqslant0$，存在一个正函数 $\delta=\delta(t_0,\varepsilon,\varepsilon')$(其对每一个 $\varepsilon>0$，$\varepsilon'>0$ 关于 t_0 连续)，使当 $\|X_0\|<\delta$ 时，有

$$P_{X_0,t_0}\{\|X(t)\|<\varepsilon',\ \text{对所有的 } t\geqslant t_0\}\geqslant1-\varepsilon,\tag{7-4}$$

则系统(7-1)的平凡解 $X(t)$ 称为是随机稳定的。

定义 7.4(随机渐近稳定)　如果系统(7-1)的平凡解 $X(t)$ 是随机稳定的，且对每个 $\varepsilon>0$，$\varepsilon'>0$，$t_0\geqslant0$，存在两个正函数 $\delta=\delta(t_0)$ 和 $T=T(t_0,\varepsilon,\varepsilon')$，使得当 $\|X_0\|<\delta$ 时有

$$P_{X_0,t_0}\{\|X(t)\|<\varepsilon',\ \text{对所有的 } t\geqslant T+t_0\}\geqslant1-\varepsilon,\tag{7-5}$$

则称系统(7-1)的平凡解 $X(t)$ 是随机渐近稳定的。

注： 同样可以定义系统(7-2)平凡解的随机稳定性和随机渐近稳定性。

定义 7.5 对于任意 $V(t, X) \in C^{1,2}(\mathbf{R}_{t_0} \times \mathbf{R}^n, \mathbf{R}_+)$，定义算子 L：$\mathbf{R}_{t_0} \times \mathbf{R}^n \to \mathbf{R}$ 如下：

$$LV(t, X) = V_t(t, X) + V_x(t, X)f(t, X) + \frac{1}{2}\mathrm{trace}(g^{\mathrm{T}}(t, X)V_{XX}g(t, X)),$$

其中，$V_t(t, X) = \dfrac{\partial V(t, X)}{\partial t}$，$V_{XX}(t, X) = \left(\dfrac{\partial^2 V(t, X)}{\partial x_i \partial x_j}\right)_{n\times n}$，

$$V_X(t, X) = \left(\frac{\partial V(t, X)}{\partial x_1}, \frac{\partial V(t, X)}{\partial x_2}, \cdots, \frac{\partial V(t, X)}{\partial x_n}\right)。$$

定义 7.6 设函数 $\alpha(\cdot) \in C[\mathbf{R}_+, \mathbf{R}_+]$，若 $\alpha(0)=0$，且 $\alpha(X)$ 关于 X 严格递增，则称函数 $\alpha(X)$ 属于族 K。

定义 7.7 设 $X_{\max}(t)$，$X_{\min}(t)$ 是一随机微分系统的解。如果对该系统的任意解 $X(t)$ 都有 $X(t) \leqslant X_{\max}(t)$，$X(t) \geqslant X_{\min}(t)$，则称 $X_{\max}(t)$ 是该随机微分系统的最大解，$X_{\min}(t)$ 为该系统的最小解。

定义 7.8 称一个连续函数 ϕ：$\mathbf{R}_+ \to \mathbf{R}_+$ 是凸(凹)的，如果对任意 x，$y \in \mathbf{R}_+$，$0 \leqslant \alpha \leqslant 1$，都有

$$\phi(\alpha x + (1-\alpha)y) \leqslant \alpha\phi(x) + (1-\alpha)\phi(y),$$

$$(\phi(\alpha x + (1-\alpha)y) \geqslant \alpha\phi(x) + (1-\alpha)\phi(y))。$$

定义 7.9(比较系统) 设 $V(t, X) \in C^{1,2}(\mathbf{R}_{t_0} \times \mathbf{R}^n, \mathbf{R}_+)$，且满足

$$\begin{cases} LV(t, X) \leqslant G(t, V(t, X)), \\ V(\tau_k, X + U(k, X)) \leqslant \psi_k(V(\tau_k, X)), \end{cases} \tag{7-6}$$

其中，G：$\mathbf{R}_+ \times \mathbf{R} \to \mathbf{R}$，且对每一个 $x \in \mathbf{R}$ 在 $(\tau_{k-1}, \tau_k]$ 上连续，$k=0, 1, 2, \cdots$。$\lim\limits_{(t, y)\to(\tau_k^+, x)} G(t, y) = G(\tau_k^+, x)$ 存在，ψ_k：$\mathbf{R}_+ \to \mathbf{R}_+$ 是非减凹函数，则称系统

$$\begin{cases} \dot{\omega} = G(t, \omega), & t \neq \tau_k \\ \omega(\tau_k^+) = \psi_k(\omega(\tau_k)), & k = 0, 1, 2, \cdots \\ \omega(t_0^+) = \omega_0 \geqslant 0 \end{cases} \tag{7-7}$$

为系统(7-1)的比较系统。

可类似于定义 7.4 来定义比较系统(7-7)的稳定性与渐近稳定性。

定义 7.10　对于系统(7-7)，如果对每一 $\varepsilon>0$，$t_0>0$，存在一个正数 $\delta=\delta(t_0,\varepsilon)$，使得当 $\omega_0\leqslant\delta$ 时有 $\omega(t)=\omega(t,\omega_0,t_0)<\varepsilon$，则称系统(7-7)的平凡解 $\omega(t)$ 是稳定的。如果系统(7-7)的平凡解 $\omega(t)$ 是稳定的，且对每一个 $\varepsilon>0$，$t_0>0$，存在两个正数 $\delta=\delta(t_0,\varepsilon)$ 和 T，使得当 $\omega_0\leqslant\delta$，$t>t_0+T$ 时有 $\omega(t)=\omega(t,\omega_0,t_0)<\varepsilon$，则称系统(7-7)的平凡解 $\omega(t)$ 是渐近稳定的。

引理 7.1[185],[186]　对于系统(7-2)与(7-3)，若存在满足条件的函数 $V(t,X)\in C^{1,2}(\mathbf{R}_{t_0}\times\mathbf{R}^n,\mathbf{R}_+)$，使得 $LV(t,X)\leqslant F(t,V(t,X))$，则由 $V(t_0,Y_0)\leqslant u_0$，就有 $E_{X_0t_0}(V(t,\widetilde{X}(t)))\leqslant\omega_{\max}(t)$，其中，$\omega_{\max}(t)$ 是系统(7-3)的最大解。

该引理的证明可参看引理 6.1 的证明。

7.3　随机脉冲系统的随机渐近稳定性

如前面所言，在混沌控制与混沌同步中，首要问题是要保证控制系统或者同步误差系统的稳定性。对于随机脉冲系统，据笔者所知，现有文献仅涉及 p 阶矩稳定性和渐近 p 阶矩稳定性，文献[184]给出了判断随机脉冲微分方程 p 阶矩稳定性的比较原理。而对于随机系统中的随机渐近稳定性(以概率稳定性)，则基本上没有文献涉及。本章将在以上文献的基础上，尝试建立判断随机脉冲微分方程随机渐近稳定性的比较定理，从而为随机系统在概率意义下的脉冲控制与同步提供理论保证。

定理 7.1　对随机脉冲微分系统(7-1)和比较系统(7-7)，设 $\omega_{\max}(t)=\omega_{\max}(t,t_0,\omega_0)$ 是系统(7-7)的最大解，对满足 $V(t_0,X_0)\leqslant\omega_0$ 的 $V(t,X)\in C^{1,2}(\mathbf{R}_{t_0}\times\mathbf{R}^n,\mathbf{R}_+)$，有 $E(V(t,\widetilde{X}(t)))\leqslant\omega_{\max}(t)$。

证　由引理 7.1 知，当 $t\in[t_0,\tau_1]$ 时，结论成立，特别地，有

$$E(V(\tau_1,\widetilde{X}(\tau_1)))\leqslant\omega_{\max}(\tau_1)。$$

注意到 $\psi_k(\cdot)$ 是一非减的凹函数，由 Jensen 不等式及比较系统定义知

$$\begin{aligned}E(V(\tau_1^+,\widetilde{X}(\tau_1^+)))&\leqslant E(\psi_1(V(\tau_1,\widetilde{X}(\tau_1))))\leqslant\psi_1(E(V(\tau_1,\widetilde{X}(\tau_1))))\\&\leqslant\psi_1(\omega_{\max}(\tau_1))\leqslant\omega_{\max}(t)。\end{aligned}$$

当 $t\in(\tau_1,\tau_2]$ 时，由引理 7.1 知结论成立。特别有

$$E(V(\tau_2, \widetilde{X}(\tau_2))) \leqslant \omega_{\max}(\tau_2)。$$

注意到 $\psi_k(\cdot)$ 是一非减的凹函数，由 Jensen 不等式及比较系统定义知

$$E(V(\tau_2^+, \widetilde{X}(\tau_2^+))) \leqslant E(\psi_2(V(\tau_2, \widetilde{X}(\tau_2)))) \leqslant \psi_2(E(V(\tau_2, \widetilde{X}(\tau_2))))$$
$$\leqslant \psi_2(\omega_{\max}(\tau_2)) \leqslant \omega_{\max}(t)$$

重复以上步骤即可证明定理 7.1。

定理 7.2 对随机脉冲微分系统(7-1)及其比较系统(7-7)，若存在 $V(t, X) \in C^{1,2}(\mathbf{R}_{t_0} \times \mathbf{R}^n, \mathbf{R}_+)$，$V(t, 0)$ 满足

H_1：存在 $\alpha(\cdot)$，$\beta(\cdot) \in K$，且 $\beta(\cdot)$ 是凸函数，使得

$$\beta(\| X(t) \|) \leqslant V(t, X) \leqslant \alpha(\| X(t) \|);$$

H_2：当 $t \neq \tau_k$ 时有 $LV(t, X) \leqslant G(t, V(t, X))$；

H_3：存在一个 $\rho_0 > 0$，使得当 $X \in S_{\rho_0}$ 时有 $X + U(k, X) \in S_{\rho_0}$，且当 $t = \tau_k$ 时，存在一个 $\rho_0 > 0$，使当 $X \in S_{\rho_0}$ 时，有 $X + U(k, X) \in S_{\rho_0}$，且满足

$$V(t, X + U(k, X)) \leqslant \psi_k(V(t, X)),\ k = 1, 2, \cdots, X \in S_{\rho_0}$$

则由比较系统(7-7)平凡解的稳定性可以得到原随机脉冲微分系统(7-1)平凡解的相应随机稳定性。

证 第一步：证明由系统(7-7)平凡解的稳定性可以得到系统(7-1)平凡解的随机稳定性。

对任给的 $\varepsilon > 0$，$\varepsilon' > 0$ 及 $t_0 \geqslant 0$，令 $m = m(\varepsilon') = \min\limits_{\| y \| = \varepsilon} \beta(\| y \|)$，易见 $m(\varepsilon') > 0$。

要证系统(7-1)的平凡解随机稳定，即对任意的 $\varepsilon > 0$，$\varepsilon' > 0$，存在 $\delta_1 > 0$，使得当 $\| X_0 \| < \delta_1$，$t \geqslant t_0$ 时，有 $P_{X_0, t_0}\{\| X(t) \| < \varepsilon'\} \geqslant 1 - \varepsilon$，即 $P_{X_0, t_0}\{\tau_{t_0}(\varepsilon') < \infty\} \leqslant \varepsilon$。

下面用反证法证明系统(7-1)平凡解的随机稳定性。

假设系统(7-1)的平凡解不是随机稳定的，即对某个 $\varepsilon_0 > 0$，存在某个 $t' > 0$，使得

$$P_{X_0, t_0}\{\tau_{t_0}(\varepsilon') < t'\} \geqslant \beta(\varepsilon_0)$$

下面来看会出现什么矛盾。由上式得

$$m\beta(\varepsilon_0) \leqslant m P_{X_0, t_0}\{\tau_{t_0}(\varepsilon') < t'\}$$

$$\leqslant \int_{\{\tau_{t_0}(\varepsilon')<t'\}} \beta(\| X(\tau_{t_0}(\varepsilon')) \|) P_{X_0, t_0}(d\omega)$$

$$\leqslant \int_{\{\tau_{t_0}(\varepsilon')<t'\}} V(t, X(\tau_{t_0}(\varepsilon'))) P_{X_0, t_0}(d\omega)$$

$$= \int_{\{\tau_{t_0}(\varepsilon')<t'\}} V(t, \widetilde{X}(t')) P_{X_0, t_0}(d\omega)$$

$$\leqslant E_{X_0, t_0} V(t, \widetilde{X}(t')) \tag{7-8}$$

另一方面，比较系统(7-7)的平凡解是稳定的，即对上述的 $\beta(\varepsilon_0) > 0$，存在 $\delta_2 = \delta_2(t_0, \varepsilon) > 0$，使得当 $0 \leqslant \omega_0 < \delta_2$ 时，有 $\omega(t') = \omega(t', t_0, \omega_0) < m\beta(\varepsilon_0)$，特别地，有

$$\omega_{\max}(t') < m\beta(\varepsilon_0) \tag{7-9}$$

取 $\omega_0 = \alpha(\| \widetilde{X}(t_0) \|)$，则有 $V(t_0, \widetilde{X}(t_0)) \leqslant \omega_0$，由定理 7.1 知

$$E_{X_0, t_0}(V(t, \widetilde{X}(t'))) \leqslant \omega_{\max}(t') \tag{7-10}$$

由(7-8)式、(7-9)式和(7-10)式可得

$$m\beta(\varepsilon_0) \leqslant E_{X_0, t_0}(V(t, \widetilde{X}(t'))) \leqslant \omega_{\max}(t') < m\beta(\varepsilon_0) \tag{7-11}$$

出现矛盾，从而可知系统(7-1)的平凡解是随机稳定的。

第二步：证明由比较系统(7-7)平凡解的渐近稳定性，可得系统(7-1)平凡解的随机渐近稳定性。设比较系统(7-7)的平凡解是渐近稳定的，即它的平凡解是稳定的和吸引的。从第一步的证明可知，系统(7-1)的平凡解是随机稳定的。即对任意的 $\varepsilon > 0$，$\varepsilon' > 0$，存在 $\delta_1 > 0$，使得当 $\| X_0 \| < \delta_1$ 时，有

$$P_{X_0, t_0}\{ \| X(t) \| < \varepsilon' \} \geqslant 1 - \varepsilon, \quad t \geqslant t_0 \tag{7-12}$$

下面证明系统(7-1)平凡解的吸引性。

由于系统(7-7)的平凡解具有吸引性，即对上述 $\varepsilon > 0$，存在 $\delta_2 > 0$，$T > 0$，使得当 $\omega_0 < \delta_2$ 时有

$$\omega(t) = \omega(t, t_0, \omega_0) < \varepsilon, \quad t > t_0 + T$$

特别地，有

$$\omega_{\max}(t) < \varepsilon, \quad t > t_0 + T \tag{7-13}$$

取 $\delta_0 = \min\{\delta_1, \delta_2\}$，当 $\| X_0 \| < \delta_0$ 时，(7-12)式和(7-13)式同时成立。

由第一步证明中的(7-8)式知

$$P_{X_0,\ t_0}\{\|X_{(t)}\|<\varepsilon'\}\geqslant 1-\varepsilon,\quad t\geqslant t_0$$

$$mP_{X_0,\ t_0}\{\tau_{t_0}(\varepsilon')<t'\}\leqslant E_{X_0,\ t_0}V(t,\ \widetilde{X}(t')) \tag{7-14}$$

取 $\omega_0=\alpha(\|\widetilde{X}(t_0)\|)$，从而 $V_0=V(t_0,\ \widetilde{X}(t_0))\leqslant\omega_0$。由定理 7.1 知

$$E_{X_0,\ t_0}V(t,\ \widetilde{X}(t'))\leqslant\omega_{\max}(t',\ t_0,\ \omega_0)=\omega_{\max}(t') \tag{7-15}$$

结合(7-12)~(7-15)式，有

$$mP_{X_0,\ t_0}\{\tau_{t_0}(\varepsilon')<t'\}\leqslant\varepsilon,\qquad t>t_0+T \tag{7-16}$$

即

$$P_{X_0,\ t_0}\{\tau_{t_0}(\varepsilon')<t'\}\leqslant\frac{\varepsilon}{m},\qquad t>t_0+T \tag{7-17}$$

让 $t'\uparrow\infty$，有

$$P_{X_0,\ t_0}\{\tau_{t_0}(\varepsilon')<\infty\}\leqslant\frac{\varepsilon}{m},\qquad t>t_0+T$$

故当 $\|X_0\|<\delta$，$t>t_0+T$ 时，有 $P_{X_0,\ t_0}\{\|X(t)\|<\varepsilon'\}\geqslant 1-\frac{\varepsilon}{m}$。由 ε 的任意性，即可证明系统(7-1)平凡解的随机渐近稳定性。

定理 7.3 设 $G(t,\ \omega)=\dot{\lambda}(t)\omega$，$\lambda\in C^1(\mathbf{R}_+,\ \mathbf{R}_+)$，$\dot{\lambda}(t)\geqslant 0$，$\psi_k(\omega)=d_k\omega$，$d_k\geqslant 0$，则系统(7-7)的平凡解称为是：

①稳定的，如果对所有的 k 都有

$$\lambda(\tau_{k+1})+\ln(d_k)\leqslant\lambda(\tau_k)$$

②渐近稳定的，如果对所有的 k 都有

$$\lambda(\tau_{k+1})+\ln(\gamma d_k)\leqslant\lambda(\tau_k),\quad\gamma>1$$

该定理的证明可参考文献[115]和[116]。

作为定理 7. 2 的应用，下面考察一些典型混沌系统的脉冲同步问题。利用 Lyapunov 函数的方法，考察驱动系统与响应系统的误差系统的随机稳定性，从而判断这两个随机混沌系统能否通过脉冲方法实现混沌同步。

7.4 参激白噪声作用下 Lorenz 系统的脉冲同步

参激白噪声作用下的 Lorenz 系统一般可表示为

$$\begin{cases} \dot{x} = -\sigma x + \sigma y + \beta x \dfrac{\mathrm{d}w_t}{\mathrm{d}t} \\ \dot{y} = rx - y - xz + \beta y \dfrac{\mathrm{d}w_t}{\mathrm{d}t} \\ \dot{z} = xy - bz + \beta z \dfrac{\mathrm{d}w_t}{\mathrm{d}t} \end{cases} \tag{7-18}$$

这是一个典型的随机混沌系统。当这些参数取值为 $\sigma = 10.0$，$r = 28$，$b = \dfrac{8}{3}$，$\beta = 0.01$ 时，Lorenz 系统为混沌状态，画出此时的时间历程图，如图 6.1 所示。在一种同步方案中，令驱动系统如式(7-18)所示，$\overline{X} = (\overline{x}, \overline{y}, \overline{z})$ 表示响应系统的变量，响应系统可取为

$$\begin{cases} \dot{\overline{x}} = -\sigma \overline{x} + \sigma \overline{y} + \beta \overline{x} \dfrac{\mathrm{d}w_t}{\mathrm{d}t} \\ \dot{\overline{y}} = r\overline{x} - \overline{y} - x\overline{z} + \beta \overline{y} \dfrac{\mathrm{d}w_t}{\mathrm{d}t} \\ \dot{\overline{z}} = \overline{x}\,\overline{y} - b\overline{z} + \beta \overline{z} \dfrac{\mathrm{d}w_t}{\mathrm{d}t} \end{cases} \tag{7-19}$$

在离散的时间点 τ_i，$i = 1, 2, \cdots$ 上，驱动系统的状态变量信号被传递到响应系统，使得响应系统的状态变量发生突变，在这种意义下，响应系统的运动状态可以用随机脉冲微分方程表示为

$$\begin{cases} \left.\begin{aligned} &\dot{\overline{x}} = -\sigma \overline{x} + \sigma \overline{y} + \beta \overline{x} \dfrac{\mathrm{d}w_t}{\mathrm{d}t}, \\ &\dot{\overline{y}} = r\overline{x} - \overline{y} - \overline{xz} + \beta \overline{y} \dfrac{\mathrm{d}w_t}{\mathrm{d}t}, \\ &\dot{\overline{z}} = \overline{x}\,\overline{y} - b\overline{z} + \beta \overline{z} \dfrac{\mathrm{d}w_t}{\mathrm{d}t}, \end{aligned}\right\} & t \neq \tau_i \\ \Delta \overline{X}\big|_{t=\tau_i} = -Be, & i = 1, 2, \cdots \end{cases} \tag{7-20}$$

其中，$B = \begin{pmatrix} k_1 & 0 & 0 \\ 0 & k_2 & 0 \\ 0 & 0 & k_3 \end{pmatrix}$，同步误差变量描述为

$$e(t)^{\mathrm{T}} = (e_x(t), e_y(t), e_z(t)) = (x(t) - \overline{x}(t), y(t) - \overline{y}(t), z(t) - \overline{z}(t))$$

则同步误差脉冲微分系统可以描述为

$$
\begin{cases}
\left.\begin{aligned}
\dot{e_x} &= -\sigma e_x + \sigma e_y + \beta e_x \frac{\mathrm{d}w_t}{\mathrm{d}t}, \\
\dot{e_y} &= re_x - e_y - e_x e_z + \beta e_y \frac{\mathrm{d}w_t}{\mathrm{d}t}, \\
\dot{e_z} &= e_x e_y - be_z + \beta e_z \frac{\mathrm{d}w_t}{\mathrm{d}t},
\end{aligned}\right\} & t \neq \tau_i \\
\Delta e\,|_{t=\tau_i} = e(\tau_i^+) - e(\tau_i) = Be, & i = 1,\ 2,\ \cdots
\end{cases}
\tag{7-21}
$$

下面我们将考察系统(7-21)的随机渐近稳定性问题，即考察系统(7-21)是否满足定理7.2的条件。

取 $V(t,\ e) = e_x{}^2 + e_y{}^2 + e_z{}^2$，容易看出，定理7.2的第一个条件满足，且有

$$
\begin{aligned}
\mathrm{L}(V(t,\ e)) &= -2\sigma e_x^2 + 2(\sigma + r)e_x e_y - 2e_y^2 - 2be_z^2 + \beta^2 2(e_x^2 + e_y^2 + e_z^2) \\
&\leqslant (\beta^2 + r - \sigma)e_x^2 + (\theta^2 + \sigma + r - 2)e_y^2 + (\beta^2 - 2b)e_z^2
\end{aligned}
$$

取 $\dot{\lambda}(t) = \max\{|\beta^2 + r - \sigma|,\ |\beta^2 - 2 + \sigma + r|,\ |\beta^2 - 2b|\}$，从而对所有的 $t \in \mathbf{R}_{t_0} \setminus \Gamma$ 有

$$
\mathrm{L}V(t,\ e) \leqslant \dot{\lambda}(t)V(t,\ e)
$$

当 $i = 1,\ 2,\ \cdots$ 时，

$$
\begin{aligned}
V(\tau_i,\ e^2(\tau_i^+)) &= (1 + k_1)^2 e_x^2(\tau_i) + (1 + k_2)^2 e_y^2(\tau_i) + (1 + k_3)^2 e_z^2(\tau_i) \\
&\leqslant (1 + k)^2 V(\tau_i,\ e(\tau_i))
\end{aligned}
$$

其中，$(1 + k)^2 = \max\{(1 + k_1)^2,\ (1 + k_2)^2,\ (1 + k_3)^2\}$。取 $d_k = (1 + k)^2$，且 $-2 < k < 0$，则定理7.2的第三个条件成立。于是我们得到系统(7-21)的比较系统：

$$
\begin{cases}
\dot{\omega} = \dot{\lambda}(t)\omega, & t \neq \tau_i \\
\omega(\tau_i^+) = (1 + k)^2 \omega(\tau_i), & i = 1,\ 2,\ \cdots \\
\omega(t_0^+) = \omega_0 \geqslant 0
\end{cases}
\tag{7-22}
$$

其中，$\omega = (\omega_1,\ \omega_2,\ \omega_3)^{\mathrm{T}}$，于是系统(7-22)平凡解的稳定性蕴含着系统(7-21)平凡解相应的随机稳定性。设这一个脉冲系统的脉冲时间是等间距的，即存在 $d > 0$，使得 $\tau_{i+1} - \tau_i = d$。由定理7.3知道，当 $\dot{\lambda}(t)d + \ln(\gamma\,(1 + k)^2) \leqslant 0$ 满足，即

$$0 \leqslant d \leqslant -\frac{\ln\gamma + 2\ln(1+k)}{\dot{\lambda}(t)}$$

时，系统(7-22)是渐近稳定的，从而由定理 7.3 知道系统(7-21)是随机渐近稳定的。

为验证同步的效果，取 $\sigma=10.0$，$r=28$，$b=\frac{8}{3}$，$\beta=0.1$ 时，$\lambda_1(t)=36.01$。此时系统(7-21)的稳定区域如图 7.1 所示，曲线以下的部分均为稳定区域。

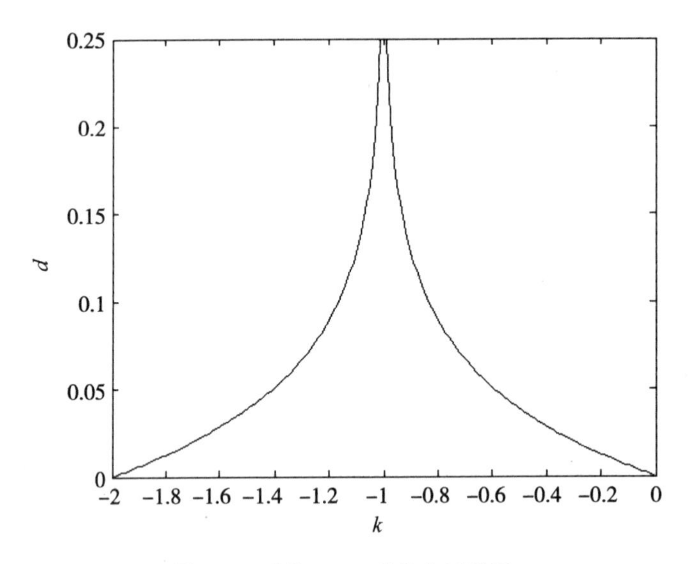

图 7.1　系统(7-21)的稳定区域图

数值模拟的结果如图 7.2 所示，其中的参数取值为 $k_1=-1.2$，$k_2=k_3=-1.3$，$d=0.05$，步长 $h=0.00025$。这些点都在图 7.1 的曲线以下，应为系统(7-21)的稳定区域。从图 7.2 可以看出，随着时间的演化，系统(7-21)的运动状态迅速趋于稳定。

在图 7.1 中，如果参数的取值在曲线以上，则按照前面的理论，系统(7-21)随着时间的演化将不再是稳定的。例如，取 $k_1=-1.2$，$k_2=k_3=-1.3$，$d=0.05$，步长 $h=0.00025$，画出此时的时间历程图，如图 7.3 所示。

综合图 7.2 及图 7.3 可知，理论结果与数值结果吻合得较好，说明了稳定性理论在脉冲同步中的稳定性判断方面是有效的。

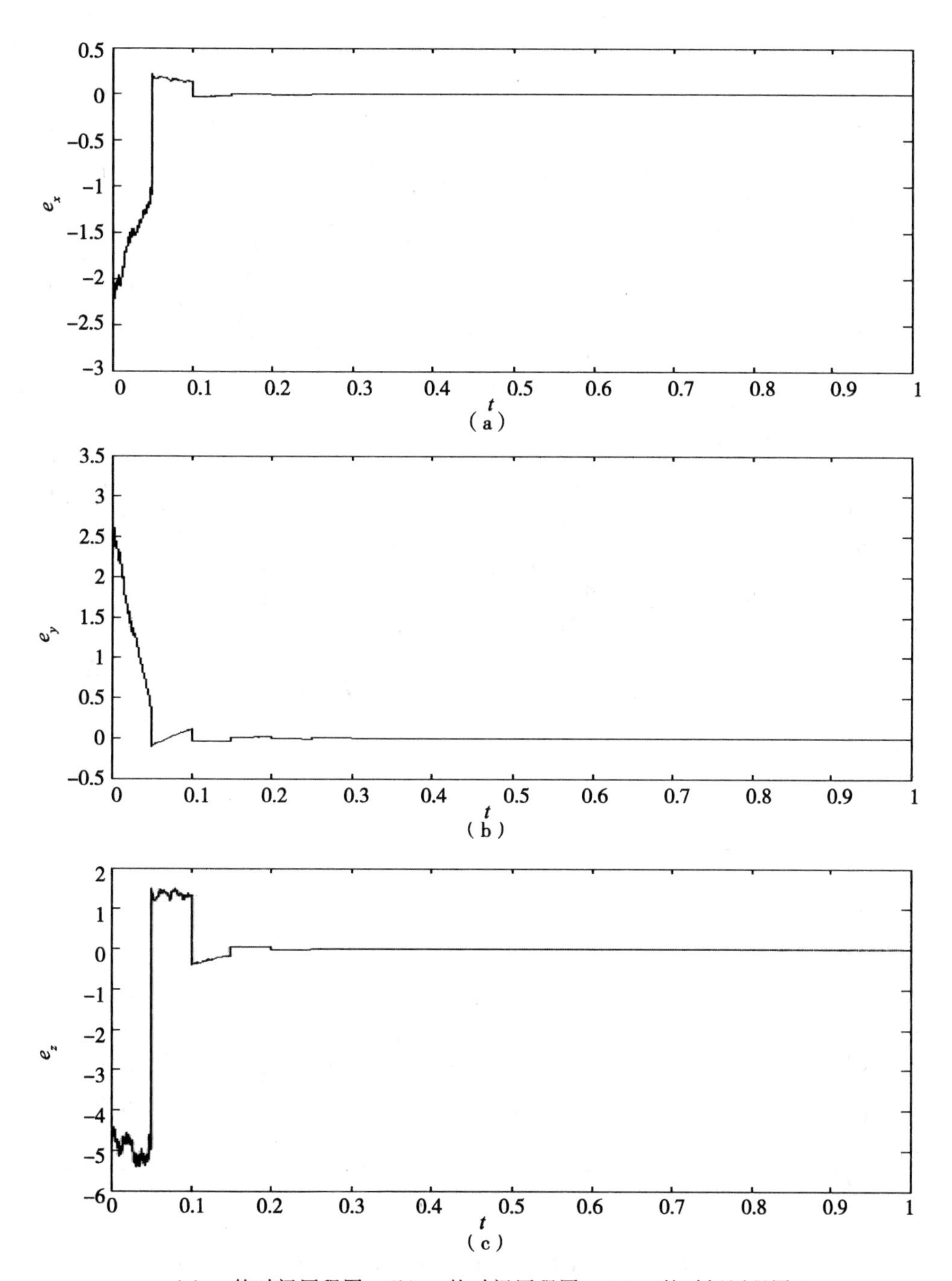

(a)e_x 的时间历程图，(b)e_y 的时间历程图，(c)e_z 的时间历程图

图 7.2　系统(7-21)在稳定状态下的时间历程图

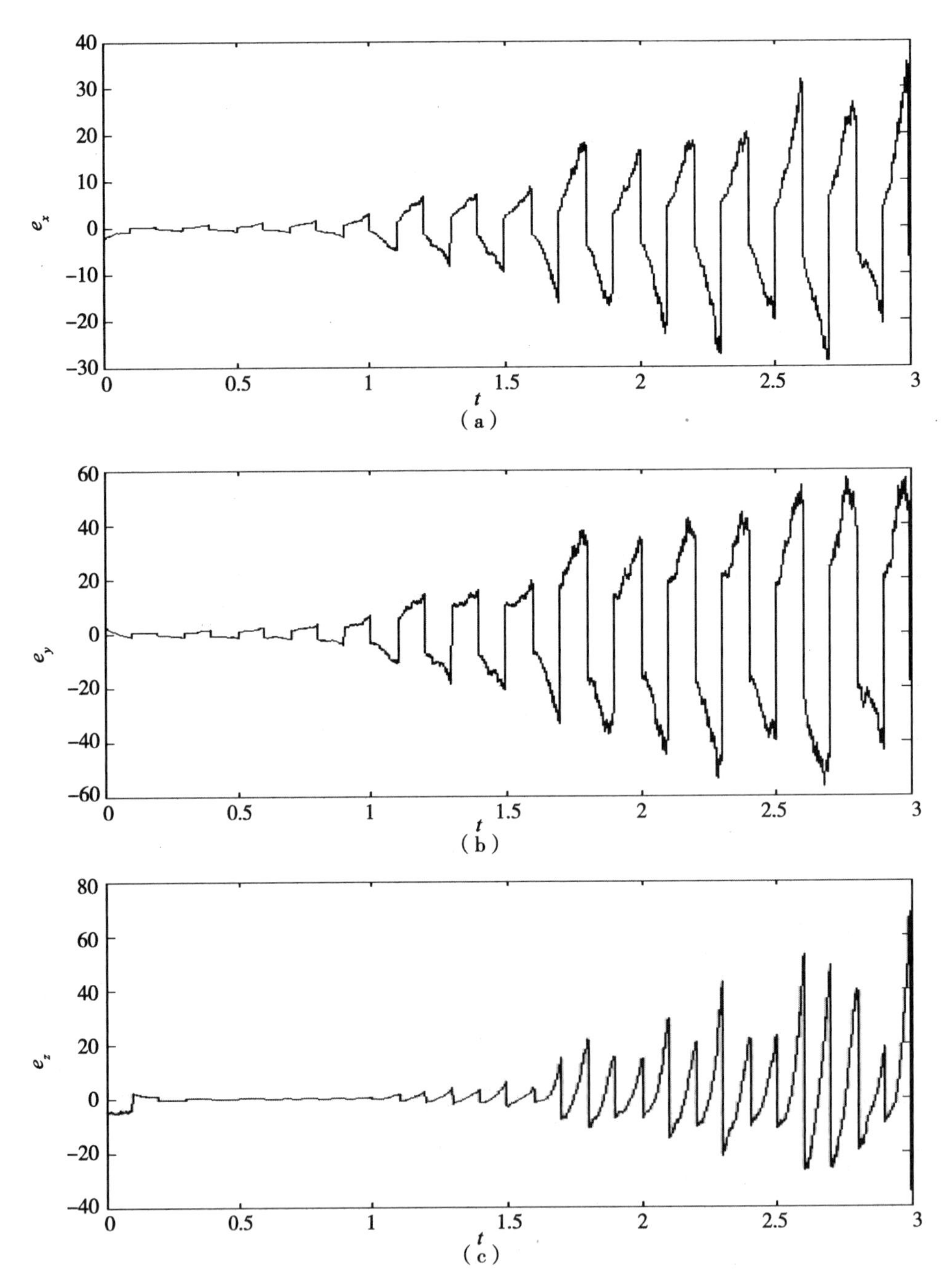

(a)e_x 的时间历程图，(b)e_y 的时间历程图，(c)e_z 的时间历程图

图 7.3　系统(7-21)在不稳定状态下的时间历程图

7.5 参激白噪声作用下 Chen 系统的脉冲同步

参激白噪声作用下的 Chen 系统一般可表示为：

$$\begin{cases} \dot{x} = -ax + ay + \beta x \dfrac{\mathrm{d}w_t}{\mathrm{d}t} \\ \dot{y} = (c-a)x + cy - xz + \beta y \dfrac{\mathrm{d}w_t}{\mathrm{d}t} \\ \dot{z} = xy - bz + \beta z \dfrac{\mathrm{d}w_t}{\mathrm{d}t} \end{cases} \tag{7-23}$$

这是一个典型的随机混沌系统。当这些参数取值为 $a=37.0$，$b=3.0$，$c=28.0$，$\beta=0.1$ 时，Chen 系统为混沌状态。画出此时的时间历程图，如图 6.5 所示。在一种同步方案中，令驱动系统如式(7-23)所示，$\overline{X}=(\overline{x},\ \overline{y},\ \overline{z})$ 表示响应系统的变量，响应系统可取为：

$$\begin{cases} \dot{\overline{x}} = -a\overline{x} + a\overline{y} + \beta \overline{x} \dfrac{\mathrm{d}w_t}{\mathrm{d}t} \\ \dot{\overline{y}} = (c-a)\overline{x} + c\overline{y} - \overline{x}\,\overline{z} + \beta \overline{y} \dfrac{\mathrm{d}w_t}{\mathrm{d}t} \\ \dot{\overline{z}} = \overline{x}\,\overline{y} - b\overline{z} + \beta \overline{z} \dfrac{\mathrm{d}w_t}{\mathrm{d}t} \end{cases} \tag{7-24}$$

在离散的时间点 τ_i，$i=1, 2, \cdots$ 上，驱动系统的状态变量信号被传递到响应系统，使得响应系统的状态变量发生突变，在这种意义下，响应系统的运动状态可以用随机脉冲微分方程表示为：

$$\begin{cases} \left.\begin{aligned} &\dot{\overline{x}} = -a\overline{x} + a\overline{y} + \beta \overline{x} \dfrac{\mathrm{d}w_t}{\mathrm{d}t}, \\ &\dot{\overline{y}} = (c-a)\overline{x} + c\overline{y} - \overline{x}\,\overline{z} + \beta \overline{y} \dfrac{\mathrm{d}w_t}{\mathrm{d}t}, \\ &\dot{\overline{z}} = \overline{x}\,\overline{y} - b\overline{z} + \beta \overline{z} \dfrac{\mathrm{d}w_t}{\mathrm{d}t}, \end{aligned}\right\} & t \neq \tau_i \\ \Delta \overline{X}\,|_{t=\tau_i} = -Be, & i=1, 2, \cdots \end{cases} \tag{7-25}$$

其中，$B=\begin{pmatrix} k_1 & 0 & 0 \\ 0 & k_2 & 0 \\ 0 & 0 & k_3 \end{pmatrix}$，同步误差变量描述为

$$e(t)^{\mathrm{T}}=(e_x(t),\ e_y(t),\ e_z(t))=(x(t)-\overline{x}(t),\ y(t)-\overline{y}(t),\ z(t)-\overline{z}(t))$$

则同步误差脉冲微分系统可以描述为：

$$\begin{cases} \dot{e_x}=-ae_x+ae_y+\beta e_x\dfrac{\mathrm{d}w_t}{\mathrm{d}t}, \\ \dot{e_y}=(c-a)e_x+ce_y-e_xe_z+\beta e_y\dfrac{\mathrm{d}w_t}{\mathrm{d}t}, \quad t\neq\tau_i \\ \dot{e_z}=e_xe_y-be_z+\beta e_z\dfrac{\mathrm{d}w_t}{\mathrm{d}t}, \\ \Delta e\big|_{t=\tau_i}=e(\tau_i^+)-e(\tau_i)=Be, \quad i=1,\ 2,\ \cdots \end{cases} \tag{7-26}$$

下面我们将考察系统(7-26)的随机渐近稳定性问题，即考察系统(7-26)是否满足定理7.2 的条件。

取 $V(t,\ e)=e_x^2+e_y^2+e_z^2$，容易看出，定理 7.2 的第一个条件满足，且有

$$\begin{aligned} \mathrm{L}(V(t,\ e)) &= -2ae_x^2+2ce_xe_y+2ce_y^2-2be_z^2+\beta^2(e_x^2+e_y^2+e_z^2) \\ &\leqslant (\beta^2+c-2a)e_x^2+(\beta^2+3c)e_y^2+(\beta^2-2b)e_z^2 \end{aligned}$$

取 $\dot{\lambda}_1(t)=\max\{|\beta^2+c-2a|,\ |\beta^2+3c|,\ |\beta^2-2b|\}$，从而对所有的 $t\in\mathbf{R}_{t_0}\setminus\Gamma$ 有

$$\mathrm{L}(V(t,\ e))\leqslant\dot{\lambda}_1(t)V(t,\ e)$$

当 $i=0,\ 1,\ 2,\ \cdots$ 时，

$$\begin{aligned} V(\tau_i,\ e^2(\tau_i^+)) &= (1+k_1)^2e_x^2(\tau_i)+(1+k_2)^2e_y^2(\tau_i)+(1+k_3)^2e_z^2(\tau_i) \\ &\leqslant (1+k)^2V(\tau_i,\ e(\tau_i)) \end{aligned}$$

其中，$(1+k)^2=\max\{(1+k_1)^2,\ (1+k_2)^2,\ (1+k_3)^2\}$，取 $\lambda_2(t)=(1+k)^2$，且 $-2<k<0$，则定理 7.2 的第三个条件成立。于是我们得到系统(7-26)的比较系统：

$$\begin{cases} \dot{\omega}=\dot{\lambda}_1(t)\omega, & t\neq\tau_i \\ \omega(\tau_i^+)=(1+k)^2\omega(\tau_i), & i=1,\ 2,\ \cdots \\ \omega(t_0^+)=\omega_0\geqslant 0 \end{cases} \tag{7-27}$$

其中，$\omega=(\omega_1,\ \omega_2,\ \omega_3)^{\mathrm{T}}$，于是系统(7-27)平凡解的稳定性蕴含着系统(7-26)平凡解相

应的随机稳定性。设这一个脉冲系统的脉冲时间是等间距的，即存在 $d>0$，使得 $\tau_{i+1}-\tau_i=d$。由定理 7.3 知道，当 $\dot{\lambda}_1(t)d+\ln(\gamma(1+k)^2)\leqslant 0$，即

$$0\leqslant d\leqslant -\frac{\ln\gamma+2\ln(1+k)}{\dot{\lambda}_1(t)}$$

时，系统(7-27)是渐近稳定的，从而由定理 7.3 知道系统(7-26)是随机渐近稳定的。

为验证同步的效果，取 $a=37.0$，$b=3.0$，$c=28$，$\beta=0.1$ 时，$\lambda_1(t)=84.01$，此时系统(7-26)的稳定区域如图 7.4 所示，曲线以下的部分均为稳定区域。

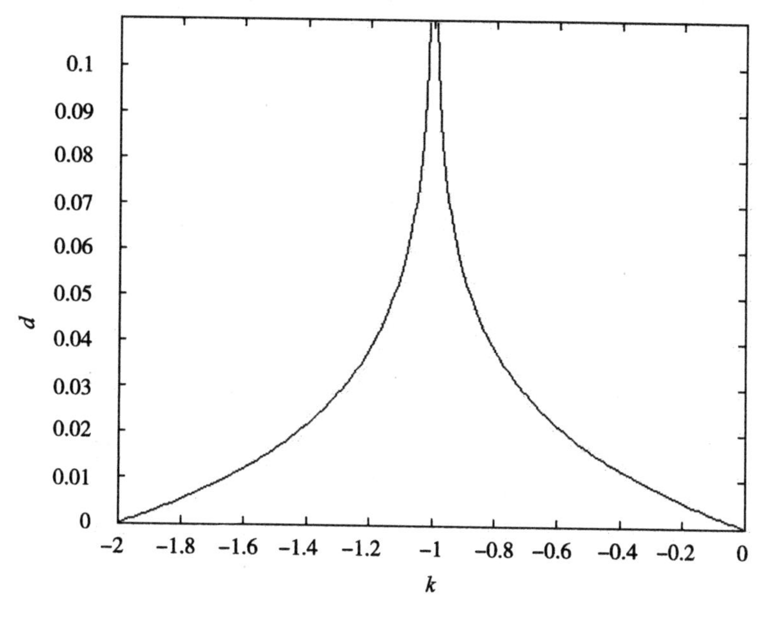

图 7.4 系统(7-26)的稳定区域图

数值模拟的结果如图 7.5 所示，其中的参数取值为 $k_1=-1.6$，$k_2=k_3=-1.5$，$d=0.01$，步长 $h=0.00025$。这些点都在图 7.4 的曲线以下，应为系统(7-26)的稳定区域。从图 7.5 可以看出，随着时间的演化，系统(7-26)的运动状态迅速趋于稳定。

在图 7.4 中，如果参数的取值在曲线以上，按照前面的理论，系统(7-26)随着时间的演化将不再是稳定的，例如取 $k_1=-1.6$，$k_2=k_3=-1.5$，$d=0.01$，步长 $h=0.00025$，画出此时的时间历程图，如图 7.6 所示。数值结果符合理论结果。

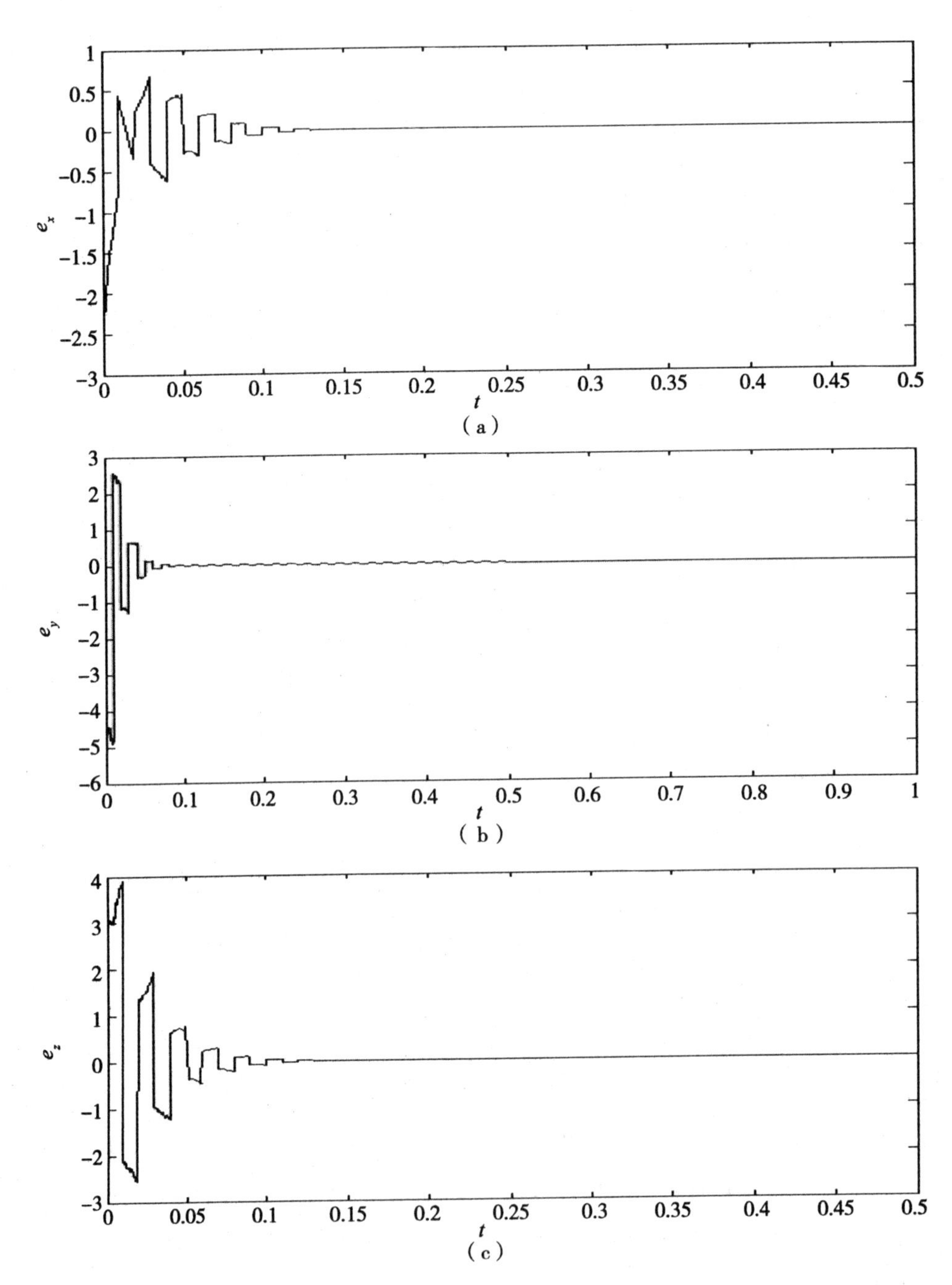

(a) e_x 的时间历程图，(b) e_y 的时间历程图，(c) e_z 的时间历程图

图 7.5　系统(7-26)在稳定状态下的时间历程图

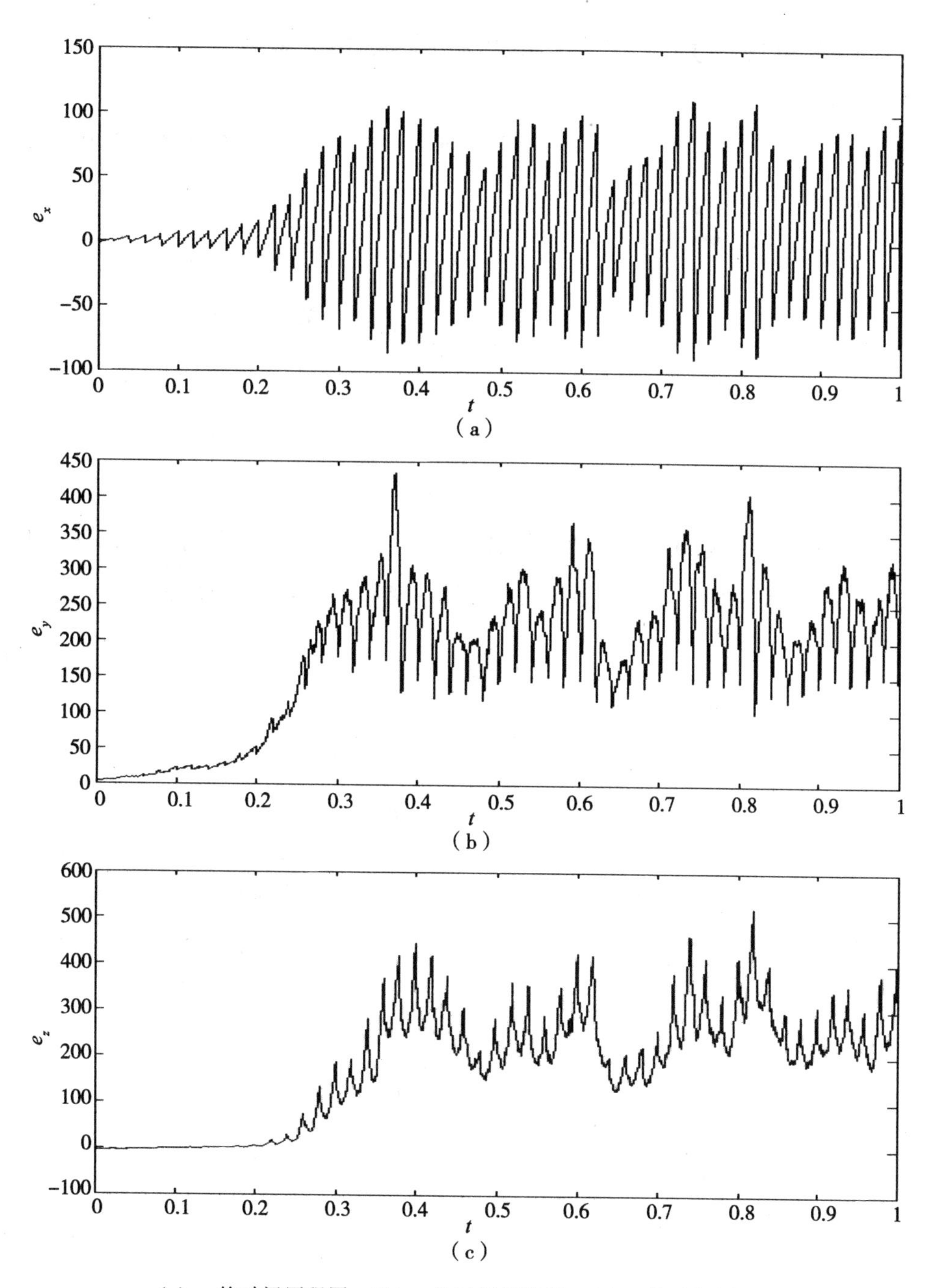

(a)e_x 的时间历程图，(b)e_y 的时间历程图，(c)e_z 的时间历程图

图 7.6 系统(7-26)在不稳定状态下的时间历程图

7.6　参激白噪声作用下 Lü 系统的脉冲同步

作为定理 7.3 的一个应用，下面考察参激白噪声作用下 Lü 系统的脉冲控制问题。对于参激白噪声作用下的 Lü 系统，有

$$
\begin{cases}
\dot{x} = -ax + ay + \beta x \dfrac{\mathrm{d}w_t}{\mathrm{d}t} \\
\dot{y} = cy - xz + \beta y \dfrac{\mathrm{d}w_t}{\mathrm{d}t} \\
\dot{z} = xy - bz + \beta z \dfrac{\mathrm{d}w_t}{\mathrm{d}t}
\end{cases}
\tag{7-28}
$$

其中，a，b，c，β 都是正参数，w_t 是标准 Wiener 过程。当 $a=36.0$，$b=3.0$，$c=28.0$，$\beta=0.1$ 时，Lü 系统为混沌状态，如图 6.9 所示。在一种同步方案中，令驱动系统如式(7-28)所示，$\overline{X}=(\overline{x},\ \overline{y},\ \overline{z})$ 表示响应系统的变量，响应系统可取为

$$
\begin{cases}
\dot{\overline{x}} = -a\overline{x} + a\overline{y} + \beta\overline{x} \dfrac{\mathrm{d}w_t}{\mathrm{d}t} \\
\dot{\overline{y}} = c\overline{y} - \overline{x}\,\overline{z} + \beta\overline{y} \dfrac{\mathrm{d}w_t}{\mathrm{d}t} \\
\dot{\overline{z}} = \overline{x}\,\overline{y} - b\overline{z} + \beta\overline{z} \dfrac{\mathrm{d}w_t}{\mathrm{d}t}
\end{cases}
\tag{7-29}
$$

在离散的时间点 τ_i，$i=1,\ 2,\ \cdots$ 上，驱动系统的状态变量信号被传递到响应系统，使得响应系统的状态变量发生突变，在这种意义下，响应系统的运动状态可以用随机脉冲微分方程表示为

$$
\begin{cases}
\left.\begin{aligned}
\dot{\overline{x}} &= -a\overline{x} + a\overline{y} + \beta\overline{x} \dfrac{\mathrm{d}w_t}{\mathrm{d}t}, \\
\dot{\overline{y}} &= c\overline{y} - \overline{x}\,\overline{z} + \beta\overline{y} \dfrac{\mathrm{d}w_t}{\mathrm{d}t}, \\
\dot{\overline{z}} &= \overline{x}\,\overline{y} - b\overline{z} + \beta\overline{z} \dfrac{\mathrm{d}w_t}{\mathrm{d}t},
\end{aligned}\right\} & t \neq \tau_i \\
\Delta\overline{X}\big|_{t=\tau_i} = -Be, & i=1,\ 2,\ \cdots
\end{cases}
\tag{7-30}
$$

其中，$B=\begin{pmatrix} k_1 & 0 & 0 \\ 0 & k_2 & 0 \\ 0 & 0 & k_3 \end{pmatrix}$，同步误差变量描述为

$$e(t)^{\mathrm{T}}=(e_x(t),\ e_y(t),\ e_z(t))=(x(t)-\overline{x}(t),\ y(t)-\overline{y}(t),\ z(t)-\overline{z}(t))$$

则同步误差脉冲微分系统可以描述为

$$\begin{cases} \left.\begin{aligned} &\dot{e_x}=-ae_x+ae_y+\beta e_x\frac{\mathrm{d}w_t}{\mathrm{d}t}, \\ &\dot{e_y}=ce_y-e_xe_z+\beta e_y\frac{\mathrm{d}w_t}{\mathrm{d}t}, \\ &\dot{e_z}=e_xe_y-be_z+\beta e_z\frac{\mathrm{d}w_t}{\mathrm{d}t}, \end{aligned}\right\} \quad t\neq\tau_i \\ \Delta e\,|_{t=\tau_i}=e(\tau_i^+)-e(\tau_i)=Be, \quad i=1,\ 2,\ \cdots \end{cases} \tag{7-31}$$

下面我们将考察系统(7-31)的随机渐近稳定性问题，即考察系统(7-31)是否满足定理7.2的条件。

取$V(t,\ e)=e_x^2+e_y^2+e_z^2$，容易看出，定理7.2的第一个条件满足，且有

$$\begin{aligned} \mathrm{L}(V(t,\ e))&=-2ae_x^2+2ae_xe_y+2ce_y^2-2be_z^2+\beta^2(e_x^2+e_y^2+e_z^2) \\ &\leqslant(\beta^2-a)e_x^2+(\beta^2+2c+a)e_y^2+(\beta^2-2b)e_z^2 \end{aligned}$$

取$\dot{\lambda}_1(t)=\max\{|\beta^2-a|,\ |\beta^2+2c+a|,\ |\beta^2-2b|\}$，从而对所有的$t\in\mathbf{R}_{t_0}\setminus\Gamma$，有

$$\mathrm{L}(V(t,\ e))\leqslant\dot{\lambda}_1(t)V(t,\ e)$$

当$i=0,\ 1,\ 2,\ \cdots$时，

$$\begin{aligned} V(\tau_i,\ e^2(\tau_i^+))&=(1+k_1)^2e_x^2(\tau_i)+(1+k_2)^2e_y^2(\tau_i)+(1+k_3)^2e_z^2(\tau_i) \\ &\leqslant(1+k)^2V(\tau_i,\ e(\tau_i)) \end{aligned}$$

其中，$(1+k)^2=\max\{(1+k_1)^2,\ (1+k_2)^2,\ (1+k_3)^2\}$，取$\lambda_2(t)=(1+k)^2$，且$-2<k<0$，则定理7.2的第三个条件成立。于是我们得到系统(7-31)的比较系统

$$\begin{cases} \dot{\omega}=\dot{\lambda}_1(t)\omega, & t\neq\tau_i \\ \omega(\tau_i^+)=(1+k)^2\omega(\tau_i), & i=1,\ 2,\ \cdots \\ \omega(t_0^+)=\omega_0\geqslant 0 \end{cases} \tag{7-32}$$

其中，$\omega=(\omega_1, \omega_2, \omega_3)^{\mathrm{T}}$，于是系统(7-32)平凡解的稳定性蕴含着系统(7-31)平凡解相应的随机稳定性。设这一个脉冲系统的脉冲时间是等间距的，即存在 $d>0$，使得 $\tau_{i+1}-\tau_i=d$。由定理 7.3 知道，当 $\dot{\lambda}_1(t)d+\ln(\gamma(1+k)^2)\leqslant 0$ 满足，即

$$0\leqslant d\leqslant-\frac{\ln\gamma+2\ln(1+k)}{\dot{\lambda}_1(t)}$$

时，系统(7-32)是渐近稳定的，从而由定理 7.3 知道系统(7-31)是随机渐近稳定的。

为验证同步的效果，取 $a=36.0$，$c=28$，$b=3$，$\beta=0.1$ 时，$\lambda_1(t)=92.01$。此时系统(7-31)的稳定区域如图 7.7 所示，曲线以下的部分均为稳定区域。

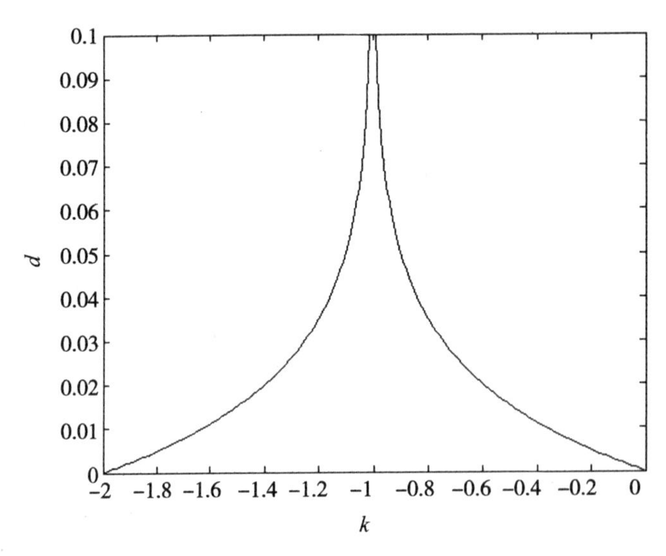

图 7.7　系统(7-31)的稳定区域图

数值模拟的结果如图 7.8 所示，其中的参数取值为 $k_1=-1.2$，$k_2=k_3=-1.4$，$d=0.01$，步长 $h=0.0025$。这些点都在图 7.7 的曲线以下，应为系统(7-31)的稳定区域。

从图 7.8 可以看出，随着时间的演化，系统(7-31)的运动状态迅速趋于稳定。

在图 7.7 中，如果参数的取值在曲线以上，按照前面的理论，系统(7-31)随着时间的演化将不再是稳定的，例如取 $k_1=-1.2$，$k_2=k_3=-1.4$，$d=0.05$，步长 $h=0.00025$，画出此时的时间历程图，如图 7.9 所示。

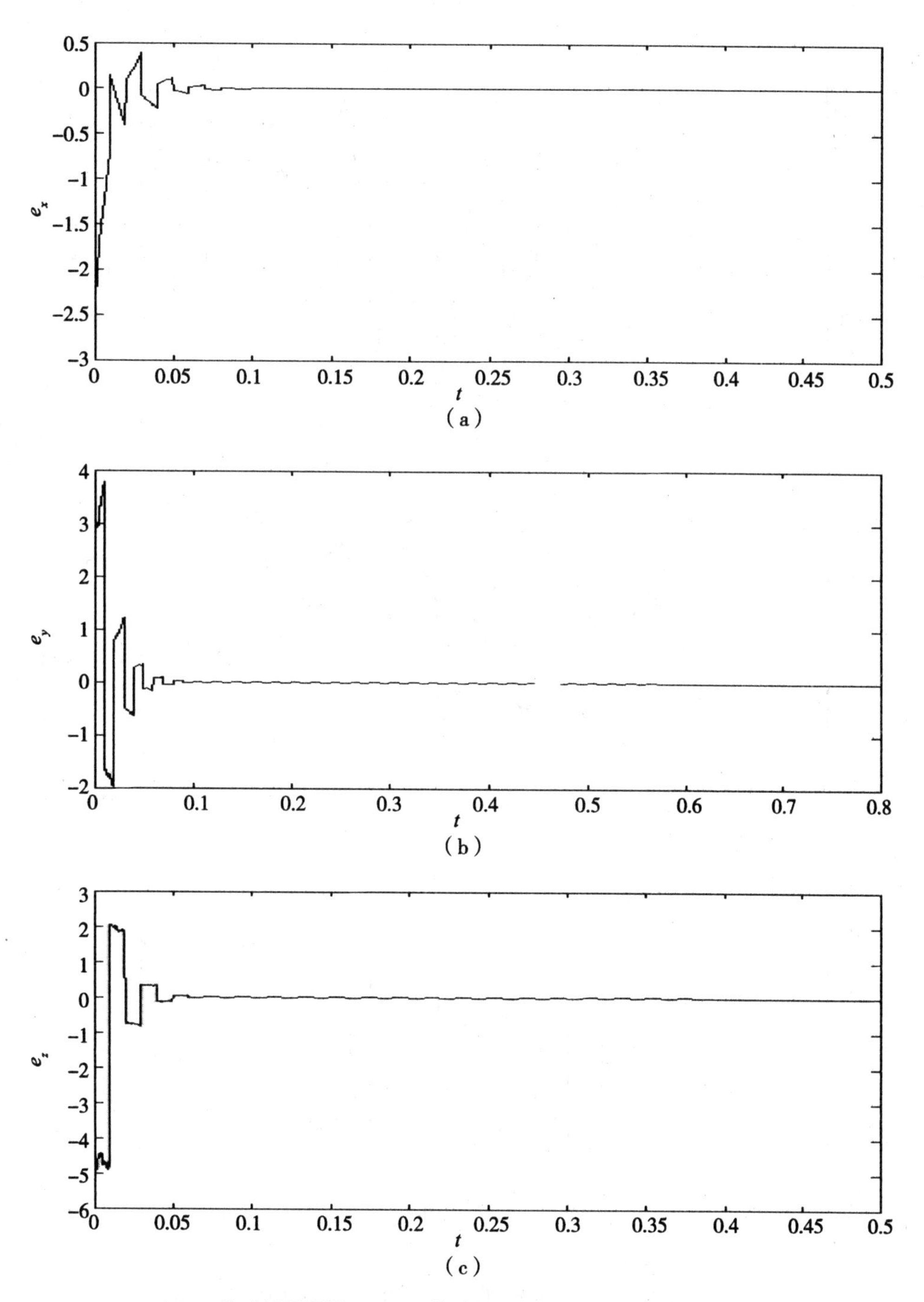

(a)e_x 的时间历程图，(b)e_y 的时间历程图，(c)e_z 的时间历程图

图 7.8 系统(7-31)在稳定状态下的时间历程图

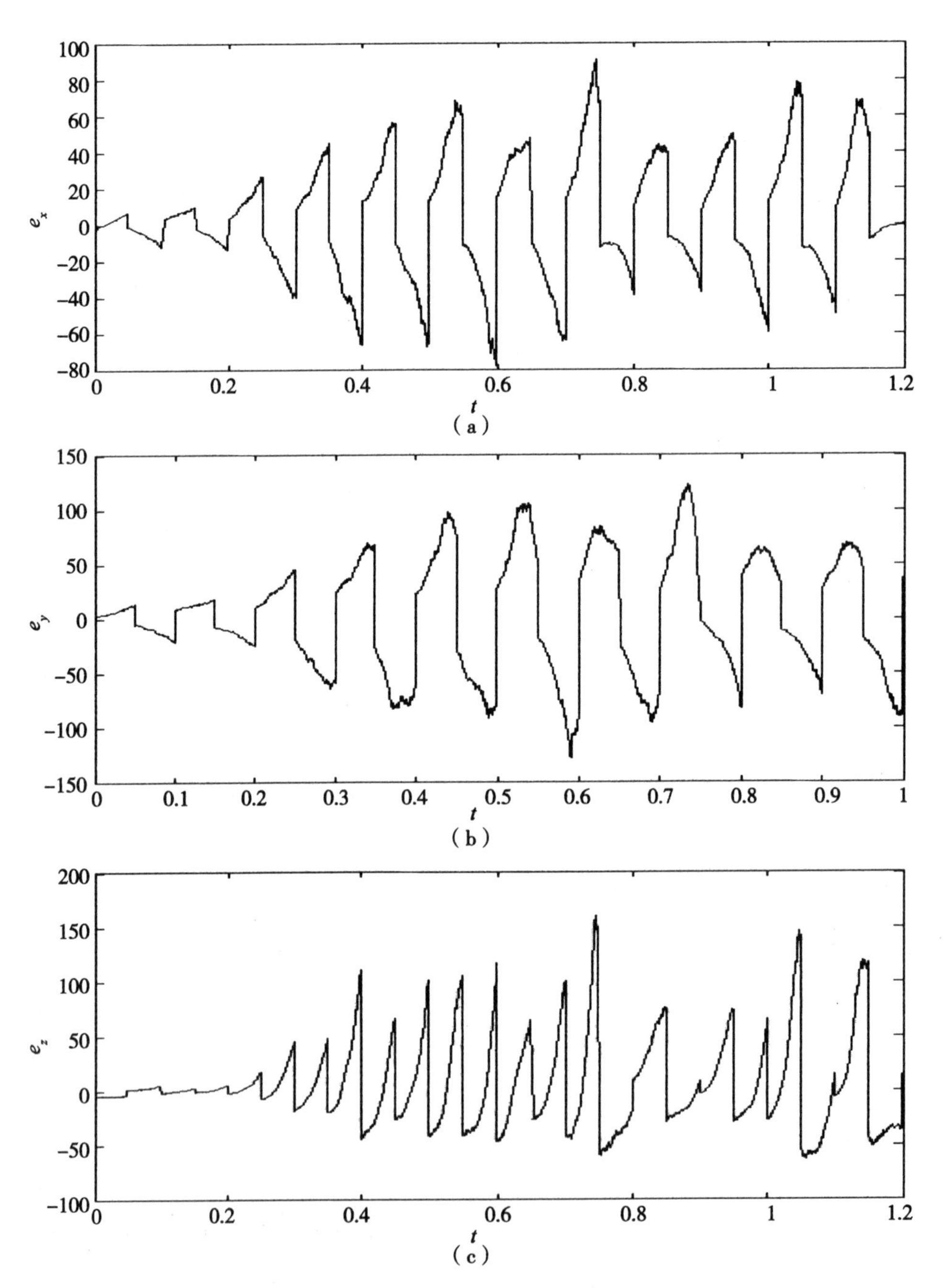

(a)e_x 的时间历程图，(b)e_y 的时间历程图，(c)e_z 的时间历程图

图 7.9　系统(7-31)在不稳定状态下的时间历程图

7.7 节点结构互异的复杂网络的脉冲同步

近年来，复杂网络引起了广大学者的极大兴趣。复杂网络是具有复杂拓扑结构和动力学行为的大规模网络，例如，因特网、生物网络、通信网络、交通网络、神经网络，等等。复杂网络的同步是复杂网络研究中的一个重要方向，在复杂网络的每个节点加上一个动力学系统，相邻节点通过耦合作用而形成一个动力学网络。在复杂网络的研究中，文献[220]考察了无标度网络的同步，文献[221]考察了小世界网络同步中区域的作用。Zhou 和 Motter 等[222],[223]考察了复杂网络同步、扩散及不均匀性的一些矛盾。另外，用脉冲方法实现复杂网络的控制也出现了一些文献，比如，Jiang 等[224]~[227]研究了用脉冲方法实现复杂网络的同步。但是，在这些文献中，各节点之间的相互耦合关系在未受控系统中并未出现。本节将研究当一般复杂网络模型的各个节点是一个混沌系统时，如何用脉冲方法实现该网络的同步。

首先对本节的一些符号做出约定：$\mathbf{R}^n$ 表示 n 维欧几里得空间，$\mathbf{R}^{n\times m}$ 表示 $n\times m$ 实矩阵的集合。对于向量 $X\in\mathbf{R}^n$，$\|X\|$ 表示欧几里得向量模，即 $\|X\|=\sqrt{X^{\mathrm{T}}X}$。$\lambda_{\max}(A)$ 表示矩阵 $\mathbf{A}$ 的最大特征值。Λ_i 表示节点 i 的所有相邻节点组成的集合。

脉冲信号作用下的复杂网络可以表示为

$$\begin{cases}\dot{X}_i=f(X_i(t))+a\sum\limits_{j=1,\ j\neq i}^{N}C_{ij}(X_j(t)-X_i(t)), & t\neq t_k,\ k=1,\ 2,\ \cdots\\ \Delta X_i(t_k^+)=X_i(t_k^+)-X_i(t_k^-)=B_kX_i(t_k), & k=1,\ 2,\ \cdots\\ X_i(t_0^+)=X_i(t_0)\end{cases}\tag{7-33}$$

其中，$X_i=(x_{i_1},\ x_{i_2},\ \cdots,\ x_{i_n})^{\mathrm{T}}\in\mathbf{R}^n$，$i=1,\ 2,\ \cdots$，表示第 i 个节点的状态变量；f：$\mathbf{R}^n\rightarrow\mathbf{R}^n$ 连续可微，满足 Lipitchz 条件：存在 $L>0$，使得

$$\|f(x)-f(y)\|\leqslant L\|x-y\|$$

$a>0$ 为耦合强度，B_k 表示脉冲强度矩阵。$C=(C_{ij})_{N\times N}$ 为拉普拉斯矩阵，

$$C_{ij}=\begin{cases}|\Lambda_i|, & i=j\\ -1, & j\in\Lambda_i\\ 0, & \text{其他}\end{cases}$$

于是有 $|C_{ij}| \leqslant N$。$X(t_k^+)=\lim\limits_{t \to t_k+0} X(t)$，$X(t_k^-)=\lim\limits_{t \to t_k-0} X(t)=X(t_k)$，且由(7-33)式的第二个式子知道 $X_i(t_k^+)=X_i(t_k)+B_k X_i(t_k)$。其中，$t_k$，$k=1, 2, \cdots$ 表示脉冲发生的时刻，满足 $t_1<t_2<\cdots<t_k<\cdots$，且 $\lim\limits_{k \to \infty} t_k=\infty$，记 $\tau_k=t_k-t_{k-1}$。

定义 7.11　我们称系统(7-33)能实现同步，如果对任意的 i，$j=1, 2, \cdots, N$，有

$$\lim_{t \to \infty} \| X_i(t)-X_j(t) \| =0。$$

定义 7.12　对于任意的 $(t, X) \in (t_{k-1}, t_k] \times \mathbf{R}^n$，定义

$$D^+ V(t, X)=\limsup_{h \to 0+} \frac{1}{h}[V(t+h, X+hf(x))-V(t, X)]。$$

7.7.1　脉冲信号作用下复杂网络的稳定性

我们知道，混沌同步的关键问题是系统的渐近稳定性问题。首先提出如下脉冲信号作用下复杂网络稳定的判定定理。

定理 7.4　如果存在一个常数 $\xi>1$，使得

$$\ln(\xi \beta_k)+2[L+2N(1+N)|a|]\tau_k<0 \tag{7-34}$$

则系统(7-33)的平凡解是渐近稳定的，其中，$\beta_k=\lambda_{\max}((\boldsymbol{I}+B_k)^{\mathrm{T}}(\boldsymbol{I}+B_k))$，$\boldsymbol{I}$ 为单位矩阵。

证　取 $V(X(t))=\sum\limits_{i=1}^{N} V_i(X(t))=\sum\limits_{i=1}^{N} \sum\limits_{j=1, j \neq i}^{N} (X_j(t)-X_i(t))^{\mathrm{T}}(X_j(t)-X_i(t))$，当 $t \in (t_{k-1}, t_k]$ 时，

$$\begin{aligned}
D^+ V(X(t)) &= \sum_{i=1}^{N} D^+ V_i(X(t))=2\sum_{i=1}^{N} \sum_{j=1, j \neq i}^{N} (X_j(t)-X_i(t))^{\mathrm{T}}(\dot{X}_j(t)-\dot{X}_i(t)) \\
&=2\sum_{i=1}^{N} \sum_{j=1, j \neq i}^{N} (X_j(t)-X_i(t))^{\mathrm{T}}(f(X_j(t))-f(X_i(t))) \\
&\quad +2a\sum_{i=1}^{N} \sum_{j=1, j \neq i}^{N} (X_j(t)-X_i(t))^{\mathrm{T}}\left(\sum_{k=1, k \neq j}^{N} C_{jk}(X_k(t)-X_j(t))\right) \\
&\quad -2a\sum_{i=1}^{N} \sum_{j=1, j \neq i}^{N} (X_j(t)-X_i(t))^{\mathrm{T}}\left(\sum_{k=1, k \neq i}^{N} C_{ik}(X_k(t)-X_i(t))\right) \\
&\leqslant 2L\sum_{i=1}^{N} \sum_{j=1, j \neq i}^{N} \| (X_j(t)-X_i(t))^{\mathrm{T}} \| \| X_j(t)-X_i(t) \|
\end{aligned}$$

$$+2|a|\sum_{i=1}^{N}\sum_{j=1,\ j\neq i}^{N}\|(X_j(t)-X_i(t))^{\mathrm{T}}\|\left(\sum_{k=1,\ k\neq j}^{N}|C_{jk}|\ \|X_k(t)-X_j(t)\|\right)$$

$$+2|a|\sum_{i=1}^{N}\sum_{j=1,\ j\neq i}^{N}\|(X_j(t)-X_i(t))^{\mathrm{T}}\|\left(\sum_{k=1,\ k\neq i}^{N}|C_{ik}|\ \|(X_k(t)-X_i(t))\|\right)$$

$$=S_1+S_2+S_3$$

其中，$S_1=2L\sum_{i=1}^{N}\sum_{j=1,\ j\neq i}^{N}(X_j(t)-X_i(t))^{\mathrm{T}}(X_j(t)-X_i(t))=2LV(X(t))$，

$$S_2=2|a|\sum_{i=1}^{N}\sum_{j=1}^{N}\|\ (X_j(t)-X_i(t))^{\mathrm{T}}\ \|\left(\sum_{k=1}^{N}|C_{jk}|\ \|X_k(t)-X_j(t)\|\right)$$

$$=|a|\sum_{i=1}^{N}\sum_{j=1}^{N}\sum_{k=1}^{N}|C_{jk}|2\|\ (X_j(t)-X_i(t))^{\mathrm{T}}\ \|\ \|(X_k(t)-X_j(t))\|$$

$$\leqslant|a|\sum_{i=1}^{N}\sum_{j=1}^{N}\sum_{k=1}^{N}|C_{jk}|(\|\ (X_j(t)-X_i(t))^{\mathrm{T}}\ \|^2+\|(X_k(t)-X_j(t))\|^2)$$

$$=|a|\sum_{i=1}^{N}\sum_{j=1}^{N}\sum_{k=1}^{N}|C_{jk}|(X_j(t)-X_i(t))^{\mathrm{T}}(X_j(t)-X_i(t))$$

$$+|a|\sum_{i=1}^{N}\sum_{j=1}^{N}\sum_{k=1}^{N}|C_{jk}|(X_k(t)-X_j(t))^{\mathrm{T}}(X_k(t)-X_j(t))$$

$$\leqslant(2N+N^2)|a|V(X(t)),$$

同理可得，$S_3\leqslant(2N+N^2)|a|V(X(t))$。故有

$$D^+V(X(t))\leqslant(2L+(4N+2N^2)|a|)V(X(t))$$

从而有

$$V(X(t))\leqslant V(X(t_{k-1}^+))\exp\{2(L+(2N+N^2)|a|)(t-t_{k-1})\},\quad k=1,\ 2,\ \cdots,$$

从而有

$$V(X(t))\leqslant V(X(t_{k-1}^+))\exp\{2(L+(2N+N^2)|a|)(t_k-t_{k-1})\},\quad k=1,\ 2,\ \cdots$$

另一方面，当 $t=t_k$ 时，

$$V(X(t_k^+))=\sum_{i=1}^{N}V_i(X(t_k^+))=\sum_{i=1}^{N}\sum_{j=1,\ j\neq i}^{N}(X_j(t_k^+)-X_i(t_k^+))^{\mathrm{T}}(X_j(t_k^+)-X_i(t_k^+))$$

$$=\sum_{i=1}^{N}\sum_{j=1,\ j\neq i}^{N}((I+B_k)(X_j(t_k)-X_i(t_k)))^{\mathrm{T}}((I+B_k))(X_j(t_k)-X_i(t_k))$$

$$\leqslant\lambda_{\max}((I+B_k)^{\mathrm{T}}(I+B_k))V(X(t_k))=\beta_kV(X(t_k)),\quad k=1,\ 2,\ \cdots$$

其中，$\boldsymbol{I}$ 是单位矩阵。重复以上过程，即可得到，对任意的 $t\in(t_k,\ t_{k+1}]$，$k=1$，

2，…，

$$V(X(t)) \leqslant V(X(t_0))\beta_1\beta_2\cdots\beta_k \exp\{2[L+2N(1+N)|a|](t-t_0)\}$$

由(7-34)式知，

$$\beta_k \exp\{2[L+2N(1+N)|a|]\tau_k\} \leqslant \frac{1}{\xi},\quad k=1,\ 2,\ \cdots$$

则有

$$\begin{aligned}
V(X(t)) &\leqslant V(X(t_0))\beta_1\beta_2\cdots\beta_k \exp\{2[L+2N(1+N)|a|](t-t_0)\} \\
&= V(X(t_0))\beta_1 \exp\{2[L+2N(1+N)|a|]\tau_1\}\cdots\beta_k \exp\{2[L+2N(1+N)|a|]\tau_k\}\cdot \\
&\quad \exp\{2[L+2N(1+N)|a|](t-t_k)\} \\
&< V(X(t_0))\frac{1}{\xi^k}\exp\{2[L+2N(1+N)|a|]\tau_{k+1}\}
\end{aligned}$$

从而当 $k\to\infty$ 时，$V(X(t))\to 0$，从而系统(7-33)的平凡解是渐近稳定的。

7.7.2　数值模拟

为了展示上面定理的有效性，我们以 4 个节点的网络为例来说明，其中每个节点都是混沌状态的蔡电路：

$$\begin{cases}\dot{x}=\alpha(y-x-h(x)) \\ \dot{y}=x-y+z \\ \dot{z}=-\beta y-rz\end{cases} \tag{7-35}$$

其中，$h(x)=bx+0.5(c-b)(|x+1|-|x-1|)$。当 $\alpha=15$，$\beta=20$，$r=0.5$，$c=-1.31$，$b=-0.75$ 时，蔡电路为混沌状态，如图 7.10 所示。

4 个节点之间的耦合方式如图 7.11 所示，节点之间的耦合矩阵为

$$\begin{pmatrix} 3 & -1 & -1 & -1 \\ -1 & 2 & -1 & 0 \\ -1 & -1 & 3 & -1 \\ -1 & 0 & -1 & 2 \end{pmatrix}$$

取 $\xi=1.05$，$L=20$，脉冲控制矩阵为 $\mathrm{diag}(k_1,\ k_2,\ \cdots,\ k_{12})$，$k_1=k_2=\cdots=k_{12}=k$，$a=0.1$，$\tau_k=\tau$，由定理的(7-34)式知道，当

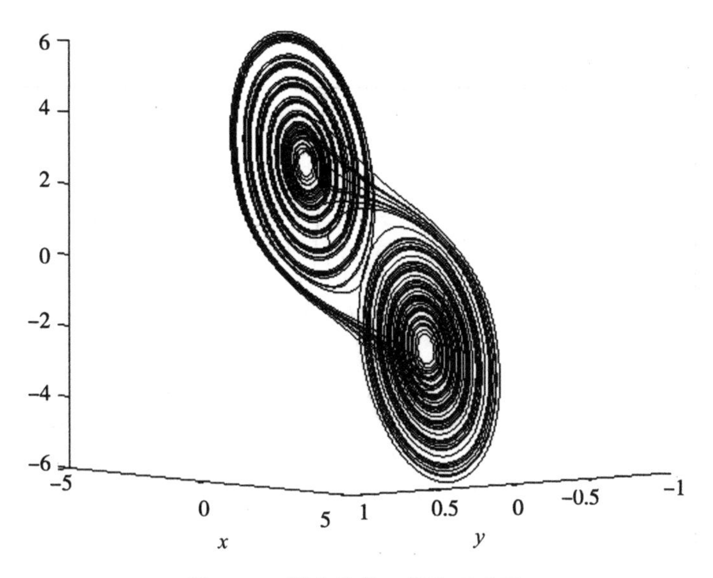

图 7.10　蔡电路的双螺旋吸引子

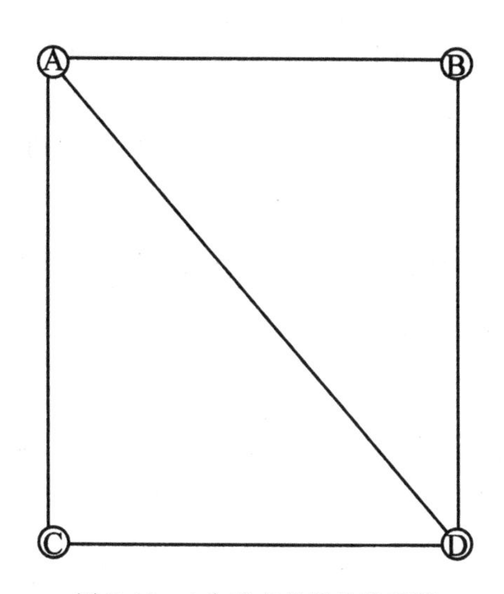

图 7.11　4 个节点的网络示意图

$$0 < \tau < -\frac{\ln\xi + 2\ln(1+k)}{2[L + 2N(1+N)|a|]} \tag{7-36}$$

时，节点为系统(7-35)的复杂网络，用脉冲方法可以实现同步。画出此时 τ 与 k 之间的关系图，如图 7.12 所示，曲线以下的部分是稳定区域。

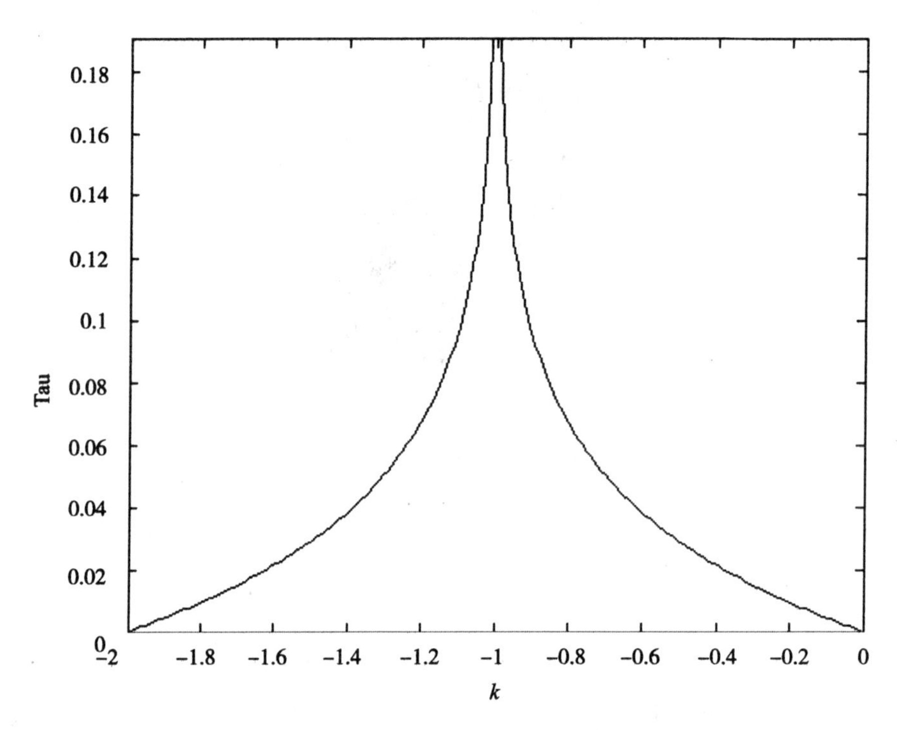

图 7.12　节点为系统(7-35)的复杂网络，用脉冲方法实现同步的参数取值范围

为了验证理论结果的正确性，在图 7.12 的稳定区域内取参数 $\tau=0.02$，$k=-1.2$，画出脉冲控制下的时间历程图，如图 7.13 所示。从图 7.13 中可以看出，随着时间的推移，各节点之间很快能实现同步。

如果在稳定区域之外取值，却不一定能实现同步。例如，取 $\tau=0.16$，$k=-1.8$，这组参数在稳定区域之外，画出此时的 x_1-x_2，如图 7.14 所示。从图 7.14 可以看到，该组参数不能实现同步。

由图 7.13 及图 7.14 可知，在稳定区域取值的参数组合能使系统稳定，即能够用脉冲方法实现混沌同步；而在稳定区域之外取值的参数组合则不然，说明了本节的稳定性判定方法在判断随机脉冲系统的随机渐近稳定性方面的有效性。

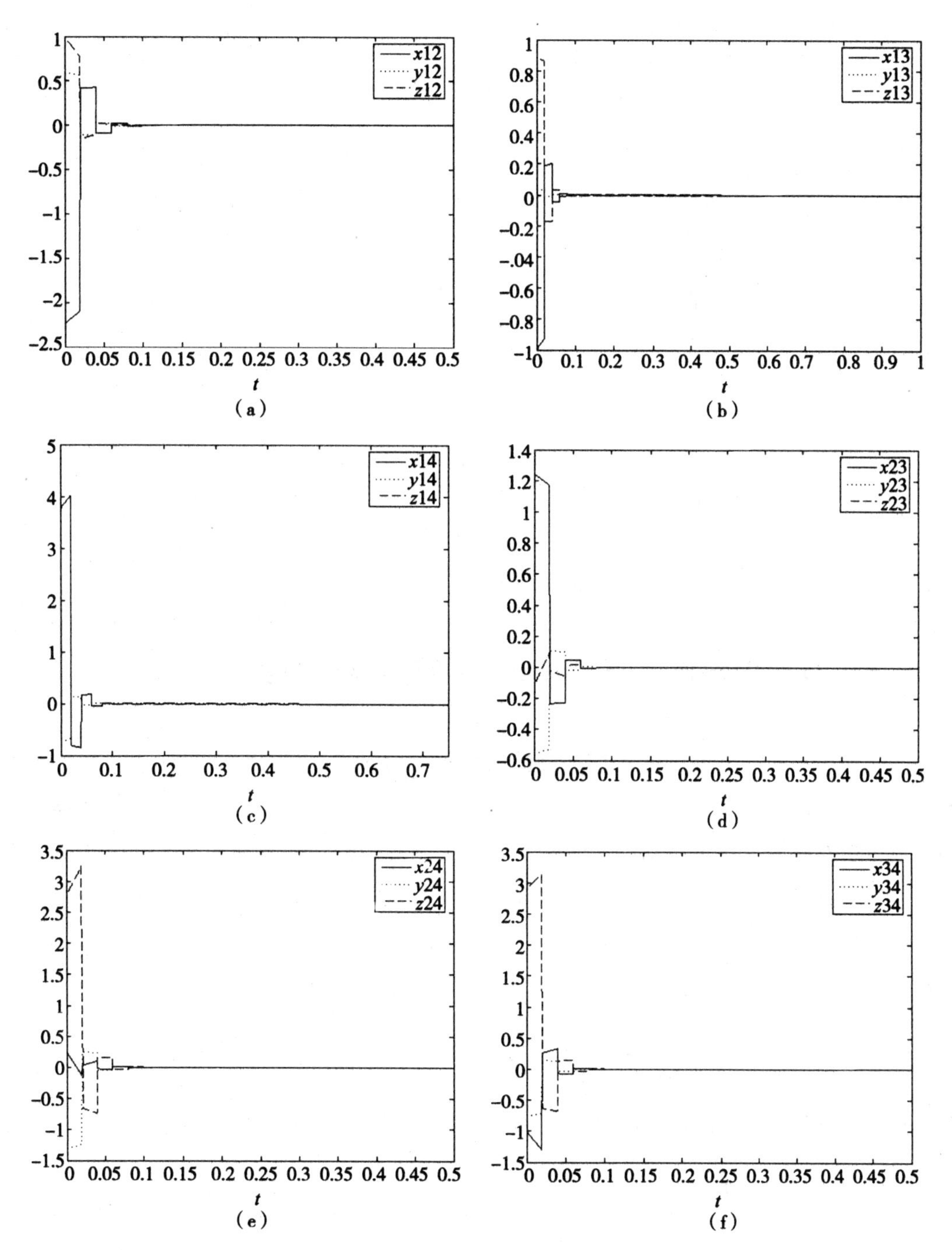

图 7.13 脉冲控制下 4 节点网络稳定时间历程图，其中 x_{ij} 表示第 i 个节点和第 j 个节点关于变量 x 的同步误差，y_{ij} 表示第 i 个节点和第 j 个节点关于变量 y 的同步误差，z_{ij} 表示第 i 个节点和第 j 个节点关于变量 z 的同步误差，i，$j=1$，2，3，4，$i \neq j$

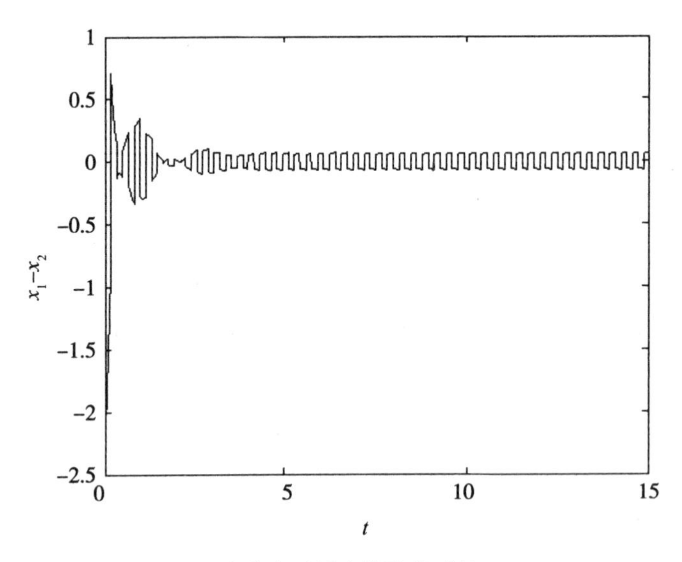

图 7.14　在稳定区域之外取值时的 $x_1 - x_2$

7.8　有界噪声作用下 Duffing 系统的脉冲同步

非线性研究的一个重要方面是系统的动力学行为研究，如分岔、混沌等。对于脉冲系统来说，外部的脉冲信号作用，导致系统的运动状态发生突变，导致已有的连续系统的研究方法对脉冲系统不再适用，致使研究工具缺乏，使得这方面的研究非常少见。在研究混沌的解析方法中，非光滑系统的 Melnikov 方法和最大 Lyapunov 指数的研究更是脉冲系统研究的拦路虎。其中，基于 Melnikov 方法对有界噪声和白噪声作用下 Duffing 系统族的脉冲控制方法的研究，目前还是空白，是值得进一步研究的问题。

7.8.1　脉冲信号作用下复杂网络的稳定性

有界噪声与周期脉冲信号作用下的 Duffing 系统可表示为

$$\begin{cases} \dot{x} = y \\ \dot{y} = bx - cx^3 + \varepsilon\,[d\cos(\omega_1 t) + e\xi(t) - ay] \end{cases} \tag{7-37}$$

其中，a，b，c，d，e，ω_1 都是非负参数，$0 < \varepsilon \ll 1$，$\xi(t)$ 为有界噪声，即

$$\xi(t) = \cos(\omega_2 t + \varphi),\quad \varphi = \sigma B(t) + \Gamma$$

ω_2 为中心频率，$B(t)$ 为标准 Wiener 过程，Γ 为 $[0,\ 2\pi]$ 上服从均匀分布的随机变量。有

界噪声均值为0，协方差函数为

$$c(\tau)=\frac{e^2}{2}\exp\left\{-\frac{\sigma^2\tau}{2}\right\}\cos(\omega_2\tau)$$

方差为 $c(0)=\frac{e^2}{2}$，双边谱密度函数为

$$S_\xi(\omega)=\frac{e^2}{2\pi}\left[\frac{\sigma^2}{4(\omega-\omega_2)^2+\sigma^4}+\frac{\sigma^2}{4(\omega+\omega_2)^2+\sigma^4}\right]\tag{7-38}$$

有界噪声是广义平稳随机过程，对 ω_2 和 σ 适当取值，$\xi(t)$ 可以具有大气湍流的Drydon谱和Van Karmon谱，能够用来模拟风中的湍流和地震的地面运动。并且，噪声的带宽主要由 σ 决定，当 $\sigma\to 0$ 时，它是个窄带过程；而当 $\sigma\to\infty$ 时，$\xi(t)$ 趋于白噪声，有界噪声是一个理想的随机激励模型。在 $a=2.5$，$b=c=1.0$，$d=3.5$，$e=0.01$，$\omega_1=1.0$，$\varepsilon=0.1$，$\sigma=0.8$ 时，系统(7-37)为混沌状态，画出此时的相图和Poincare截面图，如图7.15所示。

为控制系统(7-37)的混沌状态，我们尝试用如下的周期脉冲信号来控制：

$$F(t)=\sum_{n=1}^{\infty}h(t-nT)\tag{7-39}$$

$$h(t)=\begin{cases}k, & -\Delta+\frac{\pi}{2}\leqslant t<\Delta+\frac{\pi}{2}\\ 0, & 其他\end{cases}\tag{7-40}$$

其中，$0<\Delta\ll 1$。$F(t)$ 的Fourier级数为

$$F(t)\approx\frac{k\Delta}{\pi}+\sum_{n=1}^{\infty}\frac{2k}{n\pi}\sin(n\Delta)\cos\left(n\left(t-\frac{\pi}{2}\right)\right)\tag{7-41}$$

施加上述脉冲信号(7-39)后，有界噪声作用下Duffing系统可表示为

$$\begin{cases}\dot{x}=y\\ \dot{y}=bx-cx^3+\varepsilon\left[(d+F(t))\cos(\omega_1 t)+e\xi(t)-ay\right]\end{cases}\tag{7-42}$$

在系统(7-42)中，当 $\varepsilon=0$ 时，可得其三个不动点：中心 $\left(\sqrt{\frac{b}{c}},0\right)$ 和 $\left(-\sqrt{\frac{b}{c}},0\right)$ 及鞍点(0，0)，经过鞍点的同宿轨道为

$$(x^0(t),y^0(t))=\left(\pm\sqrt{\frac{2b}{c}}\operatorname{sech}(\sqrt{b}t),\ \mp b\sqrt{\frac{2}{c}}\operatorname{sech}(\sqrt{b}t)\tanh(\sqrt{b}t)\right)\tag{7-43}$$

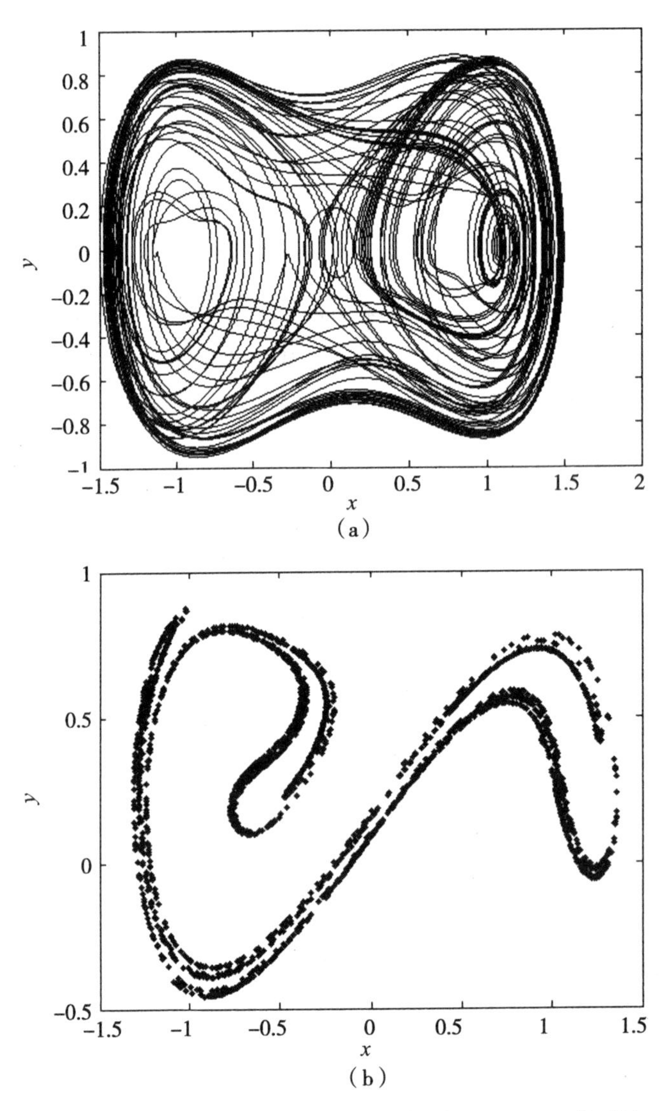

图 7.15　系统(7-37)在混沌状态下的相图和 Poincare 截面图

7.8.2　混沌控制解析结果

定理 7.5　对于脉冲信号(7-39)作用下的系统(7-42)，当 $k>k^*$ 时，会出现混沌，而在 $k<k^*$ 时，不会出现混沌，从而能在均方意义下用周期脉冲信号(7-39)实现系统(7-42)的混沌控制。其中

$$k^* = \frac{3c\sigma_z^2 - 4ab\sqrt{b}}{3\left(d + \dfrac{\Delta}{\pi}\right)\pi\omega_1 \sqrt{2c}\,\mathrm{sech}\left(\dfrac{\pi\omega_1}{2\sqrt{b}}\right) + 3\sqrt{2c}\,\Psi}$$

证 系统(7-42)的 Melnikov 函数为

$$\begin{aligned}
M(t_1, t_2) = & -\frac{2ab^2}{c}\int_{-\infty}^{+\infty} \mathrm{sech}^2(\sqrt{b}t)\tanh^2(\sqrt{b}t)\mathrm{d}t \\
& - b\sqrt{\frac{2}{c}}\int_{-\infty}^{+\infty} \mathrm{sech}(\sqrt{b}t)\tanh(\sqrt{b}t)(d + F_N(t_1 - t))\cos(\omega_1(t_1 - t))\mathrm{d}t \\
& - b\sqrt{\frac{2}{c}}\int_{-\infty}^{+\infty} \mathrm{sech}(\sqrt{b}t)\tanh(\sqrt{b}t)\zeta_{t_2-t}\mathrm{d}t \\
= & P_1 + P_2 + Z_{t2}
\end{aligned}$$

其中，$P_1 = -\dfrac{4ab\sqrt{b}}{3c}$，

$$\begin{aligned}
P_2 = & -\left(d + \frac{k\Delta}{\pi}\right)b\cos(\omega_1 t_1)\sqrt{\frac{2}{c}}\int_{-\infty}^{+\infty}\mathrm{sech}(\sqrt{b}t)\tanh(\sqrt{b}t)\cos(\omega_1 t)\mathrm{d}t \\
& -\left(d + \frac{k\Delta}{\pi}\right)b\sin(\omega_1 t_1)\sqrt{\frac{2}{c}}\int_{-\infty}^{+\infty}\mathrm{sech}(\sqrt{b}t)\tanh(\sqrt{b}t)\sin(\omega_1 t)\mathrm{d}t \\
& - b\sqrt{\frac{2}{c}}\sum_{n=1}^{\infty}\frac{2k}{n\pi}\sin(n\Delta)\cos\left(nt_1 - \frac{n\pi}{2}\right)\cos(\omega_1 t_1)\times \\
& \qquad \int_{-\infty}^{+\infty}\mathrm{sech}(\sqrt{b}t)\tanh(\sqrt{b}t)\cos(nt)\cos(\omega_1 t)\mathrm{d}t \\
& - b\sqrt{\frac{2}{c}}\sum_{n=1}^{\infty}\frac{2k}{n\pi}\sin(n\Delta)\cos\left(nt_1 - \frac{n\pi}{2}\right)\sin(\omega_1 t_1)\times \\
& \qquad \int_{-\infty}^{+\infty}\mathrm{sech}(\sqrt{b}t)\tanh(\sqrt{b}t)\cos(nt)\sin(\omega_1 t)\mathrm{d}t \\
& - b\sqrt{\frac{2}{c}}\sum_{n=1}^{\infty}\frac{2k}{n\pi}\sin(n\Delta)\sin\left(nt_1 - \frac{n\pi}{2}\right)\sin(\omega_1 t_1)\times \\
& \qquad \int_{-\infty}^{+\infty}\mathrm{sech}(\sqrt{b}t)\tanh(\sqrt{b}t)\sin(nt)\sin(\omega_1 t)\mathrm{d}t \\
& - b\sqrt{\frac{2}{c}}\sum_{n=1}^{\infty}\frac{2k}{n\pi}\sin(n\Delta)\sin\left(nt_1 - \frac{n\pi}{2}\right)\cos(\omega_1 t_1)\times \\
& \qquad \int_{-\infty}^{+\infty}\mathrm{sech}(\sqrt{b}t)\tanh(\sqrt{b}t)\sin(nt)\cos(\omega_1 t)\mathrm{d}t
\end{aligned}$$

$$=B1+B2+B3+B4+B5+B6 \tag{7-44}$$

其中，第一、三、五项被积函数是奇函数，积分区间关于原点对称，积分值为 0；第二、四、六项的积分可以用留数方法算出如下结果：

$$\int_{-\infty}^{+\infty}\operatorname{sech}(\sqrt{b}t)\tanh(\sqrt{b}t)\sin(\omega_1 t)\,\mathrm{d}t=\frac{\pi\omega_1}{b}\operatorname{sech}\left(\frac{\pi\omega_1}{2\sqrt{b}}\right) \tag{7-45}$$

故

$$\begin{aligned}P_2=&-\left(d+\frac{k\Delta}{\pi}\right)\sin(\omega_1 t_1)\pi\omega_1\sqrt{\frac{2}{c}}\operatorname{sech}\left(\frac{\pi\omega_1}{2\sqrt{b}}\right)\\&-\frac{1}{\sqrt{2c}}\sum_{n=1}^{\infty}\frac{2k}{n}\sin(n\Delta)\sin\left(nt_1-\frac{n\pi}{2}+\omega_1 t_1\right)(n+\omega_1)\operatorname{sech}\left(\frac{\pi(n+\omega_1)}{2\sqrt{b}}\right)\\&-\frac{1}{\sqrt{2c}}\sum_{n=1}^{\infty}\frac{2k}{n}\sin(n\Delta)\sin\left(nt_1-\frac{n\pi}{2}-\omega_1 t_1\right)(n-\omega_1)\operatorname{sech}\left(\frac{\pi(n-\omega_1)}{2\sqrt{b}}\right)\end{aligned}$$

对于 Z_{t_2}，利用传递函数

$$\begin{aligned}H(\omega)&=\int_{-\infty}^{+\infty}\left(-eb\sqrt{\frac{2}{c}}\right)\operatorname{sech}(\sqrt{b}t)\tanh(\sqrt{b}t)\exp\{-\mathrm{i}\omega t\}\,\mathrm{d}t\\&=-eb\sqrt{\frac{2}{c}}\int_{-\infty}^{+\infty}\operatorname{sech}(\sqrt{b}t)\tanh(\sqrt{b}t)\cos(\omega t)\,\mathrm{d}t\\&\quad+\mathrm{i}eb\sqrt{\frac{2}{c}}\int_{-\infty}^{+\infty}\operatorname{sech}(\sqrt{b}t)\tanh(\sqrt{b}t)\sin(\omega t)\,\mathrm{d}t\end{aligned}$$

该积分的第一项被积函数为奇函数，积分区间关于原点对称，积分值为 0；第二项可以用留数方法算出，故

$$H(\omega)=\mathrm{i}\pi e\omega\sqrt{\frac{2}{c}}\operatorname{sech}\left(\frac{\pi\omega}{2\sqrt{b}}\right)$$

Z_{t_2} 为一个广义平稳随机过程，均值为 0，方差为

$$\begin{aligned}\sigma_Z^2&=\int_{-\infty}^{+\infty}|H(\omega)|^2 S_\zeta(\omega)\,\mathrm{d}\omega\\&=\frac{\pi e^2\sigma^2}{c}\int_{-\infty}^{+\infty}\omega^2\operatorname{sech}^2\left(\frac{\pi\omega}{2\sqrt{b}}\right)\left[\frac{1}{4(\omega-\omega_2)^2+\sigma^4}+\frac{1}{4(\omega+\omega_2)^2+\sigma^4}\right]\mathrm{d}\omega\end{aligned} \tag{7-46}$$

式中的积分可由数值方法得到任意精度的积分值。故在均方意义下系统出现混沌的解析条件为

$$\langle P_1\rangle^2+\langle P_2\rangle^2=\sigma_Z^2 \tag{7-47}$$

即

$$\frac{4ab\sqrt{b}}{3c}+\left(d+\frac{k\Delta}{\pi}\right)\sin(\omega_1 t_1)\pi\omega_1\sqrt{\frac{2}{c}}\operatorname{sech}\left(\frac{\pi\omega_1}{2\sqrt{b}}\right)$$

$$+\frac{1}{\sqrt{2c}}\sum_{n=1}^{\infty}\frac{2k}{n}\sin(n\Delta)\sin\left(nt_1-\frac{n\pi}{2}+\omega_1 t_1\right)(n+\omega_1)\operatorname{sech}\left(\frac{\pi(n+\omega_1)}{2\sqrt{b}}\right)$$

$$+\frac{1}{\sqrt{2c}}\sum_{n=1}^{\infty}\frac{2k}{n}\sin(n\Delta)\sin\left(nt_1-\frac{n\pi}{2}-\omega_1 t_1\right)(n-\omega_1)\operatorname{sech}\left(\frac{\pi(n-\omega_1)}{2\sqrt{b}}\right)$$

$$=\frac{\pi e^2\sigma^2}{c}\int_{-\infty}^{+\infty}\omega^2\operatorname{sech}^2\left(\frac{\pi\omega}{2\sqrt{b}}\right)\left[\frac{1}{4(\omega-\omega_2)^2+\sigma^4}+\frac{1}{4(\omega+\omega_2)^2+\sigma^4}\right]\mathrm{d}\omega \tag{7-48}$$

记

$$k^*=\frac{3c\sigma_z^2-4ab\sqrt{b}}{3\left(d+\frac{\Delta}{\pi}\right)\pi\omega_1\sqrt{2c}\operatorname{sech}\left(\frac{\pi\omega_1}{2\sqrt{b}}\right)+3\sqrt{2c}\Psi}, \tag{7-49}$$

其中

$$\Psi=\sum_{n=1}^{\infty}\frac{1}{n}\left[(n+\omega_1)\operatorname{sech}\left(\frac{\pi(n+\omega_1)}{2\sqrt{b}}\right)+(n-\omega_1)\operatorname{sech}\left(\frac{\pi(n-\omega_1)}{2\sqrt{b}}\right)\right] \tag{7-50}$$

可根据精度要求，在(7-50)中选取有限项的和。由 Smale-Birkhoff 定理知，当 $k>k^*$ 时，Melnikov 函数 $M(t_1, t_2)$ 会出现简单零点，对于充分小的 ε，系统的稳定流形与不稳定流形横截相交，系统可能会出现 Smale 马蹄意义下的混沌。适当选取控制强度 k，使得 $k<k^*$，$M(t_1, t_2)$ 不会出现零点，有界噪声作用下的 Duffing 系统不会出现稳定流形与不稳定流形横截相交的情况，不会出现混沌，从而能用周期脉冲信号实现有界噪声作用下 Duffing 系统的混沌控制。

7.8.3 数值模拟

为验证上述解析结果的正确性，选取如下的参数：$a=2.5$，$b=c=1.0$，$d=3.5$，$e=0.01$，$\omega_1=1.0$，$\omega_2=2.0$，$\omega_3=2.5$，$\varepsilon=0.1$，$\sigma=0.8$，$\Delta=0.425$，对于(7-50)式，取前 10 项的和，代入(7-49)式，可得 $k^*=-0.4989$。由前面分析知道，当 $k<k^*$ 时，系统不会出现混沌，从而可以用周期脉冲信号(7-39)实现对系统(7-37)的混沌控制。取 $k=-1.55<k^*$，画出系统(7-42)的相图和 Poincare 截面图，如图 7.16 所示，此时系统由混沌运动状态被控制为周期运动状态。

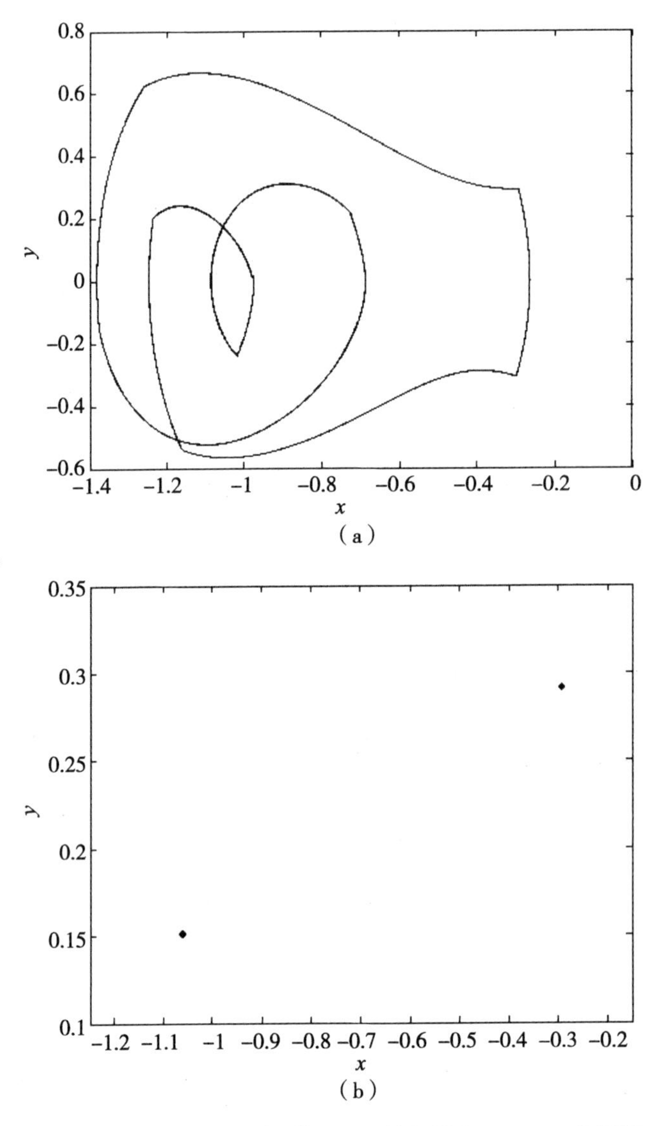

图 7.16　$k=-1.55$ 时系统(7-42)的相图和 Poincare 截面图

7.8.4　结论

本节尝试了用周期脉冲信号实现有界噪声作用下 Duffing 系统的混沌控制。对于周期脉冲信号，采用 Fourier 级数逼近周期脉冲信号，并通过随机 Melnikov 方法得到能够实现混沌控制的参数阈值，最后用数值模拟方法验证了理论结果。

本节考虑的是周期脉冲信号控制有界噪声作用下 Duffing 系统的混沌，同样地，可以考虑白噪声作用下的情况。

7.9 本章小结

本章考察了随机脉冲微分动力系统的随机渐近稳定性问题，建立了判断随机脉冲微分系统随机渐近稳定性的比较定理。这是一个判断随机脉冲微分动力系统随机渐近稳定性的有力工具，我们可以从确定性比较系统的稳定性与渐近稳定性判断随机脉冲微分系统的随机稳定性与随机渐近稳定性，从而把研究随机脉冲微分方程随机稳定性的问题转化为研究确定性比较系统稳定性的问题，为白噪声作用下的随机混沌系统的脉冲控制与脉冲同步提供了理论保证。作为应用，文中还考察了参激白噪声作用下 Lorenz 系统、Chen 系统和 Lü 系统及节点结构互异的复杂网络的脉冲同步问题，用理论推导出能使系统稳定的参数区域。数值模拟结果显示，在稳定区域内取值的参数，能够使随机脉冲系统的平凡解趋于稳定，从而说明能够对原系统用脉冲方法实现同步；而在稳定区域外的参数取值，则不能够使随机脉冲系统的平凡解趋于稳定，从而说明在这些参数状态下不能对原系统用脉冲方法实现同步。

本章的数值模拟只讨论了典型随机混沌系统的脉冲同步问题。我们知道，混沌系统的脉冲同步是一种广义的脉冲控制。所以，本章所讨论的脉冲同步问题可以类似扩展到脉冲控制问题。

需要说明的是，我们的判定定理主要用定性研究，重点关心的是一个系统是不是稳定的，然后才是在什么参数条件下是稳定的，这样就导致参数稳定区域不够精确，很多稳定区域都没有被包含在我们的稳定区域内。但是这并不影响我们的比较定理在随机稳定性判断时的有效性和方便实用性。至于精确描述系统稳定性区域的工作，将是需要进一步研究的内容。

参考文献

[1] 黄润生，黄浩. 混沌及其应用[M]. 武汉：武汉大学出版社，2005.

[2] 关新平，范正平，陈彩莲，等. 混沌控制及其在保密通信中的应用[M]. 北京：国防工业出版社，2002.

[3] 胡岗，萧井华，郑志刚. 混沌控制[M]. 上海：上海科技教育出版社，2000.

[4] 郝柏林. 从抛物线谈起[M]. 上海：上海科技教育出版社，1993.

[5] 刘秉正，彭建华. 非线性动力学[M]. 北京：高等教育出版社，2004.

[6] C. 格里博格，J. A. 约克. 混沌对科学和社会的冲击[M]. 杨立，刘巨斌，等，译. 长沙：湖南科学技术出版社，2001.

[7] 刘式达，刘式适. 非线性动力学和复杂现象[M]. 北京：气象出版社，1989.

[8] 李爽. 典型非线性系统的同步及噪声诱导的混沌控制与同步[D]. 西安：西北工业大学理学院，2007.

[9] Poincare J H. 科学的价值[M]. 李醒民，译. 北京：光明日报出版社，1988.

[10] Lorenz E N. Deterministic non-periodicfollow[J]. Journal of Atmospheric Science, 1963 (2): 130-141.

[11] Ruelle D, Takens F. On the nature of turbulence[J]. Common Mathematics Physics, 1971(1): 167-192.

[12] May R M. Stability and complexity in model ecosystems[M]. Princeton: Princeton University Press, 1973.

[13] Li T Y, Yorke J A. Period three implies chaos[J]. American Mathematical Monthly, 1975(82): 985-992.

[14] Feigenbaum M J. Quantitative university for a class of nonlinear transformations[J]. Journal of Statistics Physics, 1978 (1): 25-52.

[15] Grassber P. Generalized dimension of strange attractors[J]. Physics Letter，1987(2)：75-86.

[16] Holmes P. J. A nonlinear oscillator with a strange attractor[J]. Philos. Trans. R. Soc.，1979(2)：419-448.

[17] 刘增荣. 混沌的微扰判据[M]. 上海：上海科技教育出版社，1994.

[18] 刘增荣. 混沌研究中的解析方法[M]. 上海：上海大学出版社，2003.

[19] 王兴元. 复杂非线性系统中的混沌[M]. 北京：电子工业出版社，2003.

[20] 陈予恕. 非线性动力学现代分析方法[M]. 北京：科学出版社，1992.

[21] Yim S C S，Lin H. Unified analysis of complex nonlinear motion via densities[J]. Nonlinear Dynamics，2001(24)：103-127.

[22] 陆启韶. 常微分方程的定性方法和分岔[M]. 北京：高等教育出版社，2003.

[23] Takens F. Detecting strange attractors in turbulence[J]. Lect. Notes in Math.，1981(8)：366-381.

[24] Grassberger P. Generalized dimensions of strange attractors[J]. Physics Letters A，1983 (6)：227-230.

[25] Pomeau Y，Manneville P. Intermittent transition to turbulence in dissipative systems [J]. Commun. in Math. Phys.，1980(74)：189-197.

[26] Grebogi C，Ott E，Yorke J A. Chaotic attractor in crisis[J]. Physical Review Letter，1982(48)：1507-1510.

[27] Grebogi C，Ott E，Yorke J A. Crisis，sudden changes in chaotic attractors and transient chaos[J]. Physica D，1987(7)：181-188.

[28] Hubler A W. Adaptive control of chaotic systems[J]. Helvetica Physica Acta，1989(62)：343-346.

[29] Ott E，Grebogi C.，Yorke J. Controlling chaos[J]. Physical Review Letter，1990(64)：1196.

[30] Ditto W L，Rausseo S N，Spano M L. Experimental control of chaos[J]. Physical Review Letter，1990(65)：3321-3331.

[31] Roy R Murphy T W，Maier T D et al. Dynamical control of chaotic laser：Experimental stabilization of a globally coupled system[J]. Physical Review Letter，1992

(68)：1259.

[32] 杨晓丽. 典型非线性系统的随机混沌与混沌控制及混沌同步研究[D]. 西安：西北工业大学，2007.

[33] Freeman W J. A proposed name for aperiodic brain activity：Stochastic Chaos[J]. Neural Networks，2000(13)：11-13.

[34] Crutchfield J P，Nauenberg M，Rudnick J. Scaling for external noise at the onset of chaos[J]. Physical Review Letter，1981(46)：933-935.

[35] Rim S，Hwang D U，Kim I，Kin C M. Chaotic transition of random dynamical systems and chaos synchronization by common noise[J]. Physical Review Letter，2002(85)：2304-2307.

[36] Liu Z H，Lai Y C，Billings L，Schwartz I B. Transition to chaos in continuous-time random dynamical systems[J]. Physical Review Letter，2002(88)：124101.

[37] Arecchi F T，Baddi R，Politi A. Generalized multistability and noise-induced jumps in a nonlinear dynamical system[J]. Physical Review A，1985(32)：402-408.

[38] Jung P，Hanggi P. Invariant measure of a driven nonlinear oscillator with external noise[J]. Physics Letters A，1986(6)：251-254.

[39] Kapitaniak T. Chaos in systems with noise[J]. Singapore：World Scientific Publishing Co.，1988.

[40] Argyris J，Andreadis I，Pavlos G，Athansion M. The influence of noise on thecorrelation dimension of chaotic attractors[J]. Chaos Solitons and Fractals，1998(3)：343-361.

[41] Wei J G，Leng G. Lyapunov exponent and chaos of Duffing's equation pertured by white noise[J]. Allied Mathematics and Computation，1997(88)：77-93.

[42] Yang X L，Xu W，Sun Z K. Effect of Gaussian white noise on the chaotic motion of an extended Duffing-Van der Pol oscillator[J]. International Journal of Bifurcation and Chaos，2006(9)：2587-2600.

[43] Frey M，Simiu E. Noise-induced chaos and phase space flux[J]. Physica D，1993(63)：321-340.

[44] Xie W C. Effect of noise on chaotic motion of buckled column under periodic excita-

tion[J]. Nonlinear and Stochastic Dynamics, ASME, 1994 (73): 215-225.

[45] 杨绍普，李韶华，郭文武. 随机激励滞后非线性汽车悬架系统的混沌运动[J]. 振动、测试与诊断，2005(1): 22-26.

[46] Lin H, Yim S C S. Analysis of a nonlinear system exhibiting chaotic, noisy chaotic and random behaviors[J]. Appl. Mech. ASME, 1996(63): 509-516.

[47] 刘雯彦，朱位秋，黄志龙，肖忠来. 有界噪声参激下Duffing振子的混沌运动[J]. 工程力学，1999(16): 133-136.

[48] 甘春标，王振林. 一类非线性振子中有界噪声诱发的混沌运动[J]. 振动工程学报，2004(3): 321-325.

[49] Nases A. Chaos and nonlinear stochastic dynamics[J]. Probabilist Eng. Mech., 2000 (15): 37-47.

[50] Yang X L, Xu W, Sun Z K. Effect of bounded noise on the chaotic motion of a Duffing Van der pol oscillator in a Φ^6 potential[J]. Chaos, Solitons and Fractals, 2006 (27): 778-788.

[51] 秦志英. 非光滑动力系统的非光滑分岔研究[D]. 北京：北京航空航天大学，2007.

[52] 金栋平，胡海岩. 碰撞振动及其典型现象[J]. 力学进展，1999(2): 155-164.

[53] 胡海岩. 分段线性系统动力学的非光滑分析[J]. 力学学报，1996(4): 483-488.

[54] 张思进，陆启韶. 碰磨转子系统的非光滑分析[J]. 力学学报，2000(1): 59-68.

[55] Shaw S W, Holmes P J. A periodically forced impact oscillator with large dissipation [J]. Journal of Applied Mechanics, 1983 (1): 849-857.

[56] Whiston G S. Global dynamics of a vibro-impacting linear oscillator[J]. Journal of Sound and Vibration, 1987 (3): 395-424.

[57] Normark A. Non-periodic motion caused by grazing incidence in impact oscillators [J]. Journal of Sound and Vibration, 1991 (2): 279-297.

[58] Leine R I. Bifurcations in discontinuous mechanical systems of Filippov-type[D]. Eindhoven: Technische Universiteit Eindhoven, 2000.

[59] Kuznetsov Y A. Elements of Applied Bifurcation Theory[M]. New York: Spring-Verlag, 1995.

[60] 丁旺才，谢建华. 碰撞振动系统分岔和混沌的研究进展[J]. 力学进展，2005(4):

513-524.

[61] 罗冠炜，谢建华. 碰撞振动系统的周期运动和分岔[M]. 北京：科技出版社，2004.

[62] Nusse H，Ott E，Yorke J. Border-collision bifurcations：an explanation for observed bifurcation phenomena[J]. Physical Review E，1994 (1)：1073-1076.

[63] Nusse H，Yorke J. Border-collision bifurcation including"period two to period three" for piecewise smooth systems[J]. Physica D，1992 (1)：39-57.

[64] Chin W，Ott E，Nusse H E，et al. Grazing bifurcation in impact oscillators[J]. Physical Review E，1994 (6)：4427-4444.

[65] de Weger.，van de Water W，Molenar J. Grazing impact oscillators[J]. Physical Review E，2000(2)：2030-2041.

[66] Ing J，Pavlovskaia E，Wiercigroch M. Dynamics of a nearly symmetrical piecewise linear oscillator close to grazing incidence：Modeling and experimental verification [J]. Nonlinear Dynamics，2006 (1)：225-238.

[67] Ma Y，Agarwal M，Banerjee S. Border collision bifurcations in a soft impact system. Physics Letters A，2006 (1)：281-287.

[68]Chu F L，Zhang Z S. Periodic，quasi-periodic and chaotic vibrations of a rub-impact rotor system on oil film bearings[J]. International Journal of Engineering Science，1997 (10)：963-973.

[69]Chu F L，Lu W X. Experimental observation of nonlinear vibrations in a rub-impact rotor system[J]. Journal of Sound and Vibration，2005 (1)：621-643.

[70] Piiroinen P T，Virgin L N，Champneys A R. Chaos and period-adding：experimental and numerical verification of grazing bifurcation[J]. Journal of Nonlinear Science，2004(1)：OF1-OF22.

[71] Zhang W M，Meng G. Stability，bifurcation and chaos of a high-speed rub-impact rotor system in MEMS[J]. Sensors and Actuators A，2006 (1)：163-178.

[72] Qin W Y，Chen G R，Ren X M. Grazing bifurcation in the response of cracked Jeffcott rotor[J]. Nonlinear Dynamics，2004 (1)：147-157.

[73] Zhao X，Reddy C K，Nayfeh A H. Nonlinear dynamics of an electrically driven impact microactuator[J]. Nonlinear Dynamics，2005 (1)：227-239.

[74] Virgin L N, Begley C J. Grazing bifurcations and basins of attracting in an impact-friction oscillator[J]. Physica D, 1999 (1): 43-57.

[75] Leine R I, van Campen D H. Discontinuous bifurcations of periodic solutions[J]. Mathematical and Computer Modeling, 2002 (1): 259-273.

[76] Galvanetto U. Dynamics of a three DOF mechanical system with dry-friction[J]. Physics Letters A, 1998 (1): 57-66.

[77] di Bernardo M, Budd C J, Champueys A R. Corner collision implies border-collision bifurcation[J]. Physica D, 2001 (1): 171-194.

[78] di Bernardo M, Budd C J, Champueys A R. Grazing and border-collision in piecewise-smooth systems: A unified analytical framework[J]. Physical Review Letters, 2001(3): 2553-2556.

[79] Budd C J, Piiroinen P T. Corner bifurcations in non-smoothly forced impact oscillators[J]. Physica D, 2006 (1): 127-145.

[80] Zhusubaliyev Z T, Soukhoterin E A, Mosekilde E. Quasi-periodicity and Border-collision bifurcations in a DC-DC converter with pulse width modulation[J]. IEEE Transactions on Circuits and Systems-I: Fundamental Theory and Applications, 2003 (8): 1047-1057.

[81] Dercole F, Gragnani A, Kuznetsov Y A, et al. Numerical sliding bifurcation analysis: an application to a relay control system[J]. IEEE Transactions on Circuits and Systems-I Fundamental Theory and Applications, 2003 (8): 1058-1063.

[82] di Bernardo M, Hohansson K, Vasca F. Self-oscillations and sliding in relay feedback systems: Symmetry and bifurcations[J]. International Journal of Bifurcation and Chaos, 2001(4): 1121-1140.

[83] di Bernardo M, Kowalczyk P, Nordmark A. Bifurcations of dynamical systems with sliding: Derivation of normal-form mappings[J]. Physica D, 2002 (1): 175-205.

[84] di Bernardo M, Kowalczyk P. Sliding bifurcations: A novel mechanism for the sudden onset of chaos in dry friction oscillators[J]. International Journal of Bifurcation and Chaos, 2003(10): 2395-2948.

[85] Agrawal J, Moudgalya K M, Pani A K. Sliding motion and stability of a class of dis-

continuous dynamical systems[J]. Nonlinear Dynamics, 2004 (1): 151-168.

[86] Kowalczyk P, di Bernardo M. Two-parameter degenerate sliding bifurcations in Filippov systems[J]. Physica D, 2005 (1): 204-229.

[87] Nordmark A B, Kowalczyk P. A codimension-two scenario of sliding solutions in grazing-sliding bifurcations[J]. Nonlinearty, 2006 (1): 1-26.

[88] Galvanetto U. Sliding bifurcations in the dynamics of mechanical systems with dry friction-remarks for engineers and applied scientists[J]. Journal of Sound and Vibration, 2004 (1): 121-139.

[89] Müller P C. Calculation of Lyapunov exponents for dynamic systems with distcontinuities[J]. Chaos Solitons and Fractals, 1995 (9): 1671-1681.

[90] Jin L, Lu Q S, Twizell E H. A method for calculating the spectrum of Lyapunov exponents by local maps in non-smooth impact-vibrating systems[J]. Journal of Sound and Vibration, 2006(298): 1019-1033.

[91] de Souza S L T, Caldas I L. Calculation of Lyapunov exponents in systems with impacts[J]. Chaos Solitons and Fractals, 2004 (1): 569-579.

[92] Ma Y, Kawakami H, Tse C K, et al. General consideration for modeling and bifurcation analysis of switched dynamical systems[J]. International Journal of Bifurcation and Chaos, 2006 (3): 693-700.

[93] Lamba H, Budd C J. Scaling of Lyapunov exponents at nonsmooth bifurcations[J]. Physical Review E. 1994 (1): 84-90.

[94] Stefanski A. Estimation of the largest Lyapunov exponent in systems with impacts [J]. Chaos Solitons and Fractals, 2000 (1): 2443-2451.

[95] Galvanetto U. Numerical computation of Lyapunov exponents in discontinuous maps implicitly defined[J]. Computer Physics Communications, 2000 (1): 1-9.

[96] Stefanski A, Kapitaniak T. Estimation of the dominant Lyapunov exponent of non-smooth systems on the basis of maps synchronization[J]. Chaos Solitonsand Fractals, 2003 (1): 233-244.

[97] Awrejcewicz J, Kudra G. Stability analysis and Lyapunov exponents of a multi-body mechanical system with rigid unilateral constraints[J]. Nonlinear Analysis, 2005

(1)：e909-e918.

[98] Zheng Y D，Kobe D H. Numerical solution of classical kicked rotor and local Lyapunov exponents[J]. Physics Letters A，2005 (1)：306-311.

[99] Awrejcewicz J，Fečkan M，Olejnik P. On continuous approximation of discontinuous systems[J]. Nonlinear Analysis，2005(62)：1317-1331.

[100] 冯进钤，徐伟，王蕊. 随机 Duffing 单边约束系统的倍周期分岔[J]. 物理学报，2006(11)：5733-5739.

[101] 李高杰，徐伟，王亮，冯进钤. 双边约束条件下随机 Van der pol 系统的分岔研究[J]. 物理学报，2008(4)：2107-2114.

[102] Du Z D，Zhang W N. Melnikov method for homoclinic bifurcation in nonlinear impact oscillators[J]. Computers & Mathematics with Applications，2005 (3)：445-458.

[103] Du Z D，Li Y R，Zhang W N. Type I periodic motions for nonlinear impact oscillators[J]. Nonlinear Analysis，2007 (5)：1344-1358.

[104] Li Y R，Du Z D，Zhang W N. Asymmetric type II periodic motions for nonlinear impact oscillators[J]. Nonlinear Analysis，2008 (9)：2681-2699.

[105] Du Z D，Li Y R，Zhang W N. Bifurcation of periodic orbits in a class of planar Filippov systems[J]. Nonlinear Analysis，2008 (10)：3610-3628.

[106] Peter K. Melnikov method for discontinuous planar systems[J]. Nonlinear Analysis，2007(66)：2698-2719.

[107] 傅希林，闫宝强，刘衍胜. 脉冲微分系统引论[M]. 北京：科学技术出版社，2005.

[108] 傅希林，闫宝强，刘衍胜. 非线性脉冲微分系统[M]. 北京：科学技术出版社，2008.

[109] Luo Z G，Shen J H. Stability of impulsive functional differential equations via the Lyapunov functional[J]. Applied Mathematics Letters，2009(22)：163-169.

[110] Wang P G，Lian H R. On the stability in terms of two measures for perturbed impulsive integro-differential equatuions[J]. Journal of Mathematical Analysis and Applications，2006(313)：642-653.

[111] Zhang Y，Sun J T. Eventual practical stability of impulsive differential equations

with time delay in terms of two measurements[J]. Journal of Computational and Applied Mathematics, 2005(176): 223-229.

[112] Milman V D, Myshkis A D. On the stability of motion in nonlinear mechanics[J]. Sib. Math., 1960(7): 233-267.

[113] Lakshmikantham V, Bainov D D, Simeonov P S. Theory of Impulsive Differential Equations[M]. Singapore: World Scientific, 1989.

[114] Bainov D D, Simeonov P S. System with impulsive effect: stability, theory and applications[M]. New York: Halsted Press, 1989.

[115] Yang T. Impulsive control theory[M]. Berlin: Springer, 2001.

[116] Yang T, Yang L B, Yang C M. Impulsive synchronization of Lorenz systems[J]. Physics Letters A, 1997(226): 349-354.

[117] Yang T, Yang L B, Yang C M. Impulsive control of Lorenz systems[J]. Physica D, 1997(110): 18-24.

[118] Yang T, Yang L B, Yang C M. Control of Rössler system to periodic motions using impulsive control methods[J]. Physics Letters A, 1997(232): 356-361.

[119] 杨林宝，杨涛. 非自治混沌系统的脉冲同步[J]. 物理学报，2000(1): 33-37.

[120] Yang T, Chua L O. Impulsive stability for control and synchronization of chaotic system: theory and application to secure communication[J]. IEEE Transactions on Circuits and Systems-I: Fundamental Theory and Applications, 1997 (10): 112-120.

[121] Sun J. T, Zhang Y. P. Impulsive control of Rössler system[J]. Physics Letters A, 2003(306): 306-312.

[122] Zhang R, Xu Z Y, Simon X Y, He X M. Generalized synchronization via impulsive control[J]. Chaos Solitons and Fractals, 2008(38): 97-105.

[123] Wang Y W, Guan Z H, Xiao J W. Impulsive control for synchronization of a class of continuous systems[J]. Chaos, 2004(14): 1.

[124] Jiao J J, Chen L S, Li L M. Asymptotic behavior of solutions of second-order nonlinear impulsive differential equations[J]. Journal of Mathematical Analysis and Applications, 2008 (337): 485-463.

[125] Chen W H, Lu X M, Chen F. Impulsive synchronization of chaotic lur'e systems via partial states[J]. Physics Letters A, 2008(372): 4201-4216.

[126] Suykens J A K, Yang T, Chua L O. Impulsive synchronization of chaotic lur's systems by measurement feedback[J]. International Journal of Bifurcation and Chaos, 1998(6): 1371-1381.

[127] Andrey I P, Yang T, Chua L O. Experimental results of impulsive synchronization between two Chua's circuits[J]. International Journal of Bifurcation and Chaos, 1998(3): 639-644.

[128] Lakshmikantham V, Devi J V. Hybrid systems with time scales and impulses[J]. Nonlinear Analysis, 2006(65): 2147-2152.

[129] Soliman A A. On stability of perturbed impulsive differential systems[J]. Applied Mathematics and Computation, 2002(133): 105-117.

[130] Li C D, Liao X F, Zhang X Y. Impulsive synchronization of chaotic systems[J]. Chaos, 2005(15): 023104.

[131] Pang G P, Chen L S. Dynamic analysis of a pest-epidemic model with impulsive control[J]. Mathematics and Computers in Simulation, 2008(79): 72-84.

[132] Haeri M, Dehghani M. Robust stability of impulsive synchronization in hyperchaotic systems[J]. Communications in Nonlinear Science and Numerical Simulation, 2009(14): 880-891.

[133] Luo R Z. Impulsive control and synchronization of a new chaotic system[J]. Physics Letters A, 2008(372): 648-653.

[134] Sun X, Kuo S. M, Meng G. Adaptive algorithm for active control of impulsive noise [J]. Journal of Sound and Vibration, 2006(291): 516-522.

[135] Zhang R, Hu M F, Xu Z Y. Impulsive synchronization of Rössler systems with parameter driven by an external signal[J]. Physics Letters A, 2007(364): 239-243.

[136] Dmitri V, Igor M. Optimal control of a co-rotating vortex pair: averaging and impulsive control[J]. Physica D, 2004(192): 63-82.

[137] Hu M F, Yang Y Q, Xu Z Y. Impulsive control of projective synchronization in chaotic systems[J]. Physics Letters A, 2008(372): 3228-3233.

[138] Li K, Lai C H. Adaptive-impulsive synchronization of uncertain complex dynamical networks[J]. Physics Letters A, 2008(6): 1601-1606.

[139] Guan Z H, Zhang H. Stabilization of complex network with hybrid impulsive and switching control[J]. Chaos Solitons and Fractals, 2008(37): 1732-1832.

[140] Wang W M, Wang H L, Li Z Q. Chaotic behavior of a three-species Beddington-type system with impulsive perturbations[J]. Chaos Solitons and Fractals, 2008(37): 438-443.

[141] Wang W M, Wang X Q, Lin Y Z. Complicated dynamics of a predator-prey system with Watt-type functional response and impulsive control strategy[J]. Chaos Solitons and Fractals, 2008(37): 1427-1441.

[142] Sun J T, Zhang Y P, Wu Q D. Impulsive control for the stabilization and synchronization of Lorenz systems[J]. Physics Letters A, 2002(298): 153-160.

[143] Xie W X, Wen C Y, Li Z G. Impulsive control for the stabilization andsynchronization of Lorenz systems[J]. Physics Letters A, 2000(275): 67-72.

[144] Zhang Y P, Sun J T. Controlling chaotic Lü systems using impulsive control[J]. Physics Letters A, 2005(342): 256-262.

[145] Sun J T, Zhang Y P, Wang L, Wu Q D. Impulsive robust control of uncertain Luré systems[J]. Physics Letters A, 2002(304): 130-135.

[146] Ma Y J, Sun J T. Stability criteria for impulsive systems on time scales[J]. Journal of Computational and Applied Mathematics, 2008(213): 400-407.

[147] Fu X L, Qi J G, Liu Y S. General comparison principle for impulsive variable time differential equations with application[J]. Nonlinear Analysis, 2000(42): 1421-1429.

[148] Li C D, Liao X F, Yang X F. Impulsive stabilization and synchronization of a class of chaotic delay systems[J]. Chaos, 2005(6): 043103.

[149] Sun J T, Lin H. Stationary oscillation of an impulsive delayed system and it's application to chaotic neural networks[J]. Chaos, 2008(18): 033127.

[150] Zhang Y, Sun J T. Stability of impulsive functional differential equations[J]. Nonlinear Analysis, 2008(68): 3665-3678.

[151] 梁金玲. 时滞神经网络模型的动力学研究[D]. 南京：东南大学数学，2005.

[152] Wiggins S. Global bifurcations and chaos：Analytical methods[M]. New York：Springer-Verlag，1988.

[153]Simiu E. Chaotic transitions in deterministic and stochastic dynamical systems[M]. Princeton：Princeton University Press，2002.

[154] 朱位秋. 非线性随机动力学与控制：Hamilton 理论体系框架[M]. 北京：科学出版社，2003.

[155]刘延柱，陈立群. 非线性振动[M]. 北京：高等教育出版社，2001.

[156]Benettin G，Galgani L，Giorgilli A，et al. Lyapunov characteristic exponents for smooth dynamical systems and for Hamiltionian systems：a method for computing all of them[J]. Mechanica，1980(15)：9-21.

[157]Wolf A，Swift J B，Swinney H L，et al. Determining Lyapunov exponents from a time series[J]. Physica D，1985(16)：285-317.

[158]Sano M，Sawada Y. Measurement of the Lyapunov spectrum from a chaotic time series[J]. Physica Review Letter，1985(55)：1082-1085.

[159]Eckmann J P，Ruelle D. Ergodic theory of chaos and strange attractors[J]. Rev. Mod. Phys，1985(57)：617-657.

[160]Brown R，Bryant P，Abarbanel H D I. Computing the Lyapunov spectrum of a dynamical system from an observed time series[J]. Phys. Rev. A，1991(43)：2787-2806.

[161]Ding M，Grebogi C，Ott E. Evolution of attractors in quasi-periodically forced systems：from quasiperiodic to strange nonchaotic to chaos[J]. Phys. Rev. A，1989(39)：2593-2598.

[162]郑志刚. 耦合非线性系统的时空动力学与合作行为[M]. 北京：高等教育出版社，2004.

[163]Hsu C S. Cell-to-cell mapping：a method of global analysis for nonlinear systems[M]. New York：Springer-Verlag，1987.

[164]Hsu C S. Global analysis of dynamical systems using posets and digraphs[J]. Int. Journal of Bifurcation and Chaos，1995 (4)：1085-1118.

[165]He Q, Xu W, Li S, Xiao Y Z. A modified digraph cell mapping method[J]. Chinese Journal of Acta Physica Sinica, 2010 (9): 782-790.

[166]Hong L, Xu J X. Crises and chaotic transient by the generalized cell mapping digraph method[J]. Physics Letters A, 1999(262): 361-375.

[167] Xu W, He Q, Fang T and Rong H W. Global analysis of crisis in twin-well Duffing system under harmonic excitation in presence of noise[J]. Chaos, Solitons & Fractals, 2005(23): 141-150.

[168]Hong L, Xu J X. Chaotic saddles in wada basin boundaries and their bifurcations by the generalized cell-mapping digraph (GCMD) method[J]. Nonlinear Dynamics, 2003(32): 371-385.

[169]Jiang J, Xu J X. A method of point mapping under cell reference for global analysis of nonlinear dynamical systems[J]. Physics Letters A, 1994(188): 137-145.

[170] 朱位秋 随机振动[M]. 北京：科学出版社，1989.

[171] 刘雯彦. 非线性系统有界随机振动[D]. 杭州：浙江大学，2001.

[172]Pyragas K. Continuous control of chaos by self-controlling feedback[J]. Physics Letters A, 1992(170): 421-428.

[173]Huberman B A, Lumer E. Dynamics of adaptive systems[J]. IEEE Trans CAS, 1990(37): 547-550.

[174]Sinha S, Ramaswamy R, Rao J. Adaptive control in nonlinear dynamics[J]. Physica D, 1990(43): 118-128.

[175]Huang D. Stabilizing near-nonhyperbolic chaotic systems with applications[J]. Physica Review Letter, 2004(93): 214101.

[176]方锦清. 驾驭混沌与发展高新技术[M]. 北京：原子能出版社，2002.

[177] de Souza S L T, Caldas I L. Calculation of Lyapunov exponents in systems with impacts[J]. Chaos, Solitons and Fractals, 2004(19): 569-579.

[178] de Souza S L T, Caldas I L. Controlling chaotic orbits in mechanical systems with impacts[J]. Chaos, Solitons and Fractals, 2004(19): 171-178.

[179] Stefanski A. Estimation of the largest Lyapunov exponent in systems with impacts [J]. Chaos, Solitons and Fractals, 2000(11): 2443-2451.

[180] Lamarque C H, Janin O. Model analysis of mechanical systems with impact non-linearities to a modal superposition[J]. Journal of Sound and Vibbration, 2000 (4): 567-609.

[181] Yang Z G, Xu D Y, Li X. Exponential$p$-stability of impulsive stochastic differential equations with delays[J]. Physics Letters A, 2006(359): 129-137.

[182] Wu S J, Han D, Meng X Z. p-moment stability of stochastic differential equations with jumps[J]. Applied Mathematics and Computation. 2004 (152): 505-519.

[183] Wu S J, Han D. Exponential stability of functional differential systems with impulsive effect on random moments[J]. An International Journal Computers and Mathematics with Applications. 2005(50): 321-328.

[184] Li C G, Chen L N, Aihara K. Impulsive control of stochastic systems with applications in chaos control, chaos synchronization and neural networks[J]. Chaos, 2008 (18): 023132.

[185] 胡宣达，俞中明. 比较定理与随机微分方程[J]. 南京大学学报，1980(3): 1-12.

[186] 胡宣达，俞中明. 比较定理与随机稳定性[J]. 数学学报，1982, 25(4): 427-440.

[187] 罗晓曙. 混沌控制、同步的理论与方法及其应用[J]. 桂林：广西师范大学出版社，2007.

[188] Roy R, Thornburg K S. Experimental synchronization of chaotic lasers[J]. Physical Review Letters, 1994(72): 2009-2012.

[189] Sugawara T, Tachikawa M. Observation of synchronization in laser chaos[J]. Physical Review Letters, 1994(72): 3502-3505.

[190] Liu Y D. Rios-Leite J R. Control of Lorenz chaos[J]. Physics Letters A, 1994 (185): 35-37.

[191] 伍维根，古天祥. 混沌系统的非线性反馈跟踪控制[J]. 物理学报，2000(49): 1922-1926.

[192] Huang D B. Simple adaptive-feedback controller for identical chaos synchronization [J]. Physical Review E, 2005(71): 037203.

[193] Fahy S, Hamann D R. Transition from chaotic to nonchaotic behavior in randomly driven systems[J]. Physical Review Letters, 1992(69): 761-764.

[194] Neiman A. Synchronizationlike phenomena in coupled stochastic bistable systems [J]. Physical Review E, 1994(49): 3484-3487.

[195] Lin W, He Y B. Complete synchronization of the noise-perturbed Chua's circuits [J]. Chaos, 2005(15): 023705.

[196] Sun Y H, Cao J D. Adaptive synchronization between two different noise-perturbed chaotic systems with fully unknown parameters[J]. Physica A, 2007(376): 253～265.

[197] Chen Z, Lin W, Zhou J. Complete and generalized synchronization in a class of noise perturbed chaotic systems[J]. Chaos, 2007(17): 023106.

[198] Wang X F, Wang Z Q. A new criterion for synchronization of coupled chaotic oscillators with application to Chua's circuits[J]. International Journal of Bifurcation and Chaos, 1999(9): 1169-1174.

[199] Jiang G P. A new criterion for chaos synchronization using linear state feedback control[J]. International Journal of Bifurcation and Chaos, 2003(13): 2343-2351.

[200] Yu H. J, Liu Y Z. Chaotic synchronization based on stability criterion of linear systems[J]. Physics Letters A, 2003(314): 292-298.

[201] Sun J T, Zhang Y P. Some simple global synchronization criterions for coupled time-varying chaotic systems[J]. Chaos, Solitons and Fractals, 2004(19): 93-98.

[202] Sun J T, Zhang Y P, Qiao F, Wu Q D. Some impulsive synchronization criterions for coupled chaotic systems via unidirectional linear error feedback approach[J]. Chaos, Solitons and Fractals, 2004(19): 1049-1055.

[203] Pecora L M, Carroll T L. Synchronization in chaotic systems[J]. Physical Review Letters, 1990(64): 821-824.

[204] Ricardo F, José A. R, Guillermo F. A. Adaptive synchronization of high-order chaotic systems: a feedback with low-order parametrization[J]. Physica D, 2000(139): 231-246.

[205] Agiza H N, Yassen M T. Synchronization of Rössler and Chen chaotic dynamical systems using active control[J]. Physics Letters A, 2001(278): 191-197.

[206] Sarasola C, Torrealdea F J, d'Anjou A, Graña M. Cost of synchronizing different

chaotic systems[J]. Mathematics and Computers in Simulation, 2002(58): 309-327.
[207] Chen S H, Wang D X, Chen L, Zhang Q J, Wang C P. Synchronizing strict-feedback chaotic system via a scalar driving signal[J]. Chaos, 2004(14): 1054-1500.
[208] Xiong X H, Hong S N, Wang J W, Gan D W. Synchronization rate of synchronized coupled systems[J]. Physica A, 2007(385): 689-699.
[209] Chen H K. Global chaos synchronization of new chaotic systems via nonlinear control[J]. Chaos, Solitons and Fractals, 2005(23): 1245-1251.
[210] Sun F Y. Global chaos synchronization between two new different chaotic systems via active control[J]. Chinese Physics Letters, 2006(23): 32-38.
[211] 吴述金. 随机脉冲微分系统的指数稳定性[J]. 数学物理学报，2005(6): 789-798.
[212] Xu L G, Xu D Y. Exponential p-stability of impulsive stochastic neural networks with mixed delays[J]. Chaos Solitions and Fractals, 2010(7): 770-785.
[213] Xu L G, Xu D Y. Mean square exponential stability of impulsive control stochastic systems with time-varying delay[J]. Physics Letters A, 2009 (12): 328-333.
[214] Yang J, Zhong S M, Luo W P. Mean square stability analysis of impulsive stochastic differential equations with delays[J]. Journal of Computational and Applied Mathematics, 2008(216): 474-483.
[215] Wang X H, Guo Q Y, Xu D Y. Exponential p-stability of impulsive stochastic Cohen-Grossberg neural networks with mixed delays[J]. Mathematics and Computers in Simulation, 2009(79): 1698-1710.
[216] Song Q K, Wang Z D. Stability analysis of impulsive stochastic Cohen- Grossberg neural networks with mixed time delays[J]. Physica A, 2008(387): 33140-3326.
[217] Zhang H, Guan Z H. Stability analysis on uncertain stochastic impulsive systems with time-delay[J]. Physics Letters A, 2008 (372): 6053-6059.
[218] Awrejcewicz J, Holicke M M. Melnikov's method and stick-slip chaotic oscillations in very weakly forced mechanical systems[J]. International Journal of Bifurcation and Chaos, 1999 (3): 505-518.
[219] 朱位秋，蔡国强. 随机动力学引论[M]. 北京：科学出版社，2017.
[220]Albert R, Barabasi A L, Stochastic mechanics of complex networks[J]. Reviews of

Modern Physics, 2002(74): 47-97.

[221] Yin C Y, Wang B H, Wang W. X. and Chen G. R. Geographical effect on small-world network synchronization[J]. Physical Review E, 2008 (77): 27-102.

[222] Zhou C S, Motter A E and Kurths J. University in the synchronization of weighted random networks[J]. Physics Review Letters, 2006 (96): 034101.

[223] Motter A E, Zhou C S and Kurths J. Network synchronization, diffusion and the paradox of heterogeneity[J]. Physics Review E, 2005 (71): 016116.

[224] Jiang H B and Bi Q S. Impulsive synchronization of networked nonlinear dynamical systems[J]. Physics Letters A, 2010 (374): 2723-2729.

[225]Newman M E, The structure and function of complex networks[J]. SLAM Review, 2003 (45): 167-256.

[226] Zhang G, Liu Z R and Ma Z J. Synchronization of complex dynamical networks via impulsive control[J]. Chaos, 2007 (17): 043126 .

[227] Zhou J, Xiang L and Liu Z R. Synchronization in complex delay dynamical networks with impulsive effects[J]. Physics A, 2007 (384): 684-692.

[228] Sun Z K, Yang X L, Xiao Y Z and Xu W. Modulating resonance behaviors by noise recycling in delayed bistable systems[J]. Chaos, 2014(24): 023126.

[229]Sun Z K, Yang X L, Xiao Y Z and Xu W. Delay-induced stochastic bifurcations in a bistable system under white noise[J]. Chaos, 2015(25): 083102.

[230] Niu Y J , Liao D, Wang P. Stochastic asymptotical stability for stochastic impulsive differentialequations and it is application to chaos synchronization[J]. Communication in Nonlinear and Numerical Simulation, 2012 (17): 505-512.

[231] Ding J, Cao J, Feng G, Alsaedi A. Stability analysis of delayed impulsive systems and applications[J]. Circuits Systems & Signal Processing, 2017 (4): 1-14.

[232] Fečkan M , Wang J and Zhou Y. Periodic solutions for nonlinear evolution equations with non-instantaneous impulses[J]. Nonautonomous Dynamical Systems, 2014 (1): 93-101.

[233]Fečkan M, Zhou Y and Wang J. On the concept and existence of solution for impulsive fractional differential equations[J]. Communication in Nonlinear Science and

Numerical Simulation, 2012 (17): 3050-3060.

[234] Wang J, Fečkan M and Zhou Y. A survey on impulsive fractional differential equations[J]. Fractional Calculus and Applied Analysis, 2016 (19): 806-831.

[235] Fečkan M. Melnikov functions for singularly perturbed ordinary differential equations[J]. Nonlinear Analysis Theory Method & Applications, 1992 (19): 393-401.

[236] Kukučka P. Melnikov method for discontinuous planar systems[J]. Nonlinear Analysis, 2007 (66): 2698-2719.

[237] Battelli F. Fečkan M. Nonlinear homoclinic orbits, Melnikov functions and chaos in discontinuous systems[J]. Physica D, 2012 (241): 1962-1975.

[238] Xu W, Feng J Q, Rong H W. Melnikov method for a general nonlinear vibro-impact oscillator[J]. Nonlinear Analysis, 2009 (71): 418-426.

[239] Tian R L, Zhou Y F, Wang Q B, Zhang L L. Bifurcation and chaotic threshold of Duffing system with jump discontinuities[J]. The European Physical Journal Plus, 2016 (31): 16015-16024.

[240] Tian R L, Zhou Y F, Zhang B L, Yang X W. Chaotic threshold for a kind of impulsive differential system[J]. Nonlinear Dynamics, 2016 (83): 2229-2240.

[241] Tian R L, Zhou Y F, Wang Y, Feng W, Yang X. Chaotic threshold for non-smooth systems with multiple impulse effect[J]. Nonlinear Dynamics, 2016 (85): 1-15.

[242] Tian R L, Wu Q, Yang X, Si C. Chaotic threshold for the smooth-and-discontinuous oscillator under constant excitations[J]. The European Physical Journal Plus, 2013 (128): 80-89.